云计算技术基础任务驱动式教程

校企合作新形态教材

主　编　陈　颖　陈　璐　强小虎
副主编　陈雪蓉　王　普　罗嘉锐
主　审　王三毛

北京理工大学出版社
BEIJING INSTITUTE OF TECHNOLOGY PRESS

内 容 简 介

本书分为"走近云计算技术、玩转云计算关键技术、探秘云计算应用"三个部分，共六章，以典型任务和应用驱动教程引导学员循序渐进地掌握云计算技术基础知识。

第一篇"走近云计算技术"，从"身边的云计算、云计算的产生和发展、云计算的概念和特征、云计算系统架构参考模型、云计算服务类型、云计算服务部署模式"让读者认识云计算技术；第二篇"玩转云计算关键技术"，介绍"探究虚拟化技术、挖掘云数据处理技术、驾驭云平台技术、决胜云计算安全"；第三篇是"探秘云计算应用"，针对云计算的行业云及应用，重点介绍了政务、医疗、金融、教育、商贸、农业、工业和云计算技术的深度融合的发展背景和常见业务与应用场景；书尾附录是常见中英文缩略词对照表。

每个章节均由关键任务驱动，包括"行业先锋"引领、"任务情景"导入、"任务实施"展开、"应用拓展"延展、"云中漫步"思政，讲解知识要点的同时融入常用操作实例、企业典型案例、课程思政内容，通过"小知识""二维码""做一做"拓展深度、广度，通过"任务考评表"提示章节知识热度，记录师生总结和评价情况。

本书可作为高等职业院校的云计算机技术与应用、大数据与应用、计算机网络技术、通信技术等专业的专业课程教材，也可作为从事云计算与大数据相关产业的从业者或爱好者的参考资料。

本书配套了课程教学资料，教师可登录出版社网站免费下载或联系编辑咨询。

图书在版编目（CIP）数据

云计算技术基础任务驱动式教程／陈颖，陈璐，强小虎主编. -- 北京：北京理工大学出版社，2025. 1.

ISBN 978-7-5763-4686-2

Ⅰ. TP393.027

中国国家版本馆 CIP 数据核字第 2025QN7967 号

责任编辑：王培凝	**文案编辑**：李海燕
责任校对：周瑞红	**责任印制**：施胜娟

出版发行 ／ 北京理工大学出版社有限责任公司

社　　址 ／ 北京市丰台区四合庄路 6 号

邮　　编 ／ 100070

电　　话 ／ （010）68914026（教材售后服务热线）

　　　　　　（010）63726648（课件资源服务热线）

网　　址 ／ http://www.bitpress.com.cn

版 印 次 ／ 2025 年 1 月第 1 版第 1 次印刷

印　　刷 ／ 涿州市新华印刷有限公司

开　　本 ／ 787 mm×1092 mm　1/16

印　　张 ／ 17

字　　数 ／ 382 千字

定　　价 ／ 84.00 元

前言

党的二十大报告指出，高质量发展是全面建设社会主义现代化国家的首要任务。要实现高质量发展，必须积极培育战略性新兴产业和未来产业，形成新质生产力。随着大数据、物联网、人工智能等技术的广泛应用，云计算技术以其强大的计算能力、存储能力和网络资源，为企业行业应用提供了高效、安全、可靠的解决方案，云计算应用正逐渐成为各行各业数字化转型的重要支撑，成为发展新质生产力不可或缺的新型基础设施。

一、主要内容和结构

本书三个部分六个章节，其中，第一篇"走近云计算技术"，从"身边的云计算、云计算的产生和发展、云计算的概念和特征、云计算系统架构参考模型、云计算服务模型、服务部署模式"引入云计算在国内外的发展现状、国内外主流云服务商、云计算的典型应用，将云计算的基础概念和发展现状以全景图形式呈现给读者；第二篇"玩转云计算关键技术"，由"探究虚拟化技术、挖掘云数据处理技术、驾驭云平台技术、决胜云计算安全"四章构成，主要介绍了虚拟化技术的概念、发展历程、虚拟化的分类、实现、常见虚拟化软件、虚拟化技术发展与未来；认识云计算与大数据、了解分布式技术、探析分布式数据库、了解 Apache Hadoop 项目；熟悉云计算管理平台、OpenStack、多租户技术、揭秘边缘计算技术；云计算安全主要介绍云安全的概念和重要性与挑战、云安全管理、云计算安全防护；第三篇是"探秘云计算应用"，针对云计算的行业云及应用，重点介绍了政务、医疗、金融、教育、商贸、农业、工业和云计算技术的深度融合的发展背景和常见业务与应用场景。

每个章节均由关键任务驱动，包括"行业先锋"引领、"任务情景"导入、"任务实施"展开、"任务拓展"延展、"云中漫步"思政五个环节，层层递进，讲解重点知识的同时融入常用操作实例、企业典型案例、课程思政内容，在"小知识""二维码""做一做"拓展深度、广度，最后通过"任务考评表"提示章节知识热度，记录师生总结和评价情况。

附录是常见中英文缩略词对照表。

二、主要特色与创新

1. 校企合作，产教研培融合

本书由在云计算行业从业多年的企业专家和相关领域有丰富执教经验的教师共同执笔，以市场主流云计算服务商的主要技术、应用、产品作为实例，对接企业不同岗位和高职院校人才培养需求，对云计算技术基础相关内容解构重组，形成一本适应产教研培融合需要的教材。全书以典型任务和应用驱动教程引导学员循序渐进地掌握云计算技术基础知识。

2. 全新形态，全新理念

本书秉承"理实一体，学以致用"的教学原则，除了理论知识的细致讲解外，还精心挑选了大量的实例和典型案例，通过知识导图、考评表的知识热度、师生互评总结提高学习效率和效果，通过小知识模块、二维码设计、做一做，拓展知识的广度和深度，实现分层教学。

3. 立德铸魂，思政融合

为推动习近平新时代中国特色社会主义思想进教材、进课堂、进头脑，全书贯彻三全育人理论，以我国云计算行业应用和成就为主线，在"行业先锋"模块介绍国内外在云计算相关行业的行业先锋，在"云中漫步"模块介绍国内在云计算领域的成果和创新应用，旨在激发学员爱国之情和创新思维。在课程内容的遴选时充分挖掘课程所蕴含的素质元素。

4. 紧跟时代，与时俱进

为确保本书的内容紧跟时代潮流，书中所有行业信息、调查报告、市场统计数据等均基于云计算领域最新的技术进展和业界动态，便于学员掌握最新信息。

5. 循序渐进，通俗易懂

本书对云计算知识体系进行了梳理、取舍和创新，力求用最精练的篇幅讲透高深艰涩的知识，用最通俗易懂的方式掌握实用操作。

6. 丰富的数字资源

本书提供丰富的数字资源，拓展教材内容的广度和深度。

三、创作团队

本书由天翼云科技有限公司湖南分公司副总经理王三毛担任主审，湖南邮电职业技术学院教师陈颖、陈璐、强小虎、陈雪蓉和天翼云科技有限公司华南中心王普、天翼云科技有限公司湖南分公司罗嘉锐共同编写。其中陈颖负责行业先锋、第 2 章、第 6 章、附录和全书统稿、定稿，陈璐负责第 4 章和第 5 章，强小虎负责第 3 章，陈雪蓉负责第 1 章，王普、罗嘉锐负责产品与案例相关内容遴选，技术咨询和数字资源制作。

在编写本书的过程中，得到北京理工大学出版社、企业行业专家的指导和湖南邮电职业技术学院领导同事的支持，特别是天翼云科技有限公司湖南分公司的章革平、李鄂强、王治平和学院的马帅、刘永青几位专家和老师，在此表示诚挚的谢意。此外，编者参考了国内外有关论著和相关网站上的资料，在此向相关作者深表谢意。

由于编者水平有限，书中难免存在不足和疏漏，恳请各位专家、广大师生及同人批评指正，以便再版时修订、完善。

编　者

目录

第一篇　走近云计算技术

第1章　初识云计算技术 ··· 2

本章导读 ··· 2

学习导航 ··· 2

知识导图 ··· 3

行业先锋——阿里云之父王坚 ·· 3

工作任务1.1　认识云计算 ·· 4

　【应用拓展】认识全球主流云服务商 ··· 8

工作任务1.2　了解云计算的概念和特征 ·· 11

　【应用拓展】认识中国电信天翼云 ··· 17

工作任务1.3　揭秘云计算系统架构 ··· 19

　【应用拓展】认识算力分发网络平台"息壤" ································· 26

工作任务1.4　探析云计算服务类型 ··· 27

　【应用拓展】云盘的安装与使用 ··· 37

工作任务1.5　玩转云计算服务部署模式 ·· 39

　【应用拓展】了解天翼全栈混合云产品 ··· 44

　【云中漫步】云计算在中国的发展 ··· 46

　【练习与实训】 ··· 48

　【初识云计算技术】考评记录表 ··· 51

第二篇 玩转云计算关键技术

第2章 探究虚拟化技术 ·· 54

本章导读 ·· 54

学习导航 ·· 54

知识导图 ·· 55

行业先锋——全国劳模黄润怀 ·· 55

工作任务 2.1 认识虚拟化技术 ·· 56

【应用拓展】认识和下载镜像文件 ·· 59

工作任务 2.2 了解虚拟化技术的分类 ·· 63

【应用拓展】认识和使用 VMware Workstation 软件 ························ 67

工作任务 2.3 揭秘虚拟化的实现 ·· 76

【应用拓展】桌面虚拟化产品——天翼云电脑 ································· 86

工作任务 2.4 探析常见虚拟化软件 ··· 87

【应用拓展】KVM 虚拟环境部署和使用 ··· 91

工作任务 2.5 展望虚拟化技术发展与未来 ·· 94

【应用拓展】安装和使用 Docker ·· 99

【云中漫步】国内主流云服务商虚拟化解决方案 ······························ 100

【练习与实训】 ··· 102

【探究虚拟化技术】考评记录表 ·· 105

第3章 挖掘云数据处理技术 ·· 106

本章导读 ·· 106

学习导航 ·· 106

知识导图 ·· 107

行业先锋——龙芯之母黄令仪 ··· 107

工作任务 3.1 认识云计算与大数据 ·· 108

【应用拓展】鲲——交通大数据平台 ·· 113

工作任务 3.2 了解分布式技术 ··· 114

【应用拓展】天翼云弹性文件服务 ·· 122

工作任务 3.3 探析分布式数据库 ·· 123

【应用拓展】天翼云数据库 RDS ··· 129

工作任务 3.4 认识 Apache Hadoop 项目 ·· 129

【应用拓展】大数据开源组件 ··· 133

【云中漫步】天空飘来一朵"智能云"中国电信云融 AI 迈向新拐点 ······· 135

【练习与实训】 ··· 136

【挖掘云数据处理技术】考评记录表 ··· 138

第4章　驾驭云平台技术 ··· 139

本章导读 ··· 139

学习导航 ··· 139

知识导图 ··· 140

行业先锋——华为鸿蒙首席科学家陈海波 ··· 140

工作任务 4.1　认识云计算管理平台 ·· 141

　【应用拓展】常见的云管理平台 ·· 146

工作任务 4.2　了解 OpenStack 云计算管理平台 ······································· 148

　【应用拓展】在 Kali 上部署 OpenStack ··· 162

工作任务 4.3　了解多租户技术 ·· 167

　【应用拓展】多租户技术应用 ·· 174

工作任务 4.4　揭秘边缘计算技术 ··· 175

　【应用拓展】天翼云 ECX ··· 181

　【云中漫步】云聚混合多云管理平台 ··· 183

　【练习与实训】 ··· 185

　【驾驭云平台技术】考评记录表 ··· 187

第5章　决胜云计算安全 ··· 188

本章导读 ··· 188

学习导航 ··· 188

知识导图 ··· 189

行业先锋——中国科技女性何庭波 ··· 189

工作任务 5.1　认识云计算安全 ·· 190

　【应用拓展】云计算安全责任共担白皮书（2020 年）（节选） ··················· 200

工作任务 5.2　了解云安全管理 ·· 202

　【应用拓展】云安全策略的制定与执行 ·· 206

工作任务 5.3　揭秘云计算安全防护 ·· 207

　【应用拓展】阿里云 WAF 介绍与配置 ·· 214

　【云中漫步】云计算安全事故 ·· 220

　【练习与实训】 ··· 221

　【决胜云计算安全】考评记录表 ··· 222

第三篇　探秘云计算应用

第6章　揭秘云计算行业云应用 224

本章导读 224

学习导航 224

知识导图 225

行业先锋——人工智能科学家李飞飞 225

工作任务6.1　认识政务云和数字政府 226

　【应用拓展】政务云的典型案例——海南省数据产品超市：让买数据产品像逛超市一样方便 230

工作任务6.2　认识医疗云和智慧医院 231

　【应用拓展】医疗云的典型案例——某省全民健康信息平台 234

工作任务6.3　认识金融云和智慧金融 235

　【应用拓展】金融云的典型案例——湖南银行加速上云 携手天翼云打造金融信创云平台 238

工作任务6.4　认识教育云和智慧教育 240

　【应用拓展】教育云的典型案例——国家智慧教育公共服务平台 243

工作任务6.5　认识商贸云和新零售 244

　【应用拓展】商贸云的典型案例——阿里云助力新零售 246

工作任务6.6　认识工业云和智能制造 247

　【应用拓展】工业云的典型案例——一汽集团：数字技术加码汽车安全 中国一汽让"构想"

　　　　　　走进"现实" 250

工作任务6.7　认识农业云和智慧农业 251

　【应用拓展】农业云应用典型案例——四川甘孜色达县政府：云端来养牛，致富有"犇"头 254

　【云中漫步】在"国云筑基"中求取"智算最优解" 255

　【练习与实训】 257

　【探密云计算行业云】考评记录表 258

附录　常见中英文缩略词对照表 259

参考文献 264

>>> 第一篇　走近云计算技术

第 1 章

初识云计算技术

 **本章导读**

云计算（Cloud Computing）是一种面向服务的新型商业模式，用户如同超市购物、自助点餐一样，从云计算服务平台上申请使用信息通信技术（Information Communications Technology，ICT）软硬件资源，诸如 CPU、内存、存储、网络、软件等，无须自己设计、招标采购、机房建设、软件开发或选购等一系列建设过程，也不需要招聘 ICT 专业人才负责整个系统的运行维护，这一切交给云计算服务提供商专业建设和运维团队即可。

本章首先从日常生活中的云计算应用案例出发，介绍云计算的产生与发展，引出云计算的概念与特征，分析云计算的系统架构，讲解云计算的服务类型和部署模式，带大家系统认识云计算技术。

 **学习导航**

知识目标

了解云计算的产生和发展过程

掌握云计算的概念和技术特点

理解云计算系统构成

掌握云计算的服务类型

熟悉云计算的部署模式

理解面向不同业务用户云计算分类的意义

了解国内外云计算服务提供商的产品特点

技能目标

能够分辨云计算的服务类型面向的不同用户

能够根据用户需求选择云服务部署模式

能够完成云盘等常见云服务的登录注册和使用

素养目标

提高独立思考、善于分析的意识

养成细心、严谨的工作习惯

培养开放、自信、创新的爱国情怀

 知识导图

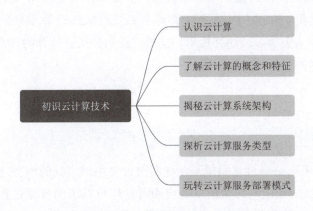

行业先锋——阿里云之父王坚

　　王坚，男，汉族，1962 年 10 月出生于浙江省杭州市，阿里云创始人，任阿里巴巴集团技术委员会主席及云智能集团董事，是中国工程院院士及云计算技术专家。

　　他 1984 年和 1990 年分别获得杭州大学心理系学士和博士学位，后留校任教并晋升教授。1999 年，王坚加入微软中国研究院，担任重要职务，后于 2004 年担任微软亚洲研究院常务副院长。2008 年加入阿里巴巴集团，担任首席架构师，2009 年创办阿里云计算有限公司并任总裁。他首创"以数据为中心"的分布式云计算体系架构，并主持研发了中国自研的云操作系统——"飞天"。该系统不仅实现了中国云计算从 0 到 1 的突破，更推动了我国 IT 产业向云计算发展。王坚还积极推动云计算生态的建设，被誉为"阿里云之父"。

　　2019 年 11 月，王坚当选为中国工程院院士，成为中国民企科研单位的第一位院士。他还荣获了多项荣誉和奖项，包括五一劳动奖章等。

工作任务 1.1　认识云计算

认识云计算

【任务情景】

小蔡是公司 IT 部的一位新进员工。随着公司业务发展与商务应用的需求，企业内网的信息化系统已不堪重负，IT 部门正在酝酿将业务系统接入云计算平台的计划。小蔡急需填补自己的知识空白，从头学习云计算技术。这里，我们先从云计算的日常应用场景出发，再初步了解云计算技术的产生和发展历程。

【任务实施】

1.1.1　身边的云计算

"一网能知天下事"——搜索引擎是互联网网民使用最广泛的服务之一，百度搜索每天的搜索量超过 60 亿次。在应对海量信息处理和海量用户需求的挑战过程中，搜索引擎服务提供商在云计算技术及其商业模式方面都积累了大量宝贵的经验，从而成为云计算领域的先行者。

"滴滴一下，马上出发"——截至 2023 年 3 月，基于云计算服务的滴滴出行平台在包括中国在内的 15 个国家开展网约车、顺风车、共享单车/电单车、代驾、能源平台、货运、金融和自动驾驶等多元化服务，全球年活跃用户为 5.87 亿人，年活跃司机 2 300 万人，2023 年前三季度全国网约车订单量达 65.86 亿单，每日处理数据超过 4.5 PB，数据覆盖了交通状况、用户叫车信息、司机驾驶行为、车辆数据等多个维度。

"饿了别叫妈，叫饿了么""美团外卖，送啥都快"——我国外卖市场规模已达到7 424 亿元。以美团为例，美团外卖日完成订单量超过 2 500 万单，日活跃配送骑手超过60 万人，这需要依托于美团"超脑"即时配送系统，在高峰期每小时路径规划高达 29 亿次，平均 0.55 ms 为骑手规划 1 次路线，平均配送时长缩短至 30 min 以内。高效的订单派送与送餐路径规划需要云计算技术保证。在接收订单之后，需要考虑骑手位置、在途订单情况、骑手能力、商家出餐、交付难度、天气、地理路况、未来单量等因素，在正确的时间将订单分配给最合适的骑手，并在骑手执行过程中随时预判订单超时情况并动态触发改派操作，实现订单和骑手的动态最优匹配。系统派单后，再为骑手提示该商家的预计出餐时间和合理的配送线路。

"'双十一'最应该打折的是什么？你的手！"——双十一期间，天量的购物人次以及成交单数对电商的精准营销能力与数据处理能力提出了巨大挑战。阿里巴巴和蚂蚁金服自主研发的云数据库 OceanBase 每秒处理峰值可达到 6 100 万次，展现了世界级数字金融运算能力。

"出门不用带钱包，一部手机走天涯"——我国已经成为全球移动支付的引领者，借助蓬勃发展的网购，我国用户普遍接受在线交易，跳过信用卡阶段，直接进入移动支付时代。无论是集消费、理财、结算、信用体系等于一体的第三方支付平台，还是银行为实现支付平台结算业务而开设的大小额支付系统、网银互联系统、票据交换系统、银联公司等都需要强大的云计算服务做支撑。

"全面备份，轻松分享，用户的'个人数据库'"——每个人都是数据的贡献者。个人计算机、数码相机、智能手机、平板电脑、智能冰箱、智能洗衣机、智能电视、游戏机、音乐播放器、智能手环、智能手表、VR 头盔、AR 眼镜、无人机……，各种电子设备产生海量的数据。这些用户数据需要随时随地的存储获取、实时更新、内容分享、在线浏览、协同工作等，因此必须由一个存储和运算能力超强的云计算服务平台来支撑，例如天翼云盘、百度网盘，每天都有数亿用户上传海量的数据备份。

"便捷购票，就在 12306"——中国铁路客户服务中心网站（www.12306.cn），简称 12306，2011 年投入使用，是世界上规模最大的实时交易系统，平均一年出 30 亿张车票，日售票能力达 2 000 万张。运行伊始，12306 曾因用户规模过大而遇到网站拥堵等问题。当一张火车票销售改签或退票时，整条路线每个站点的余票量都需要重新计算，这导致 12306 互联网售票系统的业务逻辑复杂性大大高于传统电商系统。而且火车票是刚性需求，不比购物，用户买不到火车票就会不停地刷新，余票查询占 12306 网站近乎九成流量，成为网站拥堵的最主要原因。2014 年开始，12306 将 75% 流量的余票查询业务放在阿里云上，通过基于云计算服务的可扩展性与按量付费的计量方式来支持巨量查询业务，整个系统实现了上百倍的服务能力扩展，高峰时段"云查询"能扛住每天多达 250 亿次访问。

从搜索引擎到"剁手党"爱恨交加的淘宝、京东等电商平台，从网络打车到网络订餐，从移动支付到网络社交，基本都离不开云计算，如图 1-1 所示。"云化生活"正成为生活常态，"云化生产"也如火如荼，企业上云、政务上云蔚然成风，其背后蕴含的是海量的用

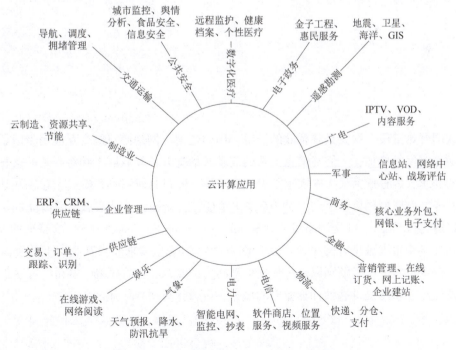

图 1-1　云计算应用于生产生活的方方面面

户、天量的数据以及支撑这些需求的强大计算能力。因此，每个人的生活都与云计算紧密相连，成为"互联网+"时代的"云云众生"。

1.1.2 云计算的产生和发展

1. 云计算的产生

任何划时代的技术本身都有着强烈的时代印记，云计算也不例外。第一台电子计算机的成功研制、个人计算机的诞生以及互联网的出现，都极大地推动了人类社会信息化的进程。云计算则是信息技术发展和信息社会需求到达一定阶段的必然产物。一方面，微电子技术、图灵计算模式、冯·诺依曼计算机、光通信和移动通信技术以及网络科学的快速发展，为人类社会迈向信息社会奠定了科学基础；另一方面，无论何时、何地、何人、何物，人类社会期待实现互联互通、知识共享、协同工作的新需求，加速了信息社会的发展进程。在这一进程中，迫切需要普惠、可靠、低成本、高效能的技术手段和实现模式，因而催生了云计算，如图 1-2 所示。

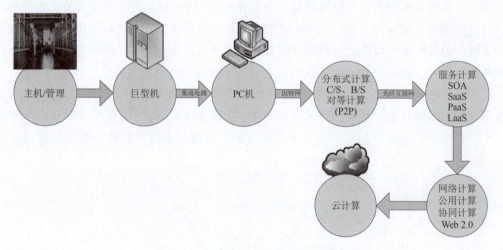

图 1-2　从图灵计算到云计算的演化

互联网开始阶段，网民是最稀缺的资源。即时通信、网络游戏等交互应用吸引了大量的网民。随着网民的增加，人们对信息消费的需求开始提升，互联网上相对匮乏的信息难以满足巨大的需求，内容成为最大的需求。Web 2.0 是一种新的网络服务模式，它将网站变成可读写的服务，互联网网民从上网"冲浪"发展到自己"织网"，从信息消费者变成了信息生产者，以博客（Blog）、社交网络服务（Social Networking Services，SNS）为特征的 Web 2.0 服务方式从各个角度满足着网民这种"自在自为"的信息需求。当互联网上的资源海量化之后，对信息内容的检索甄别以及对数据处理能力的需求，需要强劲、高效、经济的计算能力，以及通过互联网提供这种计算能力的服务——云计算得以应运而生。

小知识

云计算的故事

云计算作为一种新理念、新融合技术和网络应用模式，是由谷歌公司首席执行官埃里克·施密特在 2006 年 8 月举行的搜索引擎大会中首次提出。最初，谷歌公司将大量的廉价服务器集合起来，开发云计算平台，就是为了支撑其庞大的搜索业务。亚马逊（Amazon）公司则是为了处理庞大的网络书店商品和用户资料，建立了庞大的数据中心，又为了在销售淡季将数据中心资源多余的空间出租出去，于 2006 年 3 月推出弹性计算云（Elastic Compute Cloud，EC2）服务，成为目前公认最早的云计算产品。2007 年，美国国际商业机器公司（IBM）公司推出了蓝云（Blue Cloud）服务，也是当时较为成熟的云计算解决方案。目前，国外具有代表性的云计算企业主要有亚马逊（Amazon）、VMware、微软、甲骨文（Salesforce）、Google、IBM、Citix 等，国内主要有阿里巴巴、华为、中国电信、腾讯、百度等众多企业。

2. 云计算的发展历程

云计算在二十余年的发展过程中经历了概念探索阶段——从争论到底什么是云计算，到探索实践、技术落地阶段——业界形成共识并对云计算进行推广，以及目前的应用繁荣阶段——各个领域各个行业大量搭建云计算平台或应用云计算服务。云计算正成为互联网创新的引擎以及全社会的主要基础设施。

1999—2010 年是云计算的出现和形成时期。从 2006 年亚马逊推出亚马逊网络服务（Amazon Web Services，AWS）开始，云计算产业便不断推动 IT 产业服务模式变革，业界逐步认识到云计算是一种新的 IT 服务模式。此后，Google、IBM、微软等互联网和 IT 企业纷纷开始依托自身原有技术及业务优势从不同层面切入云计算服务。2008 年 2 月，IBM 公司在中国无锡太湖新城科教产业园启动"IBM-中国云计算中心"的建设，被认为是全球第一个云计算中心；2010 年 7 月，美国国家航空航天局（NASA）和美国云计算公司 Rackspace、AMD、Intel、Dell 等计算机硬件设备公司共同宣布"OpenStack"开放源代码计划，推动了开源的云计算管理平台项目的发展。巨头们的纷纷入场也在很大程度上推动了云服务产业的快速发展。

2011—2020 年云计算进入快速发展阶段，此时国内外云计算行业快速发展，市场竞争格局日渐明晰。随着云计算服务商的不断创新以及包括硬件在内的各种成本的不断降低，云计算的基础设施总体拥有成本将远低于企业自建数据中心的成本，而且这个差距还将不断拉大，最终推动企业全面转向云计算。

2021 年开始进入云计算的泛在化阶段，云计算成为产业数字化转型的基础设施。根据 Gartner 统计，2015—2022 年全球云计算市场渗透率逐年上升，由 4.3% 上升至 17.5%。可见，随着世界互联网的飞速发展，越来越多的企业运用云的技术，企业应用云计算成为大势所趋。目前，云服务正在逐步突破互联网市场的范畴，政府、公共管理部门、各行业企业也开始接受云服务的理念，并开始将传统的自建 IT 方式转为使用公有云或混合云等的云服务方式。

近年来，各国政府都从国家层面重视云计算发展。美国政府发布《联邦云计算战略》，借助云计算降低政府信息化开支，带动美国云计算服务业。研发和推广云计算技术已列入《欧洲 2020 战略》，是"欧洲数字化议程"的重要组成部分。我国在《"十四五"国家信息化规划》的发展目标中提出，到 2025 年企业工业设备上云率达到 30%，实体企业构建以云为载体的现代化 IT 基础设施，由此产生的巨大上云、用云空间将大力推动云计算开启新一轮的增长周期。

现在，数据已成为生产资料，计算则是生产力。而云计算作为一种将"计算力"变为公用设施的技术手段和实现模式，正成为产业革命、经济发展和社会进步的有力杠杆之一，加速人类社会整体步入全球化、知识化、智慧化的新时代。越来越多的企业在原有的产品服务前面或后面加上"云"字：制造云（云制造）、商务云（云商务）、家电云（云家电）、物流云（云物流）、健康云（云健康）等。以云计算为主导的新应用也层出不穷，汹涌澎湃的云计算大潮已成磅礴之势，蔚为壮观。云计算作为这个时代的主流技术之一，正深刻改变着人类的社会结构，重新塑造我们的生产与生活。

【应用拓展】认识全球主流云服务商

2023 年 7 月，市场研究机构 IDC 发布的 2022 年全球云计算 IaaS 市场追踪数据表明，全球云计算 IaaS 市场规模增长至 1 154.96 亿美元，同比上涨 26.2%，美国和中国公司包揽了云计算 IaaS 市场 Top10。如图 1-3 所示，亚马逊遥遥领先，市场份额达到 48.9%，微软位居次席，市场份额 14.4%。阿里云以 6.2% 的份额位居第三。其他入围公司还包括美国的谷歌和 IBM，市场排名 6~10 名均为中国公司，分别是华为云、天翼云、腾讯云、移动云和百度云。

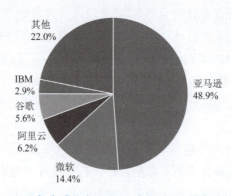

图 1-3　2022 年全球公有云 IaaS 市场 Top5 服务商份额占比

（1）亚马逊

云计算虽然是 Google 最先倡导的，但是真正把云计算进行大规模商用的公司首推亚马逊。因为早在 Google 提出云计算的概念之前，Amazon 就推出了以 Web 服务的形式向企业提供 IT 基础设施服务，也就是著名的 AWS（Amazon Web Services）业务，如图 1-4 所示。目前它已经成为世界上最大的、应用范围最广的公有云平台，具有完备的存储服务、信息归档服务、数据库服务等众多优良的特性。

图 1-4　AWS 品牌 LOGO

AWS 提供的服务包括亚马逊弹性计算网云（Amazon EC2）、亚马逊简单储存服务（Amazon S3）、亚马逊简单数据库（Amazon SimpleDB）、亚马逊简单队列服务（Amazon Simple Queue Service）以及 Amazon CloudFront 等。

（2）Microsoft Azure

Microsoft Azure 是微软基于云计算的操作系统，原名"Windows Azure"如图 1-5 所示。Microsoft Azure 的主要目标是为开发者提供一个平台，帮助开发可运行在云服务器、数据中心、Web 和 PC 上的应用程序。Azure 是一种灵活和支持互操作的平台，它可以被用来创建云中运行的应用或者通过基于云的特性来加强现有应用。它开放式的架构给开发者提供了 Web 应用、互联设备的应用、个人电脑、服务器，或者提供最优在线复杂解决方案的选择。Azure 服务平台包括了以下主要组件：Microsoft Azure、Microsoft SQL 数据库服务、Microsoft . Net 服务，用于分享、存储和同步文件的 Live 服务，针对商业的 Microsoft SharePoint 和 Microsoft Dynamics CRM 服务 。

图 1-5　Microsoft Azure 品牌 LOGO

Windows Azure 公有云服务是第一个在中国落地的国际化公有云服务平台。2012 年 11 月 1 日，微软宣布与国内互联网基础设施服务提供商世纪互联达成合作，微软向世纪互联授权技术，由世纪互联在中国运营 Windows Azure。

（3）谷歌云

Google 的云计算主要由 MapReduce、Google 文件系统（GFS）和 BigTable 组成，它们是 Google 云计算基础平台的 3 个主要部分。Google 还开发了可应用在 SaaS、PaaS 和 IaaS 不同商业模式上的其他云计算组件。谷歌云品牌 LOGO 如图 1-6 所示。

图 1-6　谷歌云品牌 LOGO

在 SaaS 层，主要包括网页搜索、图片搜索、视频搜索和学术搜索等搜索服务，Google Map、Google Earth 和 Google Sky 等地理信息服务，视频服务 YouTube，云存储服务 Google

Drive，图片管理工具 Picasa，办公协作工具 Gmail、Google 日历和 GoogleDocs 等产品。

在 PaaS 层，Google App Engine 提供一整套开发组件，让用户轻松地在本地构建和调试网络应用，之后能让用户在 Google 强大的基础设施上部署和运行网络应用程序，并自动根据应用承受的负载对应用进行扩展，免去用户对应用和服务器等的维护工作，同时提供大量的免费额度和灵活的资费标准。

在 IaaS 层，Google 也推出了类似 AmazonS3 的名为 Google Storage 的云存储服务。

（4）阿里云

阿里云（见图 1-7）创立于 2009 年，既是国内独立运营的公有云服务平台，也是全球领先的云计算及人工智能科技公司，致力于以在线公共服务的方式，提供安全、可靠的计算和数据处理能力，让计算和人工智能成为普惠科技。阿里云主要提供 IaaS 和 PaaS 两类服务，其优良特性包括国内规模最大的数据中心集群、高可用的弹性云计算能力和大数据计算服务、分布式海量数据处理，并在云安全领域拥有全球首张云安全认证。阿里云服务着制造、金融、政务、交通、医疗、电信、能源等众多领域的企业，包括中国联通、12306、中石化、中石油、飞利浦、华大基因等大型企业客户，以及微博、知乎等明星互联网公司。在天猫双 11 全球狂欢节、12306 春运购票等极富挑战的应用场景中，阿里云保持着良好的运行纪录。

图 1-7　阿里云品牌 LOGO

（5）华为云

华为云（见图 1-8）成立于 2005 年，是华为公司的云服务品牌，通过基于浏览器的云管理平台，以互联网线上自助服务的方式，为用户提供云计算 IT 基础设施服务。华为云立足于互联网领域，提供包括云主机、云托管、云存储等基础云服务、超算、内容分发与加速、视频托管与发布、企业 IT、云电脑、云会议、游戏托管、应用托管等服务和解决方案。

图 1-8　华为云品牌 LOGO

同时，华为也提供面向政企业务的私有云产品 FusionCloud，包含云操作系统 FusionSphere、云上开发平台 FusionStage、大数据分析工具 FusionInsight 等软件产品，除此之外，网络、服务器、存储等硬件也可一并提供，帮助企业实现一站式建云。

（6）天翼云

天翼云（见图 1-9）是作为国内三大电信运营商之一的中国电信旗下的云业务品牌，依托中国电信覆盖全国、通达世界的通信信息服务网络和大规模的互联网用户基础，为政府、企业和公众提供电信级、高可靠的服务。

天翼云提供全栈云产品，包括云主机、云存储、云数据库、CDN 加速、云网安全等的全栈产品。

图 1-9　天翼云品牌 LOGO

（7）腾讯云

腾讯云（见图 1-10）是腾讯公司旗下的产品，为开发者及企业提供云服务、云数据、云运营等整体一站式服务方案。具体包括云服务器、云存储、云数据库和弹性 Web 引擎等基础云服务，腾讯云分析（MTA）、腾讯云推送（信鸽）等腾讯整体大数据能力，以及 QQ 互联、QQ 空间、微云、微社区等云端链接社交体系。这些正是腾讯云可以提供给这个行业的差异化优势，造就了可支持各种互联网使用场景的高品质的腾讯云技术平台。

图 1-10　腾讯云品牌 LOGO

工作任务 1.2　了解云计算的概念和特征

【任务情景】

小蔡对云计算的日常应用和发展历史有了初步了解，更迫切地想揭开云计算的"庐山真面目"了。到底什么是云计算呢？这里，我们就来了解云计算的概念，认识云计算技术有哪些特征。

了解云计算的
概念和特征

【任务实施】

1.2.1　什么是云计算

云计算的初衷是一种基于泛在互联网、大众按需、随时随地获取计算资源与能力进行计算的新计算模式，其计算资源与能力（计算能力、存储能力、交互能力）是动态、可伸缩，且被虚拟化的，以服务的方式提供。这种新型的计算资源与能力的组织、分配和使用模式，有利于合理配置计算资源与能力，提高其利用率，降低成本、减少排放，实现高效、柔性、绿色计算。

在时代新需求和相关新技术，特别是在云计算技术与新一代互联网、大数据、信息通信、人工智能、新兴应用领域等技术融合发展的推动下，"云计算"的内涵与特性也发生了变化。云计算业界存在以下几个主流定义：

维基百科定义云计算是一种动态扩展的计算模式，通过网络将虚拟化的资源作为服务提供，通常包含基础设施即服务（IaaS）、平台即服务（PaaS）、软件即服务（SaaS）。

Google 的理念是将所有的计算和应用放置在"云"中，设备终端不需要安装任何东西，通过互联网络来分享程序和服务。

微软的理念认为云计算的应是"云+端"的计算，将计算资源分散分布，部分资源放在云上，部分资源放在用户终端，部分资源放在合作伙伴处，最终由用户选择合理的计算资源分布。

市场研究机构 IDC 认为云计算是一种新型的 IT 技术发展、部署及发布模式，能够通过互联网实时地提供产品、服务和解决方案。

总的来说，站在厂商角度，认为云计算的"云"是存在于互联网服务器集群上的资源，它包括硬件资源（如 CPU 处理器、内存储器、外存储器、显卡、网络设备、输入输出设备等）和软件资源（如操作系统、数据库、集成开发环境等），所有的计算都在云计算服务提供商所提供的计算机集群上完成。站在用户角度，云计算则是指技术开发者或者企业用户以免费或按需租用方式，利用云计算服务提供商基于分布式计算和虚拟化技术搭建的计算中心或超级计算机，使用数据存储、分析以及科学计算等服务。从技术角度来看，云计算是分布式计算（Distributed Computing）、并行计算（Parallel Computing）、效用计算（Utility Computing）、网络存储（Network Storage Technologies）、虚拟化（Virtualization）、负载均衡（Load Balance）、热备份冗余（High Available）等技术发展融合的产物，通过网络将大量分布式计算资源集中管理起来，实现并行计算，并通过虚拟化技术形成资源池，为用户提供计算资源按需、弹性分配，极大地提高了 IT 资源的效能。从抽象的角度来看，云计算是一种商业计算模型，它将计算任务分布在大量计算机构成的资源池上，使各种应用系统能够根据需要获取计算力、存储空间和信息服务。云计算应用示意图如图 1-11 所示。

图 1-11　云计算应用示意图

被大众广泛接受的定义是美国国家标准与技术研究院（NIST）给出的，本书把它作为对云计算正式的定义：云计算是一种按使用量付费的模式，这种模式提供可用的、便捷的、按需的网络访问，进入可配置的计算资源共享池（资源包括网络、服务器、存储、应用软件、服务），这些资源能够被快速提供，只需投入很少的管理工作，或与服务供应商进行很少的交互。简单来说，云计算就是一种通过网络、按需提供、可动态伸缩的廉价计算服务。

1.2.2　云计算的特征及优势

根据云计算的定义来做一个形象的比喻，如果把每家每户的水龙头看作终端，将水管看作通信网络，那么自来水公司和水库里的处理设备和水源就是云，而水的集中处理包括在水源地采水、消毒、净化、存储的过程就云计算，最后通过水管将水送到用户家里，并按照用水量进行收费，就是云应用服务了。

我们每天都要用水，但我们不是每家都有井，它由自来水厂集中提供；我们每天都要用电，但我们不是每家自备发电机，它由电厂集中提供。可见，这种集中管理的模式极大地节约了资源，方便了我们的生活。到了信息时代，我们需要越来越多的计算、存储、网络等资源，通过云计算不就可以像使用水和电一样集中管理、随取随用了吗？如果只在需要用时付少量"租金"就能"租用"计算软件的服务，就可以节省许多购买软硬件的资金了。

1. 云计算的主要特征

NIST 给云计算绘制了一个形象模型，包含了按需应变的自助服务、无处不在的网络访问、与位置无关的资源池、快速弹性架构、按使用付费五个关键特征。

（1）按需应变的自助服务（On-Demand Self-Service）

在自助餐厅中，消费者可以自主挑选各式各样的美食，自己控制食物的分量，省去了消费者点菜和服务员下单制作的过程，能更快速地获得想要的美食。与之类似，在云计算中，客户可以根据业务的需求，自主向云端申请资源，也就是说消费者可以单方面地按需自动获取计算能力，比如服务器和网络存储，而不需要和每个服务提供者进行交互，如图 1-12 所示。这样就省去了与服务供应商人工交互的过程，避免了人力、物力的浪费，提高工作效率、节约成本。

（2）无处不在的网络访问（Ubiquitous Network Access）

网络中提供许多可用功能，可通过各种统一的标准机制，由用户借助一些客户端产品如移动电话、笔记本计算机和平板计算机等，通过互联网访问云资源，不受地理位置的限制，随时随地接入云平台。

（3）与位置无关的资源池（Location Independent Resource Pooling）

服务提供者将处理器、内存、网络带宽和虚拟机等各类计算资源汇集到资源池中，如图 1-13 所示，通过多租户模式共享给多个消费者，可以根据消费者的需求对不同的物理资源和虚拟资源进行动态分配或重分配。客户一般无法控制或知道资源的确切位置，只需要根据自身需求申请相应的资源。客户所获得的资源可能来自北京云计算中心，也可能来自上海云计算中心。

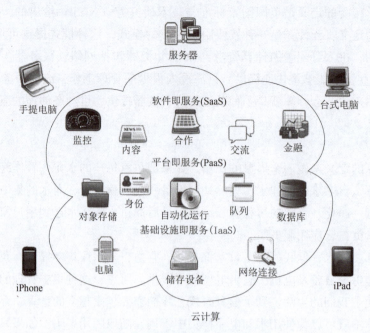

图1-12 按需应变的自助服务示意图

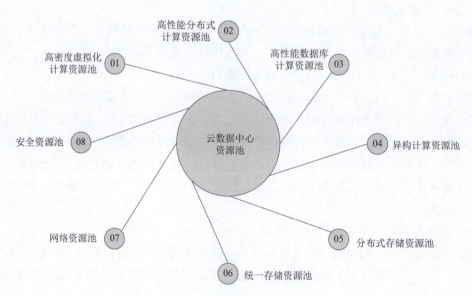

图 1-13 云数据中资源池示意图

（4）快速弹性架构（Rapid Elastic）

云服务能力可以快速、弹性地供应，实现快速扩容、快速上线，能够快速灵活地提供各种功能的扩展，并且可以快速释放资源来实现收缩。

在传统 IT 环境中，如果客户需要部署一套完整的业务系统，需要进行售前方案的制订、成本预算的评估、设备及场地的购置与协调、设备的安装与调试、业务的部署等。往往一个业务的部署需要花费几个星期、几个月甚至几年的时间，大大增加了人力成本和时间成本。

在云计算环境中，部署业务时就省去了很多传统 IT 环境部署业务的流程，例如设备或场地的购置与协调、设备的安装与调试等。部署业务的所需均以资源服务的形式提供，而不是以真实物理设备的形式。这些资源来自服务供应商的云计算中心，消费者只需要利用这些资源部署自己的业务，不再需要额外租用场地、购买设备等，同时硬件的运维成本也得到降低，有效地缩短了业务的部署周期，这就是云计算关键特征"快速"的具体表现。

对客户来说，可以租用的资源几乎是无限的，并且可在任何时间购买任何数量的资源。这些资源可以根据客户自身的需要进行扩容或者减容，实现资源的有效利用和成本的节约。例如"双十一"前后，天猫、京东等电商平台的业务流量存在不确定性，可能在未来的某段时间突发大规模并发访问，现有资源则无法承载这种突发行为。在传统的 IT 环境中，需要增加 CPU、硬盘等硬件资源提高服务器性能，或添加多台服务器资源来承载业务。而在云计算环境中，就不需要如此复杂。当现有资源已经无法承载现有业务时，只需要向服务提供商增加租赁资源，扩容到业务系统中即可，如图 1-14 所示。当"双十一"活动结束后，业务减少了，现有资源承载业务会有大量资源的盈余。在传统的 IT 环境中，一般不会对服务器进行减容，在线减容工作量大，存在风险，盈余资源只能闲置。而在云计算环境中，消费者可以根据需求减少资源的租赁，释放多余的资源，从而节约租赁资源的成本，实现云计算的关键特征"弹性"。

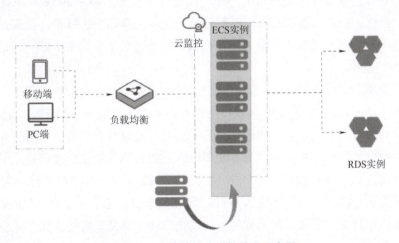

图 1-14　云计算快速弹性扩张示意图

（5）按使用付费（Pay Per Use）

在云计算环境中，能提供可测量的服务，云计算系统可以监视、控制资源使用，并为提供商和用户双方都产生并提供透明的报表。为了促进资源的优化利用，将收费分为两种情况：一种是基于使用量的收费方式；另一种是基于时间的收费方式。天翼云的产品收费情况如图 1-15 所示。

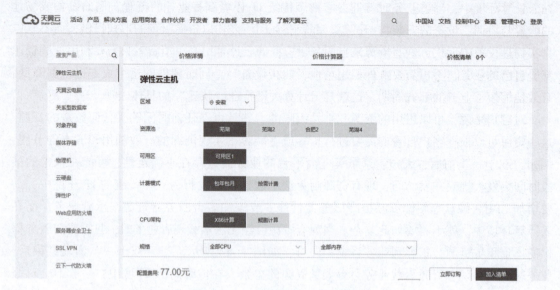

图 1-15 天翼云的产品收费情况

2. 云计算的主要优势

云计算的目标是让用户像用水用电一样使用云计算资源。将来的 IT 资源就像我们用电一样，只要租就行了，不需要去买专门的服务器，也不需要用户去维护。目前，大批企业已经将云计算技术运用到自己的业务中了，那么云计算给这些企业带来了哪些好处呢?

（1）低廉的成本

现阶段，企业之间的竞争激烈，降低自身运营成本是每个企业的核心竞争力之一。公司运营的主要成本是所需的 IT 硬件成本、软件成本、运维人员成本、机房租赁成本、网络成本等。针对这些成本来源，企业在构建私有云平台时，通过混合部署，利用公有云中的弹性计算服务可以很好地降低成本。据估计，使用公有云服务的成本比传统企业使用小型机、商业数据库、高端存储等方式的成本降低了 80% 以上。通过云平台的自动化运营技术，大幅降低了对运维人员的需求，一个运维人员可以管理数千台甚至上万台的 IT 设备，同时利用云平台中的虚拟化技术，对机房基础设施进行优化改造，降低机房的能耗，减少能源成本与场地成本。

（2）敏捷快速

为了快速推出业务，现代企业从人员组织结构、企业文化、经营模式、IT 基础设施等方面做出大幅改进。通过云计算平台，企业的 IT 基础设施可直接由云服务供应商提供，节省了设备采购、场地选用等的时间和资金成本，加速了业务的上线速度，实现新业务从研发立项到上线的周期大大缩短，有的只需要 1~2 天。而传统企业，同样业务少则需要 3~6 个月，多则需要几年。与传统企业相比敏捷度提升了至少 6 倍。

（3）扩展性好

由于业务突发而引起的大流量并发访问，给应用服务器带来了巨大压力。传统 IT 架构一般会按访问量的上限进行系统扩容，然而在大流量过后，这些资源大部分处于闲置状态，造成巨大的浪费。通过云计算的弹性计算服务，可以做到根据用户的访问量自动申请资源，在突发访问量到来之前，弹性计算服务会自动添加业务系统所需的软、硬件资源，解决业务突发性并发访问的问题，使企业的业务系统在大流量的并发访问中做到收放自如。另外，系统在硬件升级维护的过程中，通过负载均衡机制，切换用户的访问流量，使系统访问平滑地切换到另外的应用服务器中，从而在不影响系统正常运行的情况下，平稳地对系统软硬件进行升级维护或扩容。

在以信息化为背景的社会环境中，企业面临着激烈的市场竞争，云计算技术在企业降本增效和业务的快速部署等方面有着巨大的优势，帮助企业在最低的成本下获得最大的利润这一对生存至关重要的法宝。

【应用拓展】认识中国电信天翼云

一朵分布式云，一朵自主可控的云，一朵安全可信的云，一朵开放合作的云——这就是中国电信于 2021 年发布的分布式云——天翼云 4.0。

天翼云科技有限公司作为中国电信旗下一家科技型、平台型、服务型公司，以"云网融合、安全可信、绿色低碳、生态开放"四大优势向客户提供公有云、私有云、专属云、混合云、边缘云、全栈云服务，满足政府机构、大中小企业数字化转型需求。作为全球领先的云服务商，天翼云秉承央企使命，致力于成为数字经济主力军，投身科技强国伟大事业，为用户提供安全、普惠云服务。

作为中国电信旗下的云计算平台，天翼云背后拥有强大的基础设施资源和技术支持。天翼云的基本架构包括弹性计算、存储服务、网络与安全、数据库服务、人工智能与大数据、应用服务等多个服务模块，为企业提供全方位的云计算解决方案。

（1）天翼云的发展历程

中国电信于 2009 年发布"翼云计划"，开始进行云计算领域的部署与探索，这为其后续的产业升级奠定了基础。2012 年，中国电信正式成立云计算分公司，推出云主机、云存储等系列天翼云产品。由此，中国电信也成为第一家专业运营云产品与服务的通信运营商。

发展至今的十余年中，2017 年是一个关键的转折点，天翼云的营收首次突破 35 亿元，相比 2012 年翻了 70 倍，在市场份额上已经处于中国云计算市场的领先前列。2020 年，疫情突然来袭，天翼云肩负起央企责任，迎难而上，在短短几天内便完成了雷神山、火神山医院系统建设，并在疫情监测、分析、防控救治、病毒溯源、资源调度等方面助力科技抗疫。例如，天翼云支撑武汉市卫健委官网 48 小时上云，并发访问能力提升 10 倍，保障了政府抗疫信息及时透明发布；另外，助力方舱医院实现 AI 阅片，阅片速度从以前的 5~10 分钟缩短至 1 分钟，准确率高达 90% 以上，极大地缓解了医护人员的压力。

2016 年，天翼云发布天翼云 3.0，全面升级技术、改善服务质量、创新业务产品，提升"天翼云"核心竞争力，满足各行业对云计算的需求。2021 年 12 月，中国电信又发布了全新升级的天翼云 4.0 分布式云，并在云网融合技术层面进行创新，全面推进"千城万池"战略，推进算力全国部署。目前，天翼云 4.0 已经在智慧交通、智慧教育领域得到广泛应用，并勇当云计算原创技术的策源地，建设新型基础设施的国家队，推动数字经济发展的主力军。2023 年 4 月，经国际权威标准性能评测组织 SPEC 测试，天翼云平台在综合性能及平台相对可扩展性比拼中夺得世界第一。

（2）天翼云的功能

①弹性计算：天翼云可以根据业务需求快速调整计算资源容量，实现弹性扩缩容。这种灵活性可以帮助企业高效应对不同的计算需求，避免资源浪费和性能瓶颈。

②存储服务：天翼云提供安全可靠的云存储空间，支持多种数据备份和恢复策略。无论是文件存储、对象存储还是块存储，天翼云都能满足企业不同的存储需求，保障数据的安全和可靠性。

③网络与安全：天翼云可以构建灵活可靠的网络架构，提供安全防护和访问控制功能。企业可以根据实际需求定制网络配置，保障数据传输的安全性和稳定性。

④数据库服务：天翼云提供高可用、高性能的数据库服务，满足各种业务需求。无论是关系型数据库还是 NoSQL 数据库，天翼云都能满足企业对数据库的高要求，提供稳定可靠的数据存储和查询服务。

⑤人工智能与大数据：天翼云拥有强大的人工智能和大数据分析能力，可以帮助企业进行智能决策和业务创新。通过分析海量数据，企业可以发现潜在的商业机会和优化业务流程，提升竞争力和利润。

⑥应用服务：天翼云提供一站式应用部署和管理平台，简化应用开发和运维流程。企业可以通过天翼云的平台快速部署和管理各种应用，提高开发效率和响应速度。

（3）天翼云的优势

①稳定可靠：天翼云基于中国电信雄厚的基础设施资源，保证服务的稳定性和可靠性。无论是网络连接还是数据存储，天翼云都能提供高水平的性能和可靠性保障。

②易用性：天翼云提供简洁易用的控制台界面，方便用户管理和操作云资源。无论是资源调整还是安全设置，用户可以轻松完成各种操作，提升工作效率。

③高效性：通过快速部署和弹性扩缩容的能力，天翼云可以在短时间内满足业务需求。企业可以根据业务的变化快速调整资源容量，避免浪费和不必要的成本。

④安全性：天翼云采用先进的安全技术和严密的安全保障措施，保护用户数据安全。无论是数据传输还是存储，天翼云都能提供高水平的安全保护，为用户数据提供全面的安全保障。

（4）天翼云的行业应用覆盖广

当前，各行各业的数字化转型正如火如荼地展开。作为数字中国建设的主力军，天翼云积极融入转型大潮，秉承"云网融合、安全可信、绿色低碳、开放合作"的原则，为各行各业数字化转型提供安全普惠的云服务，进而支撑国家经济社会全面实现数字化转型。

在政务领域，天翼云助力各地政府构建更高效、更便捷的政务云平台，加快建设网上政务服务平台体系，打造数字政府，实现从"群众跑路"到"数据跑腿"的转变，让政务服务更贴近百姓，更加方便快捷。目前，天翼云已经承载了 20 余个省级政务云、300 多个地市级政务云，并且参与了 1 000 多个智慧城市项目的建设，足迹遍布雄安、九江、德阳等全国各地。

在农业领域，天翼云践行央企社会责任，大力推动乡村振兴，赋能数字乡村建设。比如，通过在陇南构建智慧养蜂新模式，覆盖上万蜂群，让 2.6 万蜂农用上智能化、信息化的养殖设备；利用"5G+AI"技术颠覆传统农业，既能精准识别病虫又可以智能分析挖掘水稻生长规律，使利用 AI 智能识别大大提升了农民的生产效率。天翼云以数字技术融合发展为突破正在让更多农民享受到数字化红利。

在医疗领域，天翼云凭借大数据、AI、云计算等技术优势，发力智慧医疗体系建设，推动医疗机构上云转型，同时促进优质医疗资源普惠共享，在切实消除老百姓就诊痛点的同时持续向社会输出智慧医疗服务能力，不断加快"健康中国"建设的进程。在抗疫期间，天翼云的科技抗疫彰显了中国速度，服务了我国数量众多的防疫网点，为阻击疫情构起了坚实安全的云端堡垒。

在教育领域，天翼云服务着 5.6 万家教育机构，构建了智慧云上生态。比如，天翼云在西藏打造了珠峰旗云平台，让数十万藏区师生获得了优质的教育资源；在疫情期间推出的天翼云课堂，保障了学校"停课不停学"；天翼云还承载着广东省教育考试考务综合管理平台，实现了考试管理指挥的智能化、一体化、可视化、即时化。

在工业领域，天翼云助力传统企业加速数字化转型，为其提供一站式上云服务，大力推进信息化与工业化的深度融合，助推智能制造高质量发展。据统计，天翼云已助力吴忠仪表、东方电机、中国二重、九牧集团等一众国内领军工业企业实现了数智转型。

天翼云不仅为政府、金融、工业制造、医疗、教育等重点行业提供了优质的上云服务，而且广泛涵盖餐饮、酒店、药店、零售等中小企业，以实际行动赋能各行业资源优化配置和数字化转型升级。

工作任务 1.3　揭秘云计算系统架构

揭秘云计算
系统架构

【任务情景】

小蔡了解云计算的概念和特征，对云计算有了基本认知，但一个云计算系统又是怎样构成的呢？云计算的强大功能是如何实现的呢？接下来，我们就来认识云计算的系统架构，并为云计算系统画一个像。

【任务实施】

互联网时代的来临，无论是拥有数亿用户照片的应用程序，还是企业的业务应用系统都需要低成本快速、灵活地访问 IT 资源。一方面 IT 数据中心相关的服务器、存储、网络等硬件设备性能随着技术进步有了极大提升，另一方面云计算技术与平台系统也得到快速发展，以更好地满足企业对"云化" IT 资源的需求。一个云计算系统可以分成哪些部分？系统各部分之间是什么关系？这些问题实际上涉及云计算系统的硬件系统、软件系统、应用系统、运维管理、服务模式以及标准规范等各个方面，要厘清这些问题，就需要先认识和了解云计算的系统架构。

1.3.1 云计算系统架构的基本概念

1. 云计算系统架构的产生

云计算服务采用的是一种按 IT 资源的使用量付费的模式，可以随时随地、便捷、按需地从可配置的 IT 计算资源共享池中获取所需的 IT 资源（包括计算、存储、网络、安全、平台服务及应用服务）。那么什么是 IT 资源呢？

IT 是信息技术行业的统称，其内涵包括三个层次：第一层是指硬件，主要指数据存储、处理和传输的主机和网络通信设备；第二层是指软件，包括可用来搜集、存储、检索、分析、应用、评估信息的各种软件，它既包括企业资源计划（ERP）、客户关系管理（CRM）、供应链管理（SCM）、办公自动化（OA）等商用管理软件，也包括用来加强流程管理的工作流管理软件、辅助分析的数据仓库和数据挖掘软件等；第三层是指应用，包括应用 ERP、CRM、SCM 等软件直接辅助决策。

云计算的服务特点决定了云计算需要采用超越传统数据中心的新型架构，以获得业务的灵活性、标准化、服务化，适应企业的复杂应用环境。经过多年发展，在用户需求、技术进步、商业模式创新的共同作用下，各种云计算技术不断涌现，逐渐形成完整的云计算系统架构，极大地推动了云计算服务在企业应用中的落地。

云计算经历了几个发展阶段，从开始引入虚拟化技术，将企业应用与底层基础设施彻底分离解耦，将多个企业 IT 应用实例及运行环境复用在相同的物理服务器上，提高资源使用效率，降低成本。后来引入软件定义与统一管理，业务平面的软件定义存储（Software Defined Storage，SDS）和软件定义网络（Software Defined Network，SDN）技术，实现 IT 资源的高度弹性和可扩展性；管理平面的云管理平台，对各类资源进行统一管理，通过自助服务、按需开通、按量计费的模式实现资源供应的灵活性和自动化。随着容器、微服务技术的发展，支持应用的自动扩展；大数据、人工智能的发展，助力应用快速实现；DevOps 等技术增强应用开发能力。先进的云计算平台逐步提供应用开发所需的各种资源、能力和开发环境，逐步成为推动业务创新的新型"操作系统"。

2. 通用的云计算体系结构

云计算平台是一个强大的"云"网络，连接了大量并发的网络计算和服务，可利用虚拟化技术扩展每一个服务器的能力，将各自的资源通过云计算平台结合起来，提供超级计算和存储能力。通用的云计算体系结构如图 1-16 所示。

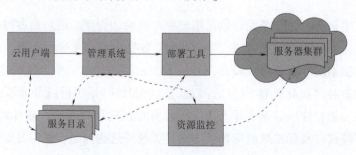

图 1-16 通用的云计算体系结构

（1）云用户端

提供云用户请求服务的交互界面，也是用户使用云的入口。用户通过 Web 浏览器可以注册、登录，实现定制服务、配置和管理，使用户打开云平台的应用实例与本地计算机的操作系统桌面一样。

（2）服务目录

云用户在取得相应权限（付费或其他限制）后可以选择或定制的服务列表，在云用户端界面生成相应的图标或列表的形式展示相关的服务。

（3）管理系统和部署工具

提供管理和服务，管理用户授权、认证、登录，并调度计算资源和服务。接收用户发送的请求，根据用户请求转发到相应程序，调度资源、智能的部署资源和应用，动态的部署、配置和回收资源。

（4）资源监控

监控和计量云系统资源的使用情况，以便作出迅速反应，完成节点同步配置、负载均衡配置和资源监控，确保资源能顺利分配给合适的用户。

（5）服务器集群

虚拟的或物理的服务器，提供计算、存储、Web 应用等。由管理系统管理，负责高并发量的用户请求处理、大运算量计算处理、用户 Web 应用服务，云数据存储时采用相应数据切割算法采用并行方式上传和下载大容量数据。

从通用的云计算体系结构可以看出，用户可通过云用户端从服务目录列表中选择所需的服务，其请求通过管理系统调度相应的资源，并通过部署工具分发请求、配置 Web 应用。

3. 云计算体系的技术架构

云计算体系的技术架构主要从系统属性和设计思想角度来说明云计算体系，是对软硬件资源在云计算技术中所充当角色的说明，其技术架构如图 1-17 所示。

（1）物理资源

相当于云计算体系的物理层，作为最低层负责管理和提供所有硬件基础设施，包括支持计算机运行的硬件设备和技术，可以是廉价的 PC，也可以是昂贵的服务器及磁盘阵列等存储设备和网络设备等，通过网络技术和分布式等技术将分散的计算机组成功能超强的集群，用于计算和存储等云计算操作。

（2）资源虚拟化

也称为资源池层，是云计算体系结构的核心层，负责将底层的物理设备与上层的操作系统和软件分离，形成计算、存储、网络、数据库等具有一定功能的虚拟资源池。这些资源以虚拟化的方式提供，可以动态地分配和重新配置资源，以满足不断变化的应用需求。

（3）管理中间件

位于服务和服务器集群之间，是云计算体系结构中承上启下的一个层次，负责管理和调度各种计算资源，提供了一个通用的管理平台，可以实现对不同类型资源的统一管理和调度，隐藏了底层硬件、操作系统和网络的异构性，统一管理网络资源，以确保应用的可靠性和性能。

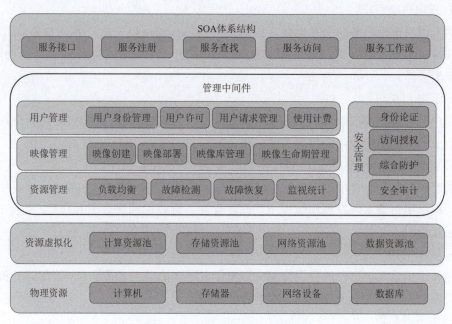

图1-17 云计算体系的技术架构

（4）SOA（面向服务的架构）

作为用户端与云端交互操作的入口，是云计算体系结构的最上层，负责提供各种云计算服务，实现用户或服务注册、对服务的定制和使用。这些服务基于不同的应用需求，可以包括计算、存储、数据存储、数据处理等。SOA层通过将各种应用构建在统一的平台上，使应用之间的交互和协作变得更加简单和高效。

1.3.2 云计算系统的"四层两域"模型

经过10年左右的快速发展，云计算系统架构不断演进，逐步形成了一个"四层两域"的系统架构，如图1-18所示。"四层两域"中的"两域"是指以提供资源承载客户应用的业务域，以及用于协调管理整个数据中心的管理域。业务域是用来提供资源和服务的，逻辑上又可以分为基础设施层、平台层、服务层、应用层四个层次。管理域主要提供整个云数据中心的协调管理，包括云服务运营和云服务运维、安全管理、集成管理等。

1. 基础设施层

云计算系统承载一切的基础部分就是其基础设施层，可以进一步细分为物理资源、操作系统和系统软件等。

（1）物理资源

主要是指基础硬件设备，包括服务器集群、存储集群以及由交换机、防火墙、路由器等组成的网络设备与信息安全设备，另外还包括数据中心机房配套设施（电力、制冷、安防等）。

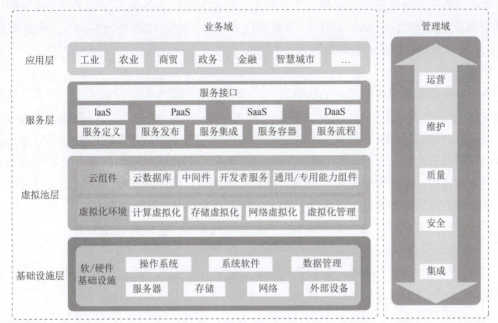

图 1-18　云计算系统架构参考模型

（2）操作系统

云操作系统是实现底层物理资源管理、池化的关键。如果硬件资源无法实现云化，就无法提升资源利用率和资源的弹性使用。部署操作系统后，物理设备就可以灵活实现"小变大"的分布式资源聚合处理，或者"大变小"的虚拟化隔离处理。

（3）系统软件

为了便于高效运营、运维云数据中心，在搭建基础设施层的硬件设备时也可根据需要部署一些运营、运维系统软件，便于对底层硬件的资源使用情况和健康状况进行监控与调配。

2. 虚拟池层

虚拟池层也叫虚拟资源层，指以虚拟化的方式交付包括计算、存储、网络等在内的基础设施环境，这个环境通常是一个虚拟化的平台。虚拟池层提供的服务包括云组件类（云数据库、中间件等）和虚拟化环境（计算、存储、网络等）。

在虚拟池层，首先要对各类基础设施层资源实现单节点的基础设施虚拟化，同时需要对虚拟化资源做集群化总体管理，实现高效、弹性的资源调度。在传统数据中心，数据库、中间件等是独立使用和分散管理的，效率及可靠性难以保障。在云计算服务中，可以实现对这类产品及服务的平台化管理。因此，虚拟池层是各类云服务承载的基础，通过统一的云平台可实现对计算、存储、网络、安全等虚拟资源池的集群化统一管理，可基于底层 IT 资源实现各类数据库、中间件、通用或专用能力组件等各类云组件的统一化管理，同时还可以为云服务的开发者提供支持。

3. 服务层

服务层是指集成了企业应用从开发、运维、运营及配套的各种工具和能力的平台环境，主要是面向外部用户提供标准化的云计算服务，以便为客户业务提供有效支撑。服务层可以提供基础设施即服务（IaaS）、平台即服务（PaaS）、软件即服务（SaaS）、数据即服务（DaaS）等，并提供相关的自动化服务流程和服务接口。

4. 应用层

应用层是指基于服务层提供的各种接口，构建适用于各行业的应用环境，提供给软件商或开发者、用户的应用平台。应用层主要以客户应用运行为目标，以友好的用户界面为用户提供所需的各项应用软件和服务，服务的提供者负责处理应用所涉及的所有基础服务、业务逻辑、应用部署交付及运维，服务的使用者通过租赁的方式获取应用服务，免去了应用软件安装实施过程中一系列专业复杂的环节，降低了应用软件的使用难度。

应用层直面客户需求，向企业客户提供 CRM、ERP、OA 等企业应用。应用层也是各类行业云计算应用的充分展现，如工业云、农业云、商贸云、金融业、政务云等。

5. 管理域和业务域

"四层两域"中的"两域"是指业务域和管理域。业务域主要提供资源和服务，而管理域主要提供云服务的运营、运维和安全。

云服务运营是围绕云服务产品进行的产品定义、销售、运营等工作。首先以服务目录的形式展现各类云服务产品，并可进行产品申请、订单受理等，最后对用户使用的产品按实际使用进行计量或计次收费。

云服务运维是指围绕云数据中心及云服务产品的运维管理工作，包括资源池监控和故障管理、日志管理、安全管理、部署和补丁管理等。

云安全（Cloud Security）是指一系列用于保护云计算环境中的数据、应用程序和基础设施等的策略、技术和控制的集合。在云计算服务中，安全即服务也是一类重要的服务模式，是云服务提供商为用户提供基于云的安全服务。

1.3.3 云计算基础设施的逻辑架构

按照云计算分布式的特点，云计算基础设施可以分布在不同的地域，形成多个逻辑隔离的区域数据中心，且各区域数据中心之间通过大带宽链路实现互联，并可纳入同一套云管理平台进行管理。

云计算基础设施的逻辑架构应视具体需求而定。典型的公有云架构可以分为区域（Region）、可用区（Availability Zone，AZ）、数据中心（Data Center，DC）3 个层面。其中，Region 指物理上的不同地域，每个 Region 由一个或多个 AZ 构成。每个 Region 由一个统一的管理平台管理，AZ 和 Region 之间的网络通过云计算业务调度系统进行调度，AZ 之间可部署双活业务。DC 和 DC 之间互联的网络称为数据中心互联（Data Center Interconnection，DCI）。随着云计算业务的发展，采用跨区域 DCI 的场景逐渐增多，很多专用 DCI 技术随之涌现，比如当前数据中心网络中应用较多的基于 VxLAN 的大二层互联技术。

云计算基础设施逻辑架构如图 1-19 所示。

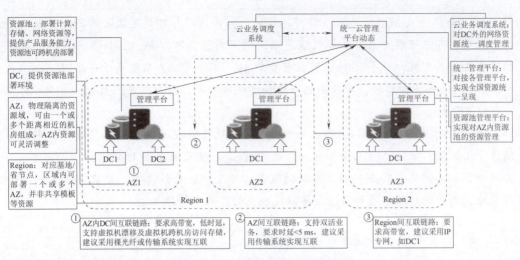

图1-19　云计算基础设施逻辑架构

　　资源池中需要部署计算资源、存储资源、网络资源及安全资源等，以提供产品服务能力。资源池可以在单一机房部署，也可以跨多个机房部署。

　　网络作为资源池实现了服务器、交换机、防火墙、路由器等设备的互联，承载着资源池中海量数据的传输。资源池的网络系统具有区域化、模块化、层次化的特点，使网络层次更加清楚，功能也更加明确。

　　资源池内部的网络可以按照业务性质进行分区，比如分为核心业务区、托管业务区、运维管理区、隔离区（Demilitarized Zone，DMZ）、数据存储区等，也可以按照设备类型和功能进行分区，比如分为计算资源区、存储资源区、核心网络区、出口网络区、管理区等。

　　按照网络结构中不同设备的作用，网络系统可以主要划分为出口层、核心层、汇聚层和接入层。出口层设备构成出口区，负载外部网络的连接以及网络层面的安全防护。核心层设备构成核心区，主要承担数据中心进出流量的高速转发，一般采用核心交换机收敛下联流量，为汇聚层提供连接，并由上联出口层与外部网络互联。汇聚层与接入层设备分布在各计算资源区、存储资源区与管理区，是各分区内部交换的核心。

> **小知识**
>
> ### Region、AZ 与 DC 的概念
>
> 　　Region：可以理解为一个大区域，通常按地理位置来划分，区域与区域之间的距离大概是几百公里或者几千公里。可以理解为中国和美国在不同的区域。公有云的一个 Region 可能跨越了几个省份，比如华东、华中、华南等，覆盖多个数据中心。在这个区域内，可以共享弹性计算、块存储、对象存储、VPC（Virtual Private Cloud，虚拟私有云）网络、弹性公网 IP、镜像等公共服务。每个 Region 都有自己的覆盖范围和接入时延，通常在创建 ECS（Elastic Compute Service，弹性计算服务）的时候选择。

AZ：全称为 Available Zone，即可用区域。可用区域与可用区域之间的距离大概是几十公里，可以理解为上海和杭州就是不同的可用区。可以把 AZ 比作一个 Region 下的多个机房。可见，一个 Region 可以有多个 AZ，而一个 AZ 只能属于一个 Region。每个 AZ 之间是相互独立的，有独立的网络和供电系统等。同时，每个 Region 中的 AZ 又是可以互通的。

DC：全称为 Data Center，即数据中心。如果把上海视为一个可用区域，其中在杨浦区、松江区、张江、徐汇区各有一个数据中心，假设松江区的数据中心有故障了，并不会影响其他几个数据中心正常提供服务。可见，在云计算中，数据中心是一个物理设施，用于存放服务器和网络设备以及相关的技术支持硬件。

【应用拓展】认识算力分发网络平台"息壤"

数字时代下，算力已成为新型生产力，并朝着多元泛在、安全可靠、绿色低碳的方向演进。以算力为核心的数字信息基础设施，是国家战略性布局的关键组成部分，也成为数字经济时代的"大国重器"。

作为云服务国家队，天翼云在科技创新道路上，不断加强关键核心技术自主研发，在算力技术方面不断取得突破，将最新研发成果惠及千行百业，"息壤"就是其中的代表。

天翼云 4.0 算力分发网络平台"息壤"是中国电信自主研发的基于云原生和跨域大规模调度技术的平台。在算网资源标准化、算网编排、算网运营三个方面实现了关键技术创新突破，与主流服务商实现算力并网，对云中多级算力资源进行无差异统一管理，可并网并统一调度通用算力、智算、超算算力，通过算网感知、随愿自治的跨域调度能力为应用匹配最优算网资源。

除服务于自身业务外，天翼云在宁夏落地首个算力交易调度平台，北京落地首个算力互联互通验证平台，未来将服务于通管局、发改委等单位，产生较大社会和经济效益，为社会提供普惠算力服务，全面支撑和服务"东数西算"国家战略工程，助力双碳目标实现。

在上古神话中，息壤是可以自己生长、永不减耗的土壤。《海内经》有曰："息壤者，言土自长息无限，故可以塞洪水也。"天翼云将算力分发网络平台取名"息壤"，寓意无论业务对算力有多少需求，息壤都可以规划出满足需求的算力资源，并且通过智能调度，实现业务性能和成本的最优。从定位上看，"息壤"好比是一个算力调度的枢纽，能够在全国范围内实现每分钟数万次、每天上千万次的算力统筹和调度，满足各种领域对算力的极致需求。

在安全可信方面，天翼云突破云原生安全核心技术，构建租户安全+平台安全一体化的安全防护体系，保障用户的应用和数据安全。平台安全层面，天翼云构建了云网融合的纵深一体化防御体系，结合作为关键信息基础设施运营单位的资源禀赋，构建了云网态势感知系统。中国电信拥有 700 多个数据中心、48.7 万架互联网数据中心机架，通过将"计算+连接"的深度融合，打造了算力传输的"高速路网"。通过 2+4+31+X 的全国算力布局，目前中国电信整体算力规模已达到 3.8Eflops（每秒 380 亿亿次浮点运算）。

天翼云算力分发网络平台"息壤"于2022年5月发布并入选2022年度央企"十大超级工程"，在第六届数字中国建设峰会上荣获"十大硬核科技"奖项。同时，在第三届国有企业数字化转型论坛上，"息壤"还入选国务院国资委发布的"十项国有企业数字技术成果"。

具体而言，"息壤"实现对全网资源的统一管理和使用，包括中心云、边缘云、第三方云、自建IDC、客户现场节点等，通过资源管理平台实现算力感知、算力注册、算力映射、算力建模等能力。通过算力调度引擎灵活的自定义调度策略能力，满足不同业务需求，如云渲染、跨云调度、性能压测、混合云AI计算等多种应用场景，通过算力调度可视化能力，实现资源量、使用率、数据流调度过程可视化。同时，"息壤"能够提供多样化、差异化的算力产品形态，满足从中心到边缘的多样化算力场景，产品形态包括算力调度引擎CPSE、边缘容器集群ECK、Serverless边缘容器ESK、批量计算BE、算力网络交易平台等，以及结合自研的算力调度引擎，实现对算力资源的统一管理、统一编排、智能调度和全局算力资源优化。

在国家大力推动"东数西算"的背景下，"息壤"能够把东部需要进行的机器学习、数据推理、智能计算等AI训练和大数据推理的工作放到西部，自动配置和调度相应算力；把东部对时延不敏感的、不活跃的、需存档的海量数据，放在西部存储，等等。通过"息壤"，"东数西训""东数西备""东数西渲"等构想正在成为现实。

工作任务1.4 探析云计算服务类型

探析云计算
服务类型

【任务情景】

小蔡对云计算的系统架构有了初步认识，了解到云计算既是一个技术概念，也是一种服务的商业模式。那么，接下来，我们就一起来了解云计算服务有哪些服务类型，面对不同用户需求应该如何选择这些服务类型。

【任务实施】

业务系统是商业模式的核心，云计算作为一种服务的商业模式，高效运营的业务系统是云计算企业最重要的竞争优势之一。水、电服务是将水、电作为资源提供给用户使用，而云服务提供商则是提供IT资源，如云主机、云存储、VPC、网盘等提供给用户使用，用户可以根据自己的需要通过自助、付费的方式按需获取这些资源，从而得到服务。

随着近几年云计算市场的火热发展，云计算服务已经随处可见，通常将这些服务归为基础设施即服务（Infrastructure as a Service，IaaS）、服务平台即服务（Platform as a Service，PaaS）、软件即服务（Software as a Service，SaaS）三大类，如图1-20所示，这三种基本类型经常被称为"SPI"模型。除了这三类服务，根据用户的需求，云计算服务也衍生出其他一些服务类型，比如数据即服务（Data as a Service，DaaS）、容器即服务（Container as a Service，CaaS）、数据库即服务（Database as a Service，DBaaS）等。借助这些云服务，用户可以像用水用电一样便捷地获取和使用计算、存储、网络、大数据、数据库等资源。

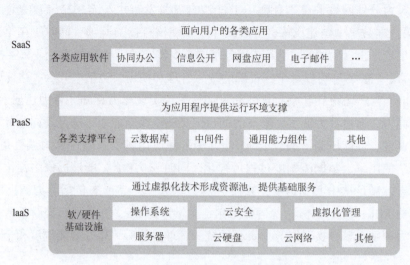

图 1-20　云计算的三种服务类型

IaaS、PaaS、SaaS 可独立向用户提供服务。其中，IaaS 使用起来比较灵活，用户可以建立自己的系统，搭建自己的 PaaS 和 SaaS，用户对数据拥有完全的掌握权，但同时对于用户的 IT 资源驾驭能力要求也比较高。PaaS 比较适合应用开发者类的用户，这类用户可以直接使用 PaaS 提供的数据库、中间件、缓存等服务能力来迅速构建应用，无须从底层建立完整系统；但是使用云平台提供的 PaaS，就必须遵循云平台的框架和 API，会和平台产生一定的耦合。SaaS 则是直接为最终用户提供基于云的应用，如人力资源系统、客户关系管理系统、电子邮箱、网盘等，免去了开发、部署、测试等环节，实现了应用开箱即用；但用户数据留存于平台上，会和平台产生紧耦合。

1.4.1　基础设施即服务（IaaS）

基础设施即服务（IaaS）指的是把 IT 基础设施能力（如服务器、计算、存储、网络等）通过网络以服务的形式提供给最终用户使用。IaaS 为用户提供业务所需要的 IT 资源，管理员等技术团队可以利用云服务商提供的这些基础设施，为客户部署和运行所需的业务软件和系统软件，如操作系统和应用程序等。用户不管理或控制任何云计算基础设施，但能控制操作系统的选择、存储空间和部署的应用，也可获得有限的网络组件（如路由器、防火墙、负载均衡器等）的控制。

这类云计算服务用户的自主性较大，就像是自来水厂或发电厂一样直接将水电送出去。这种方式可以满足非 IT 企业对 IT 资源的需求，同时还不需要花费大量资金购置服务器和雇佣更多的工程人员，使他们可以将自己的主要精力放在自己的主业上。

同时，这种云服务还可以使用自动化技术来根据用户的业务量自动分配合适的服务器数量，用户不必为自己业务的扩展或者收缩而考虑 IT 资源是否合适。同时用户不必担心 IT 设施的折旧问题，只需根据自己的服务器使用量交付月租金即可。

这类云服务的对象往往是具有专业知识能力的资源使用者，用户能够部署和运行任意软件，包括操作系统和应用程序。虚拟机出租、网盘等业务就是 IaaS 服务的典型代表。IaaS 可提供弹性计算、云存储、云网络、云安全、云监控等软硬件服务能力，如图 1-21 所示。

图 1-21　典型的 IaaS 服务

IaaS 最早起源于 AWS（亚马逊）的弹性计算云 EC2 产品，当时 IBM-Google 并行计算项目还处于研究和科研用途，而 EC2 已经是一个相当商业化的云计算产品了。随着 IaaS 服务的兴起，众多厂商开始参与云计算行业，主流的 IaaS 服务提供商包括亚马逊的 AWS、微软的 Azure、谷歌云和国内的阿里云、天翼云、华为云等。天翼云的 IaaS 服务平台如图 1-22 所示。

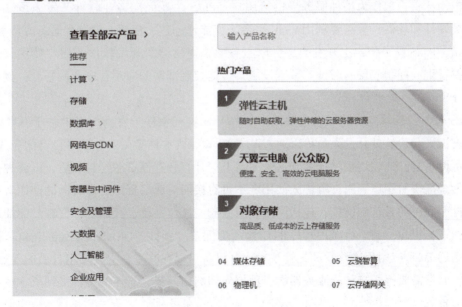

图 1-22　天翼云的 IaaS 服务平台

小知识

常见 IaaS 服务内容

云服务公司把 IT 环境的基础设施建设好，然后直接对外出租硬件服务器或者虚拟

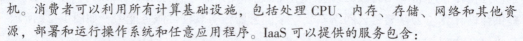

机。消费者可以利用所有计算基础设施，包括处理 CPU、内存、存储、网络和其他资源，部署和运行操作系统和任意应用程序。IaaS 可以提供的服务包含：

（1）云主机服务

分为虚拟机和裸金属（Bare Metal）两种，用户通过云平台进行云主机申请，选择云主机的规格（CPU 和内存大小）、虚拟磁盘（容量和数量）、虚拟网口（类型和数量）、操作系统镜像。

（2）云存储服务

一方面可以为用户提供低成本或高性能的网络存储服务，另一方面也可以向云平台上的备份类、网盘类应用软件提供存储服务。

（3）云网络服务

云网络服务可以为租户提供完整的虚拟私有云（Vitual Pivate Cloud，VPC）服务，VPC 中可以包括二层网络服务、三层网络服务、虚拟专网服务、负载均衡服务、虚拟防火墙服务等。

1.4.2 平台即服务（PaaS）

平台即服务（PaaS）是指将一个完整的计算机平台，包括应用设计、应用开发、应用测试和应用托管，都作为一种服务提供给用户。PaaS 主要面向专业软件开发人员。用户不需要购买硬件和软件，只需要利用 PaaS 平台，就能够创建、测试、部署和运行应用和服务。简单来说，PaaS 就是把二次开发的平台以服务形式提供给了开发软件的用户使用，开发人员不需要管理或控制底层的云计算基础设施，但能控制部署的应用程序开发平台，例如微软的 Visual Studio 开发平台。

PaaS 位于云计算的中间层，主要面向软件开发者或软件开发商，提供基于互联网的软件开发测试平台。软件开发人员可以通过基于 Web 等技术直接在云端编写自己的应用程序，同时也可以将自己的应用程序托管到这个平台上。计算和存储资源经封装后，以某种接口和协议的形式提供给用户调用，资源的使用者不再直接面对底层资源。即资源的使用者不需要管理或控制底层的云基础设施，包括网络、服务器、操作系统、存储等；但客户能控制部署的应用程序，也能控制运行应用程序的托管环境配置。例如，Google 的 App Engine 就是一个可伸缩的 Web 应用程序开发和托管平台，开发者可以在其平台上开发出自己的 Web 程序并发布，而不需要担心自己的服务器能否承担未知的访问量，这样的平台得到了一些小型创业企业的青睐。

PaaS 对开发者屏蔽了底层硬件和操作系统的细节，开发者只需要关注自己的业务逻辑，无须过多地关注底层资源，可以很方便地使用构建应用时必要的服务组件，大大加速了软件开发与部署的过程。另外，这样的云平台还提供大量的 API 或者中间件供程序开发者使用，大大缩短了程序开发的周期；同时，程序代码存储在云端可以很方便地联合开发。最重要的是用户不必再担心自己发布的应用需要多少硬件支持，因为，云端可以满足一切。

如果一家企业面临着把应用系统迁移上云的压力，同时需要满足大容量高并发的访问需求，那么采用云平台提供的 PaaS 进行开发则具有明显的优势，可以缩短开发时间，企业可以更快地向市场提供服务。PaaS 可让企业更专注于它们所开发和交付的应用程序，而不是管理和维护整个平台系统。对于创业型公司和个人开发者来说，Paas 也相当实用，因为这些公司和个人开发者不具有强依赖性的旧应用系统需要迁移，可以基于云平台的 PaaS 迅速开发应用系统。

IaaS 和 PaaS 的区别是，laaS 主要提供了计算、存储、网络等基础设施服务，PaaS 则为开发人员提供了构建应用程序的开发测试环境、部署工具、运行平台，包括数据库、中间件、缓存、容器管理等，提供的具体服务主要包括：

（1）容器服务

云计算中的容器指的是对计算资源（CPU、内存、磁盘或者网络等）的隔离与划分。例如，将 APP 变成一种标准化的、可移植的、自管理的组件在任何主流系统中开发、调试和运行，同时又不影响宿主系统和其他容器。容器服务可以整合云主机、云存储、云网络等能力，也是应用持续交付集成架构、微服务架构的基础。

（2）中间件服务

指基于容器实现的 Web 中间件、消息中间件等服务，用户可以在平台服务中直接选用所需的中间件产品，便可获取所需要的中间件服务。

（3）持续集成和持续交付（Continuous Integration/Continuous Delivery，CI/CD）服务

指基于 PaaS 平台实现的应用从代码提交到线上部署的自动化流程，开发人员提交代码到代码仓库中触发应用构建测试和发布流程，将通过测试的代码打包成容器镜像上传到容器仓库，调用应用部署接口发起部署到预生产或生产环境，整个过程无须人工干预。

PaaS 架构如图 1-23 所示。

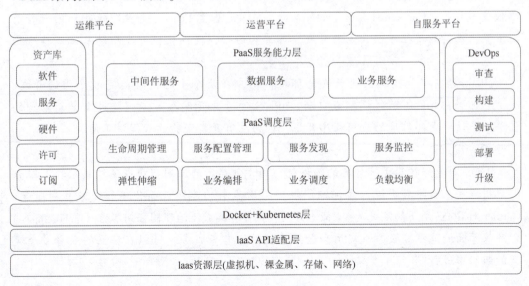

图 1-23 PaaS 架构

　　PaaS 代表性产品有 Google App Engine、Windows Azure Platform、AWS、阿里云、华为 DevCloud 等。华为云的 PaaS 服务平台案例如图 1-24 所示。PaaS 提供的环境与工具助力开发者实现企业业务快速开发与上线，能够支撑云计算实质落地。随着云计算市场的不断成熟，PaaS 势必会发展成云计算的主流服务。

图 1-24　华为云的 PaaS 服务平台案例

> **小知识**
>
> ### PaaS 的细分类型
>
> 　　简单地说，PaaS 平台就是指云环境中的应用开发设施服务，也可以说是中间件即服务。在传统部署方式下应用开发设施即中间件的种类非常多，有应用服务器、数据库、消息中间件、远程对象调用中间件等。咨询公司 Gartner 将 PaaS 平台分为两类：一类是应用部署和运行平台 aPaaS（Application Platform as a Service），另一类是集成平台 iPaaS（integration Platform as a Service）。
>
> 　　（1）aPaaS
>
> 　　aPaaS 是为软件应用程序的开发和运行提供环境的云服务，允许开发人员创建大规模应用程序。Gartner 对其所下的定义是："这是基于 PaaS（平台即服务）的一种解决方案，支持应用程序在云端的开发、部署和运行，提供软件开发中的基础工具给用户，包括数据对象、权限管理、用户界面等。"
>
> 　　aPaaS 的特征是提供快速开发的环境，用户在几个小时内就能完成应用的开发、测试、部署，并能够随时调整或更新。aPaaS 使专业开发人员能够绕过重复、无聊的任务，专注于更高难度的应用程序开发，也为没有开发经验的人提供了便利。
>
> 　　（2）iPaaS
>
> 　　iPaaS 则是一种基于云计算的软件包，用于创建新的应用程序或通过链接现有服务和应用程序来编排数据流，允许组织轻松利用基本构建块来简化流程或建立新服务。Gartner 对 iPaaS 所下的定义是："促进开发、执行和集成流治理同任何本地（on-premises）以及基于云的流程、服务、应用和数据连接的一套云服务，可以在独立的或者多个交叉的组织中进行。"

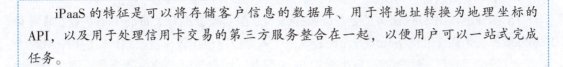

　　iPaaS 的特征是可以将存储客户信息的数据库、用于将地址转换为地理坐标的 API，以及用于处理信用卡交易的第三方服务整合在一起，以便用户可以一站式完成任务。

1.4.3　软件即服务（SaaS）

　　软件即服务（SaaS）是面向普通的云终端用户的云计算服务，用户可以直接通过浏览器等各种终端登录服务门户来使用平台上提供的软件，并按照使用量支付费用，无须关心应用如何实现以及运行在什么样的硬件平台上，也不用考虑运维等问题。

　　早在 1999 年，甲骨文（Oracle）公司最年轻的高级副总裁马克·贝尼奥夫正式脱离甲骨文创办了 Salesforce 公司，宣布将成为传统软件时代的终结者。贝尼奥夫认为，传统的软件概念——购买、安装、使用，都将随着"按需应用（On Demand）"的到来而结束，提出软件即服务（SaaS）的观点，即用户不再需要购买任何软件和硬件，只需要每年支付一定费用，就可以通过互联网随时使用自己所需要的服务。

　　今天，随着互联网技术发展和移动互联网应用的普及，用户已完全实现既不需要进行软件开发，也无须自己管理基础设施资源，只需要动动手指，就能通过智能手机等移动终端设备接入使用云平台的各类软件应用，简单方便。例如 Office365、滴滴打车、共享单车等应用软件都属于 SaaS。其中，Office365 把 Word、Excel、PowerPoint 等 10 多个应用软件集成为企业所需的办公云平台，它不仅可以在线使用，还可以下载到本地以客户端形式使用，是一套完整、容易入门、性价比高、支持混合部署、支持自定义的办公解决方案。

　　云服务提供商负责维护和管理软件和硬件设施，免费或按出租方式向最终用户提供软件应用服务。这类服务既有面向普通用户的产品如 Google Calendar 和 Gmail；也有直接面向企业团体的，用以帮助处理工资单流程、人力资源管理客户关系管理等企业信息化管理系统。代表性产品有 Google Apps、IBM Lotus Live、Salesforce.com、阿里云、京东、Office365 Sugar CRM。阿里云的 SaaS 服务平台案例如图 1-25 所示。

图 1-25　阿里云的 SaaS 服务平台案例

　　总的来说，软件即服务（SaaS）作为一种全新的软件使用模式，由软件厂商将应用软件统一部署在自己的服务器或云服务市场上，通过 Internet 对外提供服务；而用户可以在 Web 页面上直接订购所需的应用软件服务，只要按定购的服务量和时间长短向厂商支付费用，并且不需要对软件进行维护，服务提供商会负责软件的维护升级。

目前国际上使用 SaaS 服务的企业既有全球 500 强企业，也有大量的中小企业，在整体市场环境、信用环境和网络环境方面比较规范，各类应用也比较丰富成熟。在国内，大型企业的传统习惯是自己采购软件，较少采用 SaaS 服务。而数量巨大的小微企业、因自身能力有限，更倾向于购买 CRM、财务系统、进销存等 SaaS 服务，以快速实现企业的信息化。国内 SaaS 的发展一方面需要 SaaS 服务提供商丰富企业应用程序的品类和功能，另一方面企业也需要逐步转变购买和使用 IT 服务的习惯，不一定需要对整个系统拥有完整的控制权，要更多地关注和自己业务密切相关的应用软件系统，两方面协同发展，才能促进 SaaS 市场的成长。

小知识

SaaS 的细分类型

SaaS 为类似企业办公系统这样的商用软件提供基于网络的访问，并为企业提供了一种降低软件使用成本的方法——按需使用软件，而不是为每台计算机购买许可证。SaaS 应用软件的价格通常包括了应用软件许可证费、软件维护费以及技术支持费，用户按月度或者年度支付租用费。这种商业模式减少了客户安装和更新软件的时间和运维成本，并且可以通过按使用付费的方式减少软件许可证费用的支出。面向 B2B（Business-to-Business）的 SaaS 可分为两类：

（1）垂直 SaaS

为满足垂直行业需求的 SaaS，如金融、房地产、教育、医疗、电商等。

（2）通用 SaaS

专注于某一个软件类别，如销售管理、营销管理、人力资源管理、客户管理、协同 OA、ERP、商业智能、云存储等。

通用 SaaS 起步较早，发展较成熟，市场规模也比垂直类 SaaS 大得多，其中针对人力资源管理、销售管理、财务管理的 SaaS 占据了主要的 SaaS 市场。例如，Salesforce 是全球领先的 CRM 软件服务提供商，所有 Salesforce 产品均在云环境中运行，对用户来说没有任何安装设置成本，无须维护，用户可在智能手机、平板计算机、笔记本计算机等任何联网设备上工作。目前的 Salesorce 已不局限于在线 CRM 服务，正在向 SaaS 供应商的基础架构平台发展。它建立了一个软件开发平台 force 和一个交易平台 appexchange，使用它提供的语言 ApexCode，第三方开发者可以在 force 上自主开发一些附加功能模块（比如人力资源管理、项目管理），并通过 appexchange 交易出去，使第三方可以通过这个平台赢利。第三方开发者极大地丰富了 Salesforce 上的应用模块，增强了 Salesforce 的竞争力。目前 Salesforce 可提供覆盖销售、服务、市场营销、社区、平台和应用程序、物联网、商务的产品和解决方案，形成了较为丰富的产业生态圈。

1.4.4　其他云计算服务类型

1. 数据即服务（DaaS）

"谁拥有了大数据，谁就拥有了未来"，这句话形象地解释了数据的重要性。拥有海量数据的企业可以利用大数据技术来发掘数据的价值，将企业数据转变为企业的金矿。然而目前企业数据的价值还远未被开发出来，企业数据资源利用率不高、处理大量复杂数据的能力有限、数据变现的手段有限、未形成良性循环的数据利用商业模式等。数据即服务（DaaS）的出现正是为了解决上述问题，帮助企业更好地挖掘大数据的价值。

盘活数据资产，使其为业务管理、运营、决策服务，这就是数据即服务（DaaS）的本质。DaaS 是指与数据相关的一系列操作，如数据采集、数据聚合、数据质量管理、数据清洗、数据分析等，都能够通过云计算平台进行集中整合处理，最后经过数据挖掘产生价值，经过定制化和模块化后将结果提供给不同的系统和用户，而无须再考虑原始数据来自哪些数据源。

一个 DaaS 平台，包括以下主要元素：

（1）数据采集

来自任何数据源，如数据仓库、电子邮件、门户、第三方数据源等。

（2）数据治理与标准化

手动或者自动整理数据标准。

（3）数据聚合

对数据进行抽取、转换、加载（Extract Transform Load，ETL）处理，按照预先定义好的数据仓库模型，将数据加载到数据仓库中去。

（4）数据服务

通过 Web 服务、抽取和报表等，让终端用户能够更容易地消费数据。

根据《2016 中国大数据发展状况研究报告》，企业的大数据应用主要集中在精准营销、科学管理、精细化生产三个方面。以互联网金融行业为例，目前渠道价格越来越贵，获客成本居高不下；产品的购买转化率却持续下降，流失严重；用户留存率低，虽然平台不断推出种类丰富的基金产品，但是长期理财产品购买形势低迷，增购很难。DaaS 解决方案通过建立渠道监控看板，区分不同渠道的投放效果，追踪各个渠道用户在产品内的转化情况，甄别优质渠道和劣质渠道，精细化追踪，解决了流量难题，降低了获客成本；通过用户行为分析，还原用户的真实行为路径，根据不同步骤的转化率差异，发现和找到用户流失的关键节点，定位问题，优化产品，提高最终的购买转化率；根据用户行为进行分群，补充营销数据，找到还在犹豫的用户，通过内容运营、活动运营等方式，促使投资人继续投资，提高人均投资金额。通过 DaaS 的用户细分功能，能够精准地找到不同活动和功能对应的具体用户行为特征，解决了互联网金融行业获客成本高、转化率低的痛点，帮助互联网金融客户搭建数据运营体系，实现精细化运营。

DaaS 发展的未来是人工智能，企业的生产服务将从数据驱动演进到人工智能驱动，在原来数据价值挖掘和优化的基础上，以机器算法代替行业规则，实现业务智能化，可以预见未来 DaaS 也会有很大的发展。

2. 容器即服务（CaaS）

CaaS（容器即服务）是一种云计算服务模式，提供基于容器的应用程序开发、部署和管理服务，用户可以使用容器技术将应用程序打包成容器，然后在 CaaS 平台上进行部署和管理。CaaS 通常包括容器引擎、容器编排、容器镜像、网络和存储等服务。CaaS 的特点：

（1）容器化应用程序

用户可以使用容器技术将应用程序打包成容器，然后在 CaaS 平台上进行部署和管理。

（2）弹性伸缩

CaaS 可以根据应用程序的负载情况自动增加或减少计算资源，以提高应用程序的性能和可用性。

（3）多租户支持

CaaS 可以为不同的用户提供独立的容器编排和数据存储环境。

（4）自动化管理

CaaS 提供如自动扩展、自动备份、自动恢复等自动化管理的功能，可以提高应用程序的可靠性和可用性。

（5）安全性

CaaS 提供如容器隔离、访问控制等安全性服务，可以保护用户的数据和隐私。

CaaS 尤其适用于应用微部署，因为 CaaS 中的每个容器拥有其自己的操作系统和代码库，且网络协议关系的定义清晰，所以部署近乎能即时完成。CaaS 还内建有自动扩展和编排管理，因此容器性能的跟踪可从根本上外包，减少 IT 员工投入各个部署的时间。常见的应用场景包括：

（1）互联网应用程序

CaaS 可以用于互联网应用程序，如电子商务、社交网络等，用户可以使用容器技术将应用程序打包成容器，然后在 CaaS 平台上进行部署和管理。

（2）企业应用程序

CaaS 可以用于企业应用程序，如 ERP、CRM 等，用户可以使用容器技术将应用程序打包成容器，然后在 CaaS 平台上进行部署和管理。

（3）大数据处理和分析

CaaS 可以用于大数据处理和分析，用户可以使用容器技术将大数据处理和分析应用程序打包成容器，然后在 CaaS 平台上进行部署和管理。

（4）科学计算和模拟

CaaS 可以用于科学计算和模拟，用户可以使用容器技术将科学计算和模拟应用程序打包成容器，然后在 CaaS 平台上进行部署和管理。

> **小知识**
>
> **CaaS**
>
> CaaS 提供了一种上传、运行、扩展以及管理应用程序容器的方法，可以是执行这

些功能的 API 或 CLI，甚至是 GUI 或 Web 门户。这里的容器可以是多种不同的类型，包括 Docker、LXD 以及 OpenVZ 等。听起来似乎跟 PaaS 差不了多少，但二者也有一些区别。平台即服务（PaaS）以 IaaS 为基础构建而成，现在也有一部分 PaaS 供应商开始以 CaaS 作为服务基础。从传统意义出发，PaaS 解决的是应用程序的托管、打包与分发问题，强调零停机时间部署、自动规模伸缩与负载均衡功能，其核心优势在于开发人员可以轻松构建应用程序，而不再分神于应用程序运行所处的具体环境。而 CaaS 提供一种轻松快捷的容器部署方式，能够保证全面完善的可移植性，确保容器能够在几乎任何位置上运行，还提供用于容器乃至容器集群的配置及管理功能。典型的 CaaS 解决方案包括 Google Kubemetes Engine（GKE）和 Azure Container Service。

【应用拓展】云盘的安装与使用

　　云盘是什么东西？如果站在用户（使用者）的角度来看，云盘就是"虚拟存储空间"，它以互联网为基础，通过多区域、多设备搭建服务器组，为用户提供"网络存储空间"，与其对应的是硬件存储空间，比如磁盘 、光盘、U 盘、硬盘等，但云盘的空间对用户来说，它并不是固定的，用户可以通过付费的方式，从商业化运营的云盘服务商手里购买、扩充云盘空间。也就是说，云盘对于最终用户就是一个应用，是一个属于 SaaS 层面的云计算产品。

　　国内云计算服务提供商都有自己的云盘产品，但百度网盘可以说是一家独大。接下来主要介绍百度网盘的基本安装和使用方法。

　　做一做

　　（1）百度网盘的申请和使用

　　不管是苹果还是安卓手机，一般在应用商店搜索"百度网盘"即可下载并安装。电脑的话，可以用客户端，就是百度搜索"百度网盘"并下载安装，如图 1-26 所示。也可以打开在浏览器登录网页版本的百度网盘，同样可以使用。

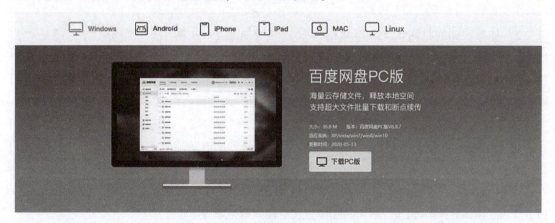

图 1-26　百度网盘下载页面

（2）链接内容资源的保存

如何接收和下载其他人发给你的百度网盘资源呢？现在百度网盘资料发在微信群中有多种形式：

1）如果是小程序的形式：打开需要保存的小程序资料链接，单击保存到自己的百度网盘即可（确定手机上已经安装百度网盘客户端）。

点开资源后，如图1-27所示，建议大家选择单击"打开App"，然后自动跳转到了百度网盘App，再保存即可。如果选择第2个按钮"保存到我的网盘"，单击后很可能提示保存成功，但是在百度网盘中找不到对应的资源。因为一般这里保存的百度网盘是用微信号申请注册的百度网盘，并不是经常用的百度网盘的账号。虽然可以通过绑定更改实现单击"2"来保存资源，但建议单击跳转到百度网盘App最方便。

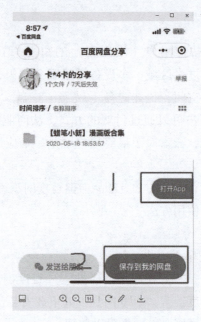

图1-27　百度网盘小程序资料链接

2）如果收到的是网盘下载链接的形式，一般如图1-28所示。不管是"1"还是"2"所标示的情况，只要全段长按复制，然后打开百度网盘App，就会自动跳转需要保存的链接，不需要管这段话到底有多长，也不需要单击"3"标示的链接再去输入提取码。打开百度网盘App，如图1-29所示，然后单击"立即查看"即可保存。

保存好了资源后，提示"已为您成功保存文件单击查看"，此时单击"单击查看"即可在百度网盘App查看文件列表，如图1-30所示；或者从电脑端的百度网盘客户端去看都可以，如图1-31所示，要注意自己存在哪个百度网盘文件夹下，如果打开该文件夹没有内容，下拉刷新就会出现，这个是自己的百度网盘和云端数据库对接的问题，刷新即可。手机、平板、电脑等系统上的操作都类似，只是界面有点区别。

图 1-28　百度网盘链接消息　　　　图 1-29　百度网盘 App 界面

图 1-30　百度网盘 App 查看文件列表　　　　图 1-31　百度网盘电脑端客户端界面

工作任务 1.5　玩转云计算服务部署模式

玩转云计算
服务部署模式

【任务情景】

小蔡了解了云计算能提供的服务类型，熟悉了 IaaS、Paas、SaaS 三种基本云服务的内涵，那么这些服务的 IT 资源部署在哪里呢？面对不同用户需求，云计算服务的部署方式是否不同呢？我们接下来就进一步了解云服务的三类部署模式及其特点和应用。

【任务实施】

根据 IT 资源部署的方式、面向服务的对象不同，可以把云服务分为公有云、私有云和混合云三类。三类云服务部署模式的特点如表 1-1 所示。

表 1-1 三类云服务部署模式的特点

分类	特点	适合行业及客户
公有云	多租户、快速获取资源、按需使用、按量付费弹性伸缩	电商、游戏、视频等
私有云	安全可控、数据私密性好、高服务质量	金融、医疗、政务等
混合云	可扩展、更完美、架构灵活	金融、医疗、政务等

1.5.1 公有云

公有云（Public Cloud），也称公共云，是指云服务提供商面向希望使用或购买的任何组织和个人，通过互联网提供的计算服务。公有云可以免费或按需出售，允许用户根据 CPU、内存、存储、带宽等使用量支付费用。

公有云具有以下特点：

1）快速获取 IT 资源。用户可以通过互联网获取所需的计算、存储、网络等资源，免去了自建系统漫长的周期与高昂的成本。

2）按需使用，按量付费。用户根据业务需求订购所需的资源配置与数量，用多少买多少，不需要考虑资源预留，节约了成本。

3）弹性伸缩。在访问量突发增长的时候，系统可根据策略动态增加相应的资源，以保证业务可用性；当访问量回落之后，系统可释放相应的资源，避免不必要的浪费。

4）安全可靠。公有云服务提供商通过多个可用区和区域的架构设计，保证了整体系统的健壮性；用户数据也会有多个副本，有严格的访问控制，用户不用担心数据丢失、病毒侵扰等问题。

目前，公有云引领着云市场，占据着大量的市场份额，它通过"按需付费"带来的成本效益模型、优化运营、支持和维护服务给云服务供应商带来规模经济。比较知名的公有云服务提供商有亚马逊的 AWS、微软的 Azure，以及国内的阿里云、华为云、天翼云等。

亚马逊的 AWS 从 2006 年开始提供云服务，一直占据全球公有云服务市场份额的第一名，约占 1/3 的市场份额。截至 2017 年年底，AWS 在全球 18 个区域共有 49 个可用区，AWS 在中国境内有北京和宁夏两个区域，分别有 2 个和 3 个可用区。AWS 的可用区指的是处于同一区域，但不同地理位置的数据中心，可用区之间一般相距几十千米，以降低单个事故影响服务的可用性，同时可用区之间又不会相距太远，以满足容灾备份、业务连续性的要求。AWS 一直都是云计算行业的领导者，提供了丰富的产品类型，以及秒级计费、无服务器计算等特色功能，涵盖了 19 类场景超过 100 种产品。AWS 的目标客户比较全面，包括互联网客户、开发人员、中小企业、大型企业等，以及覆盖了互联网、能源、医疗、教育、游戏等行业客户。同时 AWS 为保证客户服务体验，对用户的支持服务进行分级，针对不同等级的客户提供差异化的服务。

> **小知识**
>
> **"专属云（Dedicated Cloud）"和"社区云（Community Cloud）"**
>
> "专属云（Dedicated Cloud）"和"社区云（Community Cloud）"都是大的"公有云"范畴内的一个组成部分。"专属云（Dedicated Cloud）"是利用公有云的规模和成本效益提供了一种私有云的扩展性和灵活性，可以为用户提供资源物理隔离的云上专属资源池，适用于金融安全、数据仓库、基因测序、生物制药等对数据安全要求高的场合。
>
> "社区云（Community Cloud）"是指在一定的地域范围内，由云计算服务提供商统一提供计算资源、网络资源、软件和服务能力所形成的云计算形式。"社区云"是基于社区内的网络互联优势和技术易于整合等特点，通过对区域内各种计算能力进行统一服务形式的整合，结合社区内的用户需求共性，实现面向区域用户需求的云计算服务模式。它由众多利益相仿的组织掌控及使用，其目的是实现云计算的一些优势，比如特定安全要求、共同宗旨等。例如，深圳大学城云计算公共服务平台是国内第一个依照"社区云"模式建立的云计算服务平台，服务对象为大学城园区内的各高校、研究机构、服务机构等单位以及教师、学生、各单位职工等个人。社区云中社区成员共同使用云数据及应用程序，由于共同承担费用的用户数远比公有云少，因此也更贵，但隐私度、安全性和政策遵从都比公有云要高。

1.5.2　私有云

私有云（Private Cloud），也称专用云，部署在企业自建自用的数据中心，或者部署在安全的主机托管场所，是为企业单独使用而构建的专有资源，主要服务于某一组织内部的云计算服务，其服务并不向公众开放，如企业、政府内部的云服务。私有云一般不直接连接外部网络，所以能提供更好的网络安全、数据安全和服务质量。私有云具有以下特点：

1）安全可控。私有云一般会在网络出口位置部署防火墙、抗分布式拒绝服务（Distributed Denial of Service，DDoS）设备、入侵检测系统（Intrusion Detection Systems，IDS）、入侵防御系统（Intrusion Prevention System，IPS）、Web 应用防护系统（Web Application Firewall，WAF）等设备保证私有云网络的安全。业务数据是企业的核心资产，所有用户操作行为都被记录和审计，数据在私有云内部可以得到严格的控制。

2）服务质量保证。部署在企业数据中心的私有云可以提供高速、稳定的业务访问体验，而不会由于网络不稳定、断网、黑客攻击等造成服务不可用，相比于公有云的 SLA（服务等级协议）更高。

3）良好的兼容性。企业的一些系统因为架构和性能的要求，并不一定适合部署在公有云上，在私有云环境里可以兼容原有系统，并且对原有资源也可以实现统一管理，保护企业投资。

> **小知识**
>
> ### 行业云
>
> 行业云是私有云在不同应用场景的应用，是以公开或者半公开的方式，向相关组织和组织内公众提供服务的云平台，安全性高，政策遵从性好。例如，政务云是一种面向政府机构的行业云，是由政府主导建设运营的综合服务平台。通过政务云的建设，一方面可以避免重复建设，节约建设资金；另一方面可以通过统一标准有效促进政府各部门之间的互联互通、业务协同，避免产生"信息孤岛"，有利于推动政府大数据开发与利用。行业云具有以下特点：
>
> 1）区域性和行业性。比如某省的政务云就是在这个省内提供政务服务，金融云就是面向金融机构提供服务。有的行业云还需要通过专线或者VPN才能访问，所以其安全性、隐私度都更好。
>
> 2）特色应用。行业云上会针对用户共同需求进行开发，这些应用往往是定制的，不适合跨区域或者跨行业使用。比如为政务开发的应用系统就无法适配教育行业使用。
>
> 3）资源的高效共享。行业云上的资源也是通过多租户向多个用户提供服务，应用也可以是多个组织共用，每个组织都会有大量的数据，在行业云上各个组织遵循一个开放的规则，就可以实现数据的流转、资源的共享。比如政务云上各个局委办通过数据共享，打破局委办间的数据壁垒，通过让数据跑腿，让百姓只跑一次就可以办完业务；同时通过对多维度数据的分析处理，将数据以更清晰直观的方式展现给领导，为领导更好地决策提供数据支持。

私有云市场使用规模仅次于公有云，主要是因为它在安全性方面做得更好，二者主要差异点如表1-2所示。公有云与私有云比较而言，公有云前期投入大，但标准化程度高，采用租用模式，规模效应产生后收益将线性增长。客户群体主要面向中小型传统企业、互联网企业及个人。私有云盈利周期短，前期收益高，但标准化程度低，无法规模化运营。客户群体主要面向安全性要求高的政企大客户。

表1-2　公有云与私有云的差异点

差异点	公有云	私有云
合同形式	租用制（产品化程度不明显）	项目制（产品化程度高）
标准化程度	高，自服务，定制化少	低，定制化服务
建设模式	投入成本设计建设机房，提供客户租用	利用客户资金或客户自建
盈利模式	后续收取租用费用（单个订单收费较低）	项目制收取一次性费用+后续管理费用（单笔订单收费高）
周期	5~10年后规模效应盈利	一项一结，盈利周期短

差异点	公有云	私有云
云服务商成本费用	高昂（需建设机房）	低廉
运营模式	规模化服务、长期运营回收成本，后续运营成本较少，后期维护以开发和集成工作为主	定制化服务，无法形成规模效益
用户关注点	价格敏感，使用便捷	可控性强，安全性好
客户群体	中小型传统企业、互联网企业及个人	政企大客户
宣传途径	线上宣传	线下宣传

1.5.3　混合云

混合云（Hybrid Cloud）是公有云和私有云的融合，如图1-32所示，在这个模式中，用户通常将非企业关键信息外包，并在公有云上处理，而掌握企业关键服务及数据的内容则放在私有云上处理。通过专线或VPN将企业私有云和公有云连通，以实现私有云的延伸，是近年来云计算的主要模式和发展方向。

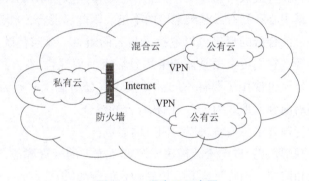

图1-32　混合云示意图

混合云具有以下特点：

1）安全扩展。私有云的安全性超越公有云，但公有云的海量资源又是私有云无法企及的。混合云可以较好地解决这个问题，将内部重要数据保存在私有云中，同时也可以使用公有云的计算资源，更高效快捷地完成工作。

2）成本控制。私有云的配置容量一般满足企业业务的近期需求，往往不会预留太多资源，在业务高峰时期会出现资源不足的情况。如果为了短暂的高峰时期购买大量资源又会造成投资回报率较低，采用混合云就可以缓解这个难题。在业务高峰时期将访问引导到公有云上，缓解私有云上的访问压力。

3）新技术引入。私有云追求的是整体系统安全稳定、高可靠性，公有云上的产品和服务丰富程度远甚于私有云，同时还在不断更新、上线新产品和服务。混合云突破了私有云的限制，让企业可以迅速体验新产品，在引入私有云之前进行充分测试，降低了企业引入新服务的成本。

例如，为应对每年春运的购票高峰，铁路购票网站 12306 的解决方案就是采用混合云，引入公有云服务，既可以为春运高峰期提供充足的流量空间，避免因为高并发流量冲击导致的服务不可用；在业务量减少时，又可以缩减云计算资源而节省大量成本开支。

混合云的应用场景不断扩大，不仅在传统行业得到应用，还在物联网、人工智能等领域发挥了重要作用。例如，在智能制造领域，混合云可以为企业提供实时数据分析、智能决策支持等功能，从而提高生产效率和质量。在物联网领域，混合云可以为企业提供大规模的数据存储和分析能力，支持实时数据处理和应用部署。这些应用场景的不断扩大，为边缘计算的发展提供了强有力的支持。

【应用拓展】 了解天翼全栈混合云产品

天翼全栈混合云是天翼云自主研发的混合云产品，基于一体化全栈交付的云服务平台，与公有云技术栈同源，提供支持一云多芯的统一服务。可根据客户需求在中国电信 IDC 机房或客户机房，帮助客户构建资源独享、平台统一管理的云计算服务，从而满足用户资源专享、安全合规、特定性能及高可靠性等业务需求。

1. 产品背景

随着云服务的便利性日益被市场接受，企业客户越来越倾向采用公有云服务补充其现有的企业内部部署的数据中心和私有云基础架构的不足。因此，混合云成为云服务市场的重要发展趋势。广义上讲，混合云的形态可以包括云与云的组合、云与传统 IT 系统的组合、云与虚拟化技术的组合等，它们可根据具体业务场景需求使用混合 IT 方式解决具体问题；狭义上讲，混合云指的是至少使用了两种不同部署模式（公有云、私有云、社区云）的云服务。当前，应用较多的混合云形式为公有云+私有云的组合。

天翼全栈混合云管理方法主要解决以下四方面痛点：

1）资源管理：将物理上分散的资源构建成逻辑上统一的云资源池，进行计算、存储及网络资源的统一管理和监控，面临异构兼容控制融合的挑战。

2）运维管理：对所有数据中心的资源进行统一运维，提供集中的告警、日志分析等故障定位手段，提供性能、报表、仪表盘等监控方式。

3）服务运营管理：将云资源包装成服务，提供基于服务目录的端到端的服务开通、服务监控、服务计量等一系列服务运营支撑能力。

4）统一门户：管理员门户提供资源管理和运维管理的统一界面，对云资源进行统一管理和维护，包括虚拟资源和物理资源。自服务门户要提供用户订购云服务，并对已有的虚拟化资产进行管理，包括虚拟资源的使用和释放等。

2. 整体技术架构

天翼云全栈混合云采用原生云架构（见图 1-33），以分布式技术和产品为基础，一套体系支撑所有云产品和云服务，提供完整的云平台开放能力，具备完善的企业级服务特性，具备完善的容灾和备份能力，是一个完全自主可控的云平台。面向企业客户提供资源统一开通、统一运营、统一运维等能力，简化云管理，满足企业容灾备份、应用弹性扩展等场景需求；整合天翼公有云、第三方公有云、私有云能力，提供混合多云管理能力。

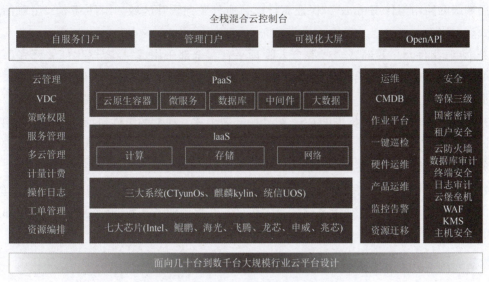

图 1-33　天翼云全栈混合云整体技术架构

3. 标准部署架构

全栈混合云部署架构采用分层部署的架构（见图 1-34），将入口组件、云管组件、资源池基础组件、安全组件分开部署的模式。在保证每层高可用的前提下，保证组件之间的逻辑/物理隔离，最大程度减轻组件耦合。提高业务的运维的效率，同时提高系统的可维护性，可扩展性。

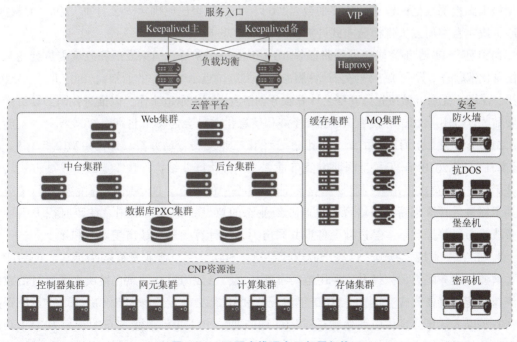

图 1-34　天翼全栈混合云部署架构

1）入口组件：主要提供管理流量的过滤和转发，基于虚拟 IP 和 Keepalived 的组合模式，后端级联路由组件 Haproxy，保证流量正确地分发到云管区域。组件基本采用双活的部署模式。

2）云管组件：主要部署全栈混合云管理平台，全部采用虚机/容器化部署模式，包括前台 Web 组件和后台的混合云平台 Java 组件、适配组件、缓存 Redis 组件、RabbitMQ 组件和数据库 PXC 集群组件等，每个组件采用多活的方式，对外提供服务，降低单点故障。

3）CNP 资源池组件：标准的 CNP 组件的部署模式，典型的组件包括管理组件、网元组件、计算组件、存储组件。根据天翼云深耕多年的技术沉淀，采用慧匠自动化部署工具，根据业务需求，一键式部署底层全部组件，极大提高了部署交付的效率。

4）安全组件：保证平台基本的安全，包括典型的下一代防火墙、DDoS 设备、堡垒机、密码机等。采用硬件、软件或者软硬融合的组件，在保证业务高效的前提下，达到内部业务系统的审计和安全防护技术要求，并且更好地保障系统的安全稳定运行。

【云中漫步】云计算在中国的发展

我国云计算产业发展可分为起步期、快速发展期和成熟期三个阶段。

2007 年至 2010 年为起步阶段，这一阶段云计算概念从云里雾里到逐渐清晰，硬件支撑技术相对完善，各类云计算的解决方案和商业模式尚在尝试和探索阶段，云计算应用的广度和深度不足，主要依政府项目推动。中国移动通信研究院于 2007 年启动"大云"云计算技术研究计划，中国电信则于 2009 年发布"翼云计划"，开启大规模分布式计算技术研究。2008 年 5 月 10 日，IBM 在中国无锡太湖新城科教产业园建立的中国第一个云计算中心投入运营。2008 年 11 月 28 日，广东电子工业研究院与东莞松山湖科技产业园管委会签约，在东莞松山湖投资 2 亿元建立云计算平台。2008 年 9 月阿里巴巴确定"云计算"和"大数据"战略，决定自主研发大规模分布式计算操作系统"飞天"。

2010 年至 2015 年为快速发展阶段。2010 年 10 月 18 日，国家发展和改革委员会与工业和信息化部联合下发《关于做好云计算服务创新发展试点示范工作的通知》，确定北京、上海、杭州、深圳、无锡五城市先行开展云计算服务创新发展试点示范工作，以推进我国云计算产业发展和试点应用。2010 年 7 月，北京市经济和信息化委员会公布了北京市"祥云程"实施方案；2010 年 8 月，上海发布了《上海推进云计算产业发展行动方案（2010—2012 年）》，即"云海计划"；2010 年 11 月，深圳市公布了《关于优化产业结构加快工业经济发展方式转变的若干意见》，首次提出了打造"华南云计算中心"的概念。2015 年国务院发布了《国务院关于促进云计算创新发展培育信息产业新业态的意见》等政策措施。在政府积极引导和企业战略布局等推动下，经过社会各界共同努力，云计算已逐渐被市场认可和接受。

"十二五"末期，我国云计算产业规模已达 1 500 亿元，产业发展势头迅猛、创新能力显著增强、服务能力大幅提升、应用范畴不断拓展，已成为提升信息化发展水平、打造数字经济新动能的重要支撑。例如，2010 年浪潮集团正式发布了云海"In Cloud"的云计算战略，宣布以云计算方案供应商角色进军云计算产业；2011 年，浪潮发布的云海 OS V1.0 成为中国首款云数据中心操作系统；2011 年 7 月阿里云官网上线，开始大规模对外提供云计算服务；2013 年，阿里云合并万网域名等业务，并于同年 9 月将余额宝全部核心系统迁移至阿里云；2013 年 12 月，IBM 公司首次宣布将 IBM 的顶级计算基础结构服务引入中国大陆，随后 Amazon 公司也将 Amazon 的公有云计算服务引入中国；2013 年浪潮在业内首创"行业云"概念，由浪潮承建的济南政务云在全国范围内率先开创了"政府购买服务"的新模式；2014 年，中国电子检疫主干系统采用购买浪潮云服务的模式进行建设运营。

2015 年至现在，云计算市场进入成熟期。国内企业逐渐掌握了云计算核心技术以及超大型云平台的工程化与交付能力，云服务模式快速发展，用户对云计算的接受程度显著提升，云计算产业链基本形成。例如，2015 年 1 月，铁路订票系统 12306 将车票查询业务部署在阿里云上，春运高峰分流了 75% 的流量；2016 年 10 月，杭州市政府联手阿里云发布城市大脑，人工智能 ET 帮助治理交通拥堵。2015 年，华为在中国区发布了企业云服务，同时在全球市场与电信运营商合作进入公有云；2017 年，华为集中了 IT 产品线、软件产品线、全球公有云业务部、流程 IT 等公司内具备公有云能力的组织成立 Cloud BU；截至 2018 年 3 月，华为云已上线 14 大类超过 100 个云服务，以及制造、医疗、电商、车联网、SAP、HPC、IoT 等 60 多个解决方案。2015 年，百度正式开放运营其公有云平台"百度云"，2016 年百度云计算推出"天算""天像""天工"三大智能平台，分别提供智能大数据、智能多媒体、智能物联网服务。

国内云计算的应用正在从游戏、电商、社交等在内的个人消费领域向制造、农业、政务、金融、交通、教育、健康等国民经济重要领域发展，特别是政务和金融领域发展尤为迅速。在政府的监管下，云计算服务提供商与软硬件、网络基础设施服务商以及云计算咨询规划交付、运维、集成服务、终端设备等厂商，构成和完善了云计算的产业生态链，国内大量提供云计算整体解决方案的大型公司，如阿里云、百度云、腾讯云、华为云以及各大电信运营商构建的云平台为政府、企业和个人用户提供了大量的云应用服务。

经过十多年的快速发展，我国云计算产业已成为信息产业快速发展的着力点，云计算市场将继续保持高速增长态势。浪潮集团在全球服务器市场上，出货量仅次于戴尔和 HPE，在国内，公有云市场也居于前列，其政务云产品更是位居首位。金山云已经构建了完备的云计算基础架构和运营体系，通过与人工智能、大数据、物联网、区块链、边缘计算、AR/VR 等优势技术的有机结合，提供适用于政务、金融、ALoT、医疗、工业、传媒、视频、游戏、教育、互联网等行业的解决方案，并为 WPS 全线业务提供高效稳定的云服务支撑。

在 SaaS 云服务方面，金蝶云 ERP、云之家、精斗云、管易云、车商悦等云服务产品持续保持高速增长。恒生电子通过其恒生云融、交易所云、投资云、经纪云、资管云、财富云和海外云等云服务，全面构建金融云服务平台，打造以交易平台为核心的财富资产管理生态体系，实现大规模金融产品的定制和交易。东软在南京等地市部署了基于健康云的基层医疗卫生机构管理信息云平台，支撑医疗服务、健康管理服务、医疗行为及质量监管的一体化；构建基于云的医院 SaaS 服务模式，可支持多种医疗卡就诊、分级诊疗服务体系以及医保控费、抗生素分级管理、公共卫生等业务联动，实现医院管理信息系统、医学检验管理系统、医学影像系统、健康档案、体检等系统的业务数据共享。小米云则更注重云生态的打造，小米云目前包括三部分：一是 Mi Cloud，为小米手机用户提供个人数据中心服务，用户可以主动将自己的信息和资料同步到云端；二是小米融合云，满足小米公司内部的 MIUI 互联网服务，以及小米的大数据、AI、内部的运维、研发、测试需求等；三是小米生态云，为众多小米投资的智能硬件生态链企业以及合作伙伴企业提供一站式云服务和解决方案，用云服务的形式打造小米的大数据生态和人工智能生态。又如，2015 年成立的航天云网科技有限公司，基于云制造新理念、新技术与新模式，融合了新信息通信技术、新人工智能技术、新制造科学技术及应用领域新专业技术 4 类新技术开发成功的"航天云网系统（云）"，已构成了 3 类工业云，即国际工业云、公有工业云和专有工业云，并在 2017 年至 2020 年的 3 次国际互联网大会上发布了系列产品，形成具有中国特色的跨领域、跨地区、跨行业实现智能云制造的新模式、新技术与新业态，产生了良好的效益，积极推进了我国制造业向数字化、网络化、云化、智能化的转型升级。

随着应用规模进一步扩大，国内云计算企业开始进入国际市场。2016 年 3 月，阿里云美西数据中心投入试运营，向北美乃至全球用户提供云计算服务。目前阿里云、华为、浪潮、腾讯、UCloud、小米等均在海外部署数据中心，实现云计算业务全球化。2018 年 1 月，阿里云成为奥运会全球指定云服务商，成为国内公有云市场的领跑者。2018 年 3 月，国际权威认证机构英国标准协会（BSI）宣布华为云成为中国唯一全平台、全节点、全服务通过 PCI-DSS 认证的云服务商。

为跟踪国内外云计算相关技术的最新发展，加强云计算领域的交流与合作，推动国内云计算技术的研究开发与应用，为政府和行业主管部门提供准确及时的决策建议，2008 年 11 月，来自国内产业、高校、研究单位、用户及行业管理部门的院士、专家、学者，发起倡议成立中国电子学会云计算专家委员会，以达到推动促进国内云计算技术发展与应用的目的。中国电子学会云计算专家委员会成立以来，通过会议、媒体宣传、技术培训与技能大赛等多种活动方式，引导和宣传云计算相关知识，培养云计算人才，为相关政府部门提交决策咨询报告，参与制定云计算技术产业规范，组织撰写并出版了《云计算技术发展报告》等多部云计算相关技术著作，促进了国内外计算领域的交流与合作，有力地推动了我国云计算事业的发展。

【练习与实训】

1. 选择题

（1）下列不属于云计算关键特征的是（　　）。

A. 随时随地接入　　B. 资源池化　　　　C. 私有化　　　　　D. 快速弹性

（2）云计算概念是由（　　）最早提出的。

A. 谷歌　　　　　　B. 亚马逊　　　　　C. 微软　　　　　　D. 浪潮

（3）云计算能够给企业 IT 系统带来的价值有（　　）。（多选）

A. 资源复用，提高资源利用率　　　　　B. 统一维护，降低维护成本

C. 快速弹性，灵活部署　　　　　　　　D. 数据集中，信息安全

（4）通用的云计算体系结构组成部分不包括（　　）。

A. 云用户端　　　　　　　　　　　　　B. 文件目录

C. 管理系统和部署工具　　　　　　　　D. 服务器集群

（5）云计算的 IT 计算资源共享池中可以包括的 IT 资源有（　　　）。（多选）

A. 计算　　　　　B. 存储　　　　　C. 安全　　　　　D. 平台服务

（6）把 IT 基础设施能力通过网络作为服务提供给最终用户使用的云计算服务类型是（　　　）。

A. IaaS　　　　　B. PaaS　　　　　C. SaaS　　　　　D. 三个选项都不是

（7）将一个完整的计算机平台都作为一种服务提供给用户的云计算服务类型是（　　　）。

A. IaaS　　　　　B. PaaS　　　　　C. SaaS　　　　　D. 三个选项都不是

（8）云计算体系结构的（　　　）负责资源管理、任务管理、用户管理和安全管理等工作。

A. 管理中间件层　　B. SOA 构建层　　C. 资源池层　　　D. 物理资源层

（9）云计算系统的基础设施层，可以进一步细分为（　　　）等。（多选）

A. 物理资源　　　B. 操作系统　　　C. 虚拟化环境　　D. 系统软件

（10）云计算系统架构的业务域包括（　　　）层次。

A. 基础设施层　　B. 虚拟化层　　　C. 服务层　　　　D. 以上都是

（11）云计算系统"四层两域"架构中"两域"是指提供资源、承载客户应用的（　　　）域和用于协调管理整个数据中心的管理域。

A. 业务　　　　　B. 资源　　　　　C. 服务　　　　　D. 应用

（12）云计算是一种按（　　　）付费使用的模式。

A. 收入　　　　　B. 购买力　　　　C. 使用量　　　　D. 地区

（13）如果要直接使用在线文档编辑软件来完成具体工作，可以向提供应用的（　　　）云计算平台申请。

A. SaaS　　　　　B. PaaS　　　　　C. DaaS　　　　　D. IaaS

（14）云计算模式意味着用户可以随时随地获得计算力的支持，而且不需要（　　　）。（多选）

A. 会使用应用软件　　　　　　　　　　B. 自购硬件设施

C. 配置和维护软件　　　　　　　　　　D. 知道是谁提供的服务

（15）云计算的部署模式包括（　　　）。（多选）

A. 公有云　　　　B. 私有云　　　　C. 边缘云　　　　D. 混合云

2. 简答题

（1）联系自己身边的生产生活实践，试举 2~3 个你认为正在运用或者可以运用云计算的例子。

（2）简述什么是云计算，列出至少三项云计算支撑技术。

（3）云计算具有什么特点？

（4）简述云计算 3 种主要服务类型的特点和层次关系。

（5）分别举例说明公有云、私有云和混合云的特点。

3. 项目实训

实训任务：初识云计算

实训目的：

（1）能熟练使用百度、Google 等搜索系统；

（2）了解云计算的基本概念、分类、特点及开源云计算平台的各种软硬件平台等。

实训内容：

本任务主要是一个概念的理解与识记的过程，掌握云计算作为服务计算应有的特点，了解云计算的发展趋势，以及未来云计算对产业链的影响。具体内容为：

（1）通过浏览器搜索相关概念；

（2）理解云计算的基本概念、分类、特点、关键技术、架构等。

实训步骤：

步骤 1：查看百度中介绍的关于云计算的相关内容，了解云计算的背景、概念、简史、特点、演化、影响等内容。

步骤 2：查看百度中介绍的关于云计算平台的相关内容。

步骤 3：查看百度中介绍的关于云计算架构的相关内容。

步骤 4：查看关于云计算关键技术的相关内容，熟悉云计算关键技术。

步骤 5：登录阿里云主页，了解阿里云计算平台的产品与架构等内容。

步骤 6：查看 AWS 云主页，了解 AWS 云计算平台的产品与架构等内容。

步骤 7：查看天翼云主页，了解天翼云计算平台的产品与架构等内容。

【初识云计算技术】考评记录表

姓名			班级		学号	
考核点	主要内容			知识热度	标准分值	得分
1.1	认识云计算			*	5	
1.2	了解云计算的概念和特征			* * * *	20	
1.3	揭秘云计算系统架构			* *	10	
1.4	探析云计算服务类型			* * * * *	25	
1.5	玩转云计算服务部署模式			* * * *	20	
职业素养	实训管理：整理、整顿、清扫、清洁、素养、安全等				20	
	团队精神：沟通、协作、互助、主动					
	工单和笔记：清晰、完整、准确、规范					
	学习反思：技能点表达、反思改进等					
学生自评反馈单	（章节总结、自绘导图、学情反馈）					
教师评价						

注：知识热度（＊认知，＊＊了解，＊＊＊熟悉，＊＊＊＊掌握，＊＊＊＊＊熟练掌握）。

第二篇　玩转云计算关键技术

第 2 章

探究虚拟化技术

 **本章导读**

　　云计算作为一种全新的服务模式，其核心竞争力在于能按需取用的低成本 IT 资源，而云计算之所以能对 IT 资源进行统一生产和调配，最关键的就是虚拟化技术的应用。

　　本章将对虚拟化这一云计算的核心技术进行探究，其内容包括认识虚拟化技术、了解虚拟化的分类、揭秘虚拟化的实现、探析常见虚拟化技术、展望虚拟化技术发展与未来。

 **学习导航**

知识目标

熟悉虚拟化和虚拟机的概念

了解虚拟化技术的发展历程

理解虚拟化技术的分类

了解虚拟化的实现

熟悉常见虚拟化技术

了解虚拟化技术发展与未来

技能目标

能够分辨常见的虚拟化技术

能够创建和管理虚拟机

能够完成虚拟软件的常见操作

素养目标

提高独立思考、善于分析的意识

养成细心、严谨的工作习惯

培养开放、自信、创新的爱国情怀

知识导图

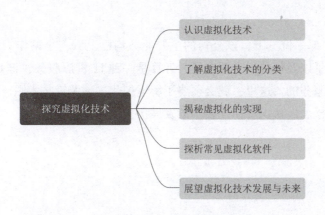

行业先锋——全国劳模黄润怀

黄润怀，毕业于清华大学，自 1998 年 7 月加入中国电信以来，一直在 IT 研发岗位上辛勤耕耘，从普通程序员逐步成长为云平台架构师和 IT 技术专家。目前，他担任中国电信集团有限公司中国电信股份有限公司云计算分公司的资深专家。

面对国外数据运营商巨头的冲击，黄润怀大胆提出在中国电信核心 IT 系统内自主开发数据软件和产品。他带领团队研发出一套属于中国电信自己的数据系统，彻底摆脱了对 IBM、ORACLE、EMC 等国外公司的依赖。这一创新不仅获得了中国电信科技进步一等奖，也为中国电信 IT 架构的发展方向奠定了基础。

在 2020 年疫情期间，黄润怀迅速响应，带领团队仅用 1 天多时间完成了对武汉火神山和雷神山医院工地天翼高清直播的 CDN 支持。随后，他在 20 天内研发上线"楚天云"等 92 个 CDN 教育项目，紧急支持各地"停课不停学"行动。整个疫情期间，他带领团队累计开发上线 CDN 项目 254 个，为疫情防控和教育事业提供了有力支持。

黄润怀一直致力于云计算和 IT 技术的研发与创新。他提出并实现了中国电信自主的"基础组件+计算框架"平台架构，并瞄准 5G、高清视频发展带来的广阔前景，带领团队在 CDN、媒体存储等关键领域取得重要突破。这些创新产品荣获中国电信科技进步一等奖等多项荣誉，不仅推动了 5G 超高清视频等应用的快速发展，也为中国电信在云计算市场赢得了更多市场份额。

2020 年 11 月 24 日，黄润怀因其卓越的贡献和成就被评为 2020 年全国劳动模范。这一荣誉不仅是对他个人能力的肯定，也是对他多年来为中国电信云计算事业发展所做努力的认可。

工作任务 2.1 认识虚拟化技术

认识虚拟化技术

【任务情景】

小蔡是公司 IT 部一位员工，该公司的主要业务均已上云，小蔡作为新员工，在初步了解云计算的应用场景以及优势后，明白了云计算是一种 IT 资源服务，但是 IT 资源是如何进行统一生产和调配服务的？这里，就必须要了解虚拟化这一关键技术啦。我们先来了解虚拟化技术和虚拟机的概念，认识虚拟化技术的发展历史。

【任务实施】

2.1.1 虚拟化和虚拟机

1. 虚拟化技术（Virtualization Technology，VT）

虚拟化技术，也称虚拟技术，虚拟技术是一种将计算机的各种 IT 资源（CPU、内存、磁盘空间、网络适配器、应用、软件等），予以抽象、转换后呈现出来并可供分割、组合为一个或多个计算机配置环境的资源管理、优化技术。该技术打破实体结构间的不可切割的障碍，实现 IT 资源的动态分配、灵活调度和跨域共享，从而提高 IT 资源的利用率，使用户可以更灵活的应用。虚拟化本质上是从逻辑角度而不是物理角度来对资源进行配置。

传统的 IT 系统一般一套硬件系统上只能同时运行一个操作系统，操作系统的运行只需要占用一部分的软硬件资源，剩余的一大部分资源处于闲置状态，造成了资源的浪费。虚拟化通过对基础设施、系统、软件等 IT 资源的表示、访问和管理进行简化，并为这些资源的使用者（用户、应用程序、其他服务）提供标准接口，打破了计算机内部物理结构间不可分割的障碍，解决了传统 IT 系统的硬件、软件、应用共享性弱的问题，使这些资源的使用不受现有的架构方式、地域或物理配置限制，可以根据应用的实际负载情况及时进行资源调度，从而保证既不会因为资源得不到充分利用造成浪费，又不会因为资源缺乏而带来性能的下降。

云计算数据中心可通过虚拟化技术的"池化"和"分割"功能，动态、弹性调配 IT 资源，具备在线迁移、低开销管理、服务器整合、高灵活性和高可性等优势。据相关数据统计，云计算服务器虚拟化之后，使用服务器资源时能够节省 70% 的服务器运行成本。

2. 虚拟机（Virtual Machine，VM）

VM 是虚拟化技术的典型应用，指通过虚拟化软件模拟的具有完整硬件系统功能的、运行在一个完全隔离环境中的完整计算机系统，它模拟出了包括 CPU、内存、网络接口和存储器的整套硬件。在计算机中创建虚拟机时，需要将实体机的部分硬盘和内存容量作为虚拟机的硬盘和内存容量，每个虚拟机都有独立的 BIOS、硬盘和操作系统，可以像使用实体机一样对虚拟机进行操作。

通过名为虚拟机监控程序（Virtual Machine Monitor，VMM）的软件，用户可以将机器的资源与硬件分开并进行适当置备，以供虚拟机使用，在实体计算机中能够完成的工作在虚拟机中都能够实现。

宿主操作系统（Host OS）就是指被虚拟的物理主机的操作系统，用户在虚拟机上安装操作系统，该操作系统是完全独立于物理主机上的操作系统，称为寄宿操作系统或用户操作系统（Guest OS）；用户可以在一台宿主机上安装多个不同的操作系统同时运行并共享物理主机的硬件资源。弄清楚这两个概念后，对比传统计算机系统架构和常用虚拟机架构，两者架构的区别如图 2-1 所示。

| 应用1 | 应用2 | ··· | 应用1 | 应用2 | ··· | 应用1 | 应用2 | ··· |

| 虚拟机1 | 虚拟机2 | 虚拟机3 |

| 虚拟化软件 |

| 应用1 | 应用2 | 应用3 | ··· |

| 操作系统 |
| 宿主机操作系统 |

| 物理主机 |
| 物理主机 |

传统计算机系统架构　　　　　　常见虚拟机架构

图 2-1　传统计算机系统架构和常用虚拟机架构的区别

云计算是一种服务模式，将计算、存储、网络、应用等资源按需免费或计费租用给用户，而虚报化技术则为这种服务模式的实现提供了有力的支撑。云计算和虚拟化技术的结合使 IT 资源应用更加灵活，以优势互补的方式为用户提供更优质的特定服务场景。

小知识

虚拟化的用户透明化

虚拟化并不仅仅是一种技术，更是一种服务化的思想。服务器、存储架构、数据库等所有硬件或者软件资源都被抽象成一种便于重组、聚合、配置的"服务"，形成一个可被用户灵活调用的资源池，从而实现外部用户业务系统和软硬件环境的解耦。这意味着外部用户业务系统无须了解软硬件的实现细节，就能方便地使用各式各样的软硬件资源，就好像这些资源放在一个黑箱里一样，只需通过接口就能访问，感受不到其真正的实体和虚体的区别，而这也通常称为"用户透明化"。

2.1.2　虚拟化的发展历程

虚拟化的概念最早出现于 20 世纪 60 年代。当时的计算机主要以造价昂贵的大型机为主，为了充分利用这些大型机的硬件资源（主要是计算资源），人们采用了一台主机配多台终端的计算机系统，并在主机中使用了分时操作系统。分时操作系统可将主机的 CPU 占用时间切分为极短的时间片，每个时间片均由不同的任务占用，这样就可实现多任务处理。对于连接在主机上的终端而言，如同独占了主机的 CPU。CPU 分片技术可看作是虚拟化技术最早的雏形。

20 世纪 60 年代中期，美国 IBM 公司在 M44/44X 计算机研究项目中提出并实现了多个具有突破性的虚拟化概念，包括部分硬件共享、时间共享和内存分页等，同时在这个项目中首次出现了虚拟机 VM 的概念。M44/44X 项目中的虚拟机是通过一种名为虚拟机监视器 VMM 的虚拟化软件实现的，VMM 通过在硬件层上建立一个虚拟层，将计算机硬件分割成多个虚拟机，并提供多用户对大型计算机的同时交互访问。后来，人们将可实现虚拟化的软件、硬件和固件统称为 VMM 或 Hypervisor。随着技术的发展和市场竞争的需要，大型机上的技术开始向小型机或 UNIX 服务器上移植。IBM、HP 和 SUN 后来都将虚拟化技术引入各自的高端 RISC 服务器系统中。但当时真正使用大型机和小型机的用户毕竟还是少数，加上各家产品和技术之间并不兼容，致使虚拟化曲高和寡。

1974 年，加州大学的杰拉尔德·J·波佩克（Gerald . J. Popek）和哈佛大学的罗伯特·P·葛德堡（Robert. P. Goldberg）发表了一篇名为《第 3 代可虚拟架构的形式化条件》的论文，此论文中提出了将软件称为 VMM 的 3 个条件：此软件必须可以完全控制系统资源；程序的虚拟环境必须与物理机基本相同；虚拟环境中程序的运行速度应接近物理机中的速度。这 3 个条件成为决定虚拟化软件是否可称为 VMM 的标准，也为虚拟化软件的开发提供了重要依据。

20 世纪 80 年代，微型机和 PC 得到了普及，应用程序以及价格低廉的 x86 服务器和台式机成就了分布式计算技术，计算资源紧缺的情况得到了缓解，虚拟化的发展脚步逐步放缓。

20 世纪 90 年代，计算机硬件技术持续进步，计算机的硬件性能远超过了操作系统运行所需的要求，这造成了大量计算机资源的闲置。为了充分利用这些闲置的资源，虚化技术重新回到了人们的视野。1999 年，VMware 公司率先推出了商业虚拟化软件 VMware Workstation，它可在 x86 架构的 PC 或服务器上流畅地运行虚拟机，这标志着 x86 架构上的虚拟化技术取得了突破性进展。由于 x86 架构在数量庞大的 PC 和服务器中占据统治地位，因此，尽管彼时的虚拟化市场方兴未艾，但微软、甲骨文（Oracle）、思杰（Citrix）等行业巨头均预见到它的无穷潜力，纷纷推出了自家的虚拟化软件或解决方案，虚拟化技术迅速成为各厂商抢占市场高地的热门技术。

2006 年，谷歌公司在搜索引擎大会上首次提出了"云计算"的概念，为大数据时代的数据处理指明了道路。从此，云计算成为计算机科学的重点研究领域。要提供云计算服务，就必解决一个最核心的问题——如何将 IT 资源整合为"取之不尽"的虚拟资源池。虚拟化技术可打破实体设备之间不可分割和组合的障碍，是解决这一难题的最好方案，因此，虚拟化技术成了支撑云计算提供服务的核心技术，也成了近年来炙手可热的技术。

2014 年，全球很多巨头公司都开始考虑虚拟化，2015 年 VMware、Microsoft、Red Hat 和 Citrix 都已经在各自的虚拟化层中实现了对 CPU 和内存的虚拟化。VMware 则更进一步提出了软件定义数据中心的理念，旨在将虚拟化技术延伸到网络和存储技术中。网络虚拟化于 2015 年成为现实。随着云计技术的不断发展，虚拟化技术也必将在未来带来新一轮的技术变革。

总体而言，虚拟化的发展经历了 4 个阶段：

第一个阶段是大型机上的虚拟化，就是简单地、硬性地划分硬件资源。

第二个阶段是大型机技术开始向 UNIX 系统或类 UNIX 系统的迁移，比如 IBM 的 AIX、SUN 的 Solaris 等操作系统都带有虚拟化的功能特性。

第三个阶段则是针对 x86 平台的虚拟化技术的出现，开源的 XEN 与 VMware 等通过软件模拟硬件层，然后在模拟出来的硬件层上安装完整的操作系统并运行应用。其核心思想可以用"模拟"两个字来概括，即用软件模拟硬件，并能实现异构操作系统的互操作。

第四个阶段就是近几年崭露头角的虚拟化技术，主要有芯片级虚拟化、操作系统级虚拟化和应用级虚拟化。

【应用拓展】认识和下载镜像文件

认识和下载镜像文件

1. 认识镜像文件

镜像（Mirroring）是一种文件存储形式，和压缩包类似，它将特定的一系列文件（例如一个操作系统、游戏等）按照一定的格式制作成单一的文件，以方便用户下载和使用。它最重要的特点是可以被特定的软件识别并可直接刻录到光盘上。在镜像文件中还可以包含更多的信息，比如系统文件、引导文件、分区表信息等，有些镜像文件可以包含一个分区甚至是一块硬盘的所有信息。

刻录软件都可以直接将支持的镜像文件所包含的内容刻录到光盘上，镜像文件就是光盘的"提取物"。此外虚拟光驱可以用于读取虚拟光盘，这个虚拟光盘就是镜像文件。每种刻录软件支持的镜像文件格式都各不相同，比如说 Nero 支持 .nrg、.iso 和 .cue，Easy CD Creator 支持 .iso、.cif，CloneCD 支持 .ccd 等。常见的镜像文件格式有 ISO、mds、gho、BIN、IMG、TAO、DAO、CIF、FCD。

ISO 镜像或 .iso（国际标准化组织）文件是包含称为 ISO 9660 文件系统格式的磁盘镜像的存档文件。ISO 文件的扩展名是 .iso，专门用于 CD/DVD ROM。简单来说，iso 文件就是一个磁盘镜像。从互联网上下载的大多数 Linux 操作系统镜像都是 .iso 格式的。通常，ISO 镜像包含软件安装，例如操作系统安装文件、游戏安装文件或任何其他应用程序。

2. 下载 Linux 镜像文件

Linux 的镜像地址、版本比较多，可以根据用户的需求来选择下载。下面教程以阿里云官方镜像站下载 Centos 的镜像文件为例展开介绍。

小知识

Linux

Linux，全称为 GNU/Linux，是一种类 UNIX 操作系统，其得名于 Linux 之父 Linus Torvalds。Linux 操作系统也是自由软件和开放源代码发展中最著名的例子。严格来讲，Linux 这个词本身只表示 Linux 内核，但实际上人们已经习惯了用 Linux 来形容整个基于 Linux 内核，并且使用 GNU 工程各种工具和数据库的操作系统。

Linux 发行版本为许多不同的目的而制作，已经有超过三百个发行版本被积极的开发，最普遍被使用的发行版本有大约十二个。

　　Linux 的发行版本可以大体分为两类，一类是商业公司维护的发行版本，一类是社区组织维护的发行版本，前者以著名的 Redhat（RHEL）为代表，后者以 Debian 为代表。Redhat 系列，包括 RHEL（Redhat Enterprise Linux，也就是所谓的 Redhat Advance Server 收费版本）、Fedora Core（由原来的 Redhat 桌面版本发展而来，免费版本）、Centos（RHEL 的社区克隆版本，免费）。Debian 系列，包括 Debian 和 Ubuntu 等。Debian 是社区类 Linux 的典范，是迄今为止最遵循 GNU 规范的 Linux 系统。

做一做

1）进入阿里云官方镜像站 https//developer.aliyun.com/mirror/下载。

2）选择想要下载的版本。此处选择"centos"，如图 2-2 所示。

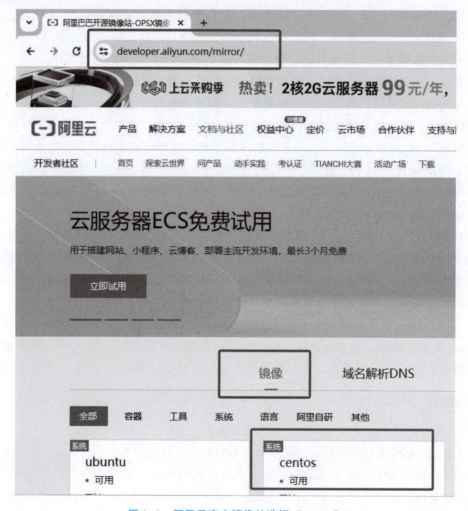

图 2-2　阿里云官方镜像站选择"centos"

3）选择下载地址，如图 2-3 所示。

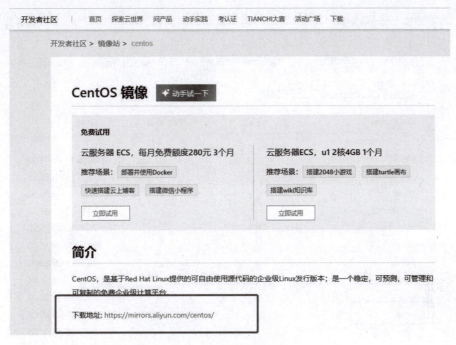

图 2-3　选择下载地址

4）选择 Centos 版本，此处可选择 Centos 7 及其以上版本，如图 2-4 所示。

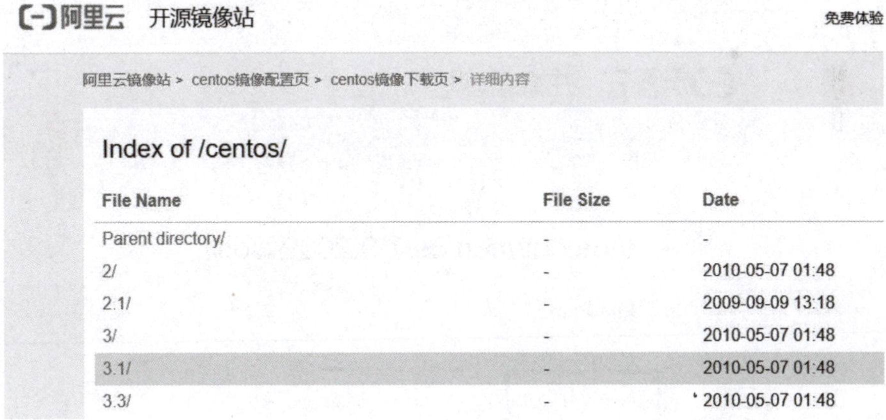

图 2-4　选择 Centos 版本

5）选择 isos，进入 x86_64/目录下，如图 2-5、图 2-6 所示。

图 2-5　选择 isos

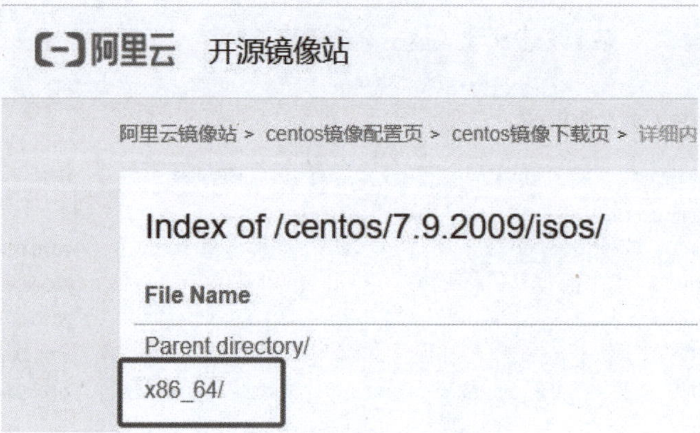

图 2-6　选择 x86_64/目录

6）单击镜像版本下载，如图 2-7 所示。

阿里云镜像站 > centos镜像配置页 > centos镜像下载页 > 详细内容

Index of /centos/7.9.2009/isos/x86_64/

File Name	File Size	Date
Parent directory/	-	-
0_README.txt	2.7 KB	2022-08-05 02:03
CentOS-7-x86_64-DVD-2009.iso	4.4 GB	2020-11-04 19:37
CentOS-7-x86_64-DVD-2009.torrent	176.1 KB	2020-11-06 22:44
CentOS-7-x86_64-DVD-2207-02.iso	4.4 GB	2022-07-26 23:10
CentOS-7-x86_64-Everything-2009.iso	9.5 GB	2020-11-02 23:18
CentOS-7-x86_64-Everything-2009.torrent	380.6 KB	2020-11-06 22:44
CentOS-7-x86_64-Everything-2207-02.iso	9.6 GB	2022-07-27 02:09
CentOS-7-x86_64-Minimal-2009.iso	973.0 MB	2020-11-03 22:55
CentOS-7-x86_64-Minimal-2009.torrent	38.6 KB	2020-11-06 22:44
CentOS-7-x86_64-Minimal-2207-02.iso	988.0 MB	2022-07-26 23:10
CentOS-7-x86_64-NetInstall-2009.iso	575.0 MB	2020-10-27 00:26
CentOS-7-x86_64-NetInstall-2009.torrent	23.0 KB	2020-11-06 22:44
sha256sum.txt	703.0 B	2022-08-05 01:56

图 2-7　镜像版本下载

小知识

镜像常用版本

1）DVD 版：这个是常用版本，就是普通安装版了，推荐大家安装。里面包含大量的常用软件，大部分情况下安装时无须再在线下载，体积为 4G 左右。

2）Everything 版：顾名思义，包含了所有软件组件，当然体积也庞大，高达 DVD 版的 2 倍。

3）LiveCD 版：就是一个光盘 Centos 系统，可通过光盘启动电脑，启动出 Centos 系统，也有图形界面，也有终端。也可以安装到计算机，但是有些内容可能还需要再次到网站下载（自动）。

4）Minimal 版：精简版本，包含核心组件，体积才 600 多 MB。

5）NetInstall 版：网络安装版本，一般不用这个版本。

工作任务 2.2　了解虚拟化技术的分类

了解虚拟化
技术的分类

【任务情景】

小蔡是公司 IT 部一位员工，公司的主要业务均已上云，初步了解虚拟化技术和虚拟机的概念，认识虚拟化技术的发展历史后，想要进一步了解按照架构、机制、应用领域等不同维度虚拟化技术是如何进行分类的。

【任务实施】

虚拟化技术是用来实现具体的虚拟化的技术，经过数十年的发展，已经成为一个庞大的技术家族，种类繁多应用广泛，为了更好地了解和梳理相关的技术，下面将从虚拟化技术的架构、机制、应用领域等维度进行分类，并详细介绍。

2.2.1 按虚拟化架构模型分类

对于业界标准的 x86 系统，虚拟化可采取宿主（Hosted）架构或者裸金属（Hypervisor）架构。

宿主架构将虚拟化监视程序 VMM 以一个应用程序的方式安装运行于操作系统之上，再在虚拟化监视程序上加载客户的虚拟机。此架构下虚拟化监视程序完全不用关心如何实现设备驱动，因为其支持最为广泛的各种硬件配置；但是虚拟化监视程序对硬件资源的调度高度依赖宿主操作，因此效率和功能受宿主操作系统影响较大。其架构如图 2-8 所示。

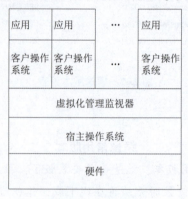

图 2-8　宿主架构

裸金属架构将虚拟化层直接安装到硬件资源上，不需要通过操作系统而直接访问硬件，运行于 Hypervisor 上的每个 VMM 实现了虚拟机的硬件抽象并负责运行虚拟机系统，通过分割和共享 CPU、内存和 I/O 设备来完成系统的虚拟化，其架构如图 2-9 所示。这种架构由于硬件设备多种多样，且每种设备都需要驱动，所以存在支持的硬件设备有限的缺点。

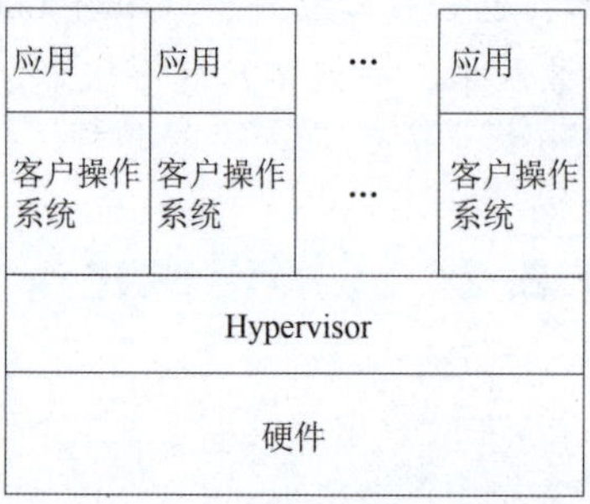

图 2-9　裸金属架构

2.2.2　按虚拟化实现机制分类

按照虚拟化实现机制上的区别，可分为完全虚拟化技术和半虚拟化技术、硬件辅助虚拟化。

1. 完全虚拟化技术

完全虚拟化技术也称为全虚拟化技术，使用一个虚拟机模拟完整的底层硬件运行环境，包括 CPU、内存、硬盘、网卡等。寄存操作系统运行在虚拟机中，虚拟机和原始硬件之间又增加了一层中间层软件——Hypervisor。Hypervisor 可以对来自虚拟机中的受保护的特殊指令进行处理。虽然完全虚拟化的速度比硬件仿真的速度要快，但是其性能要低于裸硬件，因为中间经过了 Hypervisor 的协调处理过程。Hypervisor 可以划分为两大类。类型 1 的 Hypervisor 是直接运行在物理硬件之上的，如基于内核的虚拟机 KVM。类型 2 的 Hypervisor 运行在另一个操作系统（运行在物理硬件之上）中，如 QEMU 和 WINE。

完全虚拟化的最大优点是操作系统无须任何修改就可以直接运行，唯一的限制是操作系统必须支持底层硬件。完全虚拟化技术架构如图 2-10 所示。

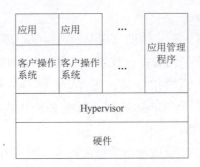

图 2-10　完全虚拟化技术架构

完全虚拟化又分为传统的完全虚拟化和硬件辅助虚拟化。传统的完全虚拟化虚拟机运行在操作系统之上，原来虚拟操作系统的核心态指令都必须经过 Hypervisor 翻译才能运行，所以速度会有所下降。而硬件辅助的完全虚拟化需要 CPU 硬件支持，如 Intel 的 VT 和 AMD 的 AMD-V 技术。

传统的完全虚拟化的产品主要有 VMware Workstation/Server、QEMU（QEMU 有两种模式，一种是硬件仿真，一种是完全虚拟化）、VirtualBox、Virtual PC/Server、Parallel Workstation 等。硬件辅助的虚拟化受到很多产品的支持，传统的完全虚拟化产品也都开始对硬件辅助的虚拟化进行支持，比如 VMware Workstation/Server 和 VirtualBox 都开始支持 VT 和 AMD-V。KVM 是设计成硬件辅助完全虚拟化的（也可以通过补丁支持半虚拟化），Xen 也能够支持硬件辅助的虚拟化了（即可以在 Xen 上安装虚拟 Windows 操作系统）。

2. 半虚拟化技术

半虚拟化技术可以提供较高的性能，它与完全虚拟化技术有类似之处。这种方法也使用一个 Hypervisor 来实现对底层硬件的共享访问，半虚拟化技术把与虚拟化有关的代码集成到操作系统本身中，但是半虚拟化为了提高效率必须修改客户操作系统，需要让虚拟出来的操作系统本身意识到其是运行在虚拟机中，在虚拟出来的操作系统的内核中需要有方法来与Hypervisor进行协调。这个缺点在某种程度上影响了半虚拟化技术的普及，因为除了Linux操作系统之外，并非所有操作系统的内核都是可以修改的。半虚拟化的代表产品有Xen、VMware ESX Server、Microsoft Hyper-V等。半虚拟化技术架构如图2-11所示。

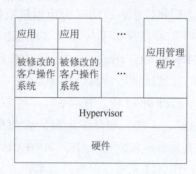

图2-11　半虚拟化技术架构

3. 硬件辅助虚拟化技术

硬件辅助虚拟化技术又称为芯片辅助（Chip-Assisted）虚拟化技术。2005年，Intel公司提出并开发了由CPU直接支持的虚拟化技术，即硬件辅助虚拟化技术，这种虚拟化技术引入了新的CPU运行模式和新的指令集，使VMM和GuestOS运行在不同的模式之下（VMM运行在Ring 0的根模式下；GuestOS则运行在Ring 0的非根模式下）。目前，主流的硬件辅助虚拟化技术有以下两种：

1）Intel VT-x：Intel的CPU硬件辅助虚拟化技术，包括Intel VT Flex-Priority（Intel灵活任务优先级）、Intel VTF lex-Migration（Intel虚拟化灵活迁移技术）和Extended Page-Tables（Intel VT扩展页表）三大组成部分。IntelVT-x技术可以让一个CPU模拟多个CPU的并行运行，从而使一台物理服务器内可以同时运行多个操作系统，降低（甚至消除）多台虚拟机之间的资源争夺和限制，从硬件上极大地改善虚拟机的安全性和性能，提高基于软件的虚拟化解决方案的灵活性与稳定性。

2）AMD-V：AMD的CPU硬件辅助虚拟化技术，是针对X86处理器系统架构开发的一组硬件扩展和硬件辅助虚拟化技术，能够简化基于软件的虚拟化解决方案，改进VMM的设计，从而更充分地利用硬件资源，提高服务器和数据中心的虚拟化效率。

2.2.3　按虚拟化应用领域分类

虚拟化在云计算应用领域可以分为服务器虚拟化、存储虚拟化、网络虚拟化、桌面虚拟化、平台虚拟化和应用程序虚拟化。

1. 服务器虚拟化

服务器虚拟化将一个物理或逻辑服务器划分成若干个，通过在硬件和操作系统之间引入虚拟化层（VMM或Hypervisor）实现硬件与操作系统的解耦，使每个虚拟机都有一套独立的模拟出的硬件设备，包含 CPU、内存、存储、主板、显卡、网卡等硬件资源。表面上看，这些虚拟机都是相互独立的服务器，但实际上，它共享物理服务器的 CPU、内存、硬件、网卡等资源。服务器虚拟化是基础设施即服务 IaaS 的基础。

2. 存储虚拟化

存储虚拟化技术可以将存储能力、接口协议差异性很大的不同存储设备进行管理，将各种存储资源转化为统一管理的数据存储资源，用于存储虚拟机磁盘、虚拟机配置信息、快照等信息。通常存储虚拟化通过大规模的磁盘阵列（Redundant Arrays of Independent Disks，RAID）子系统和多个 I/O 通道将异构的存储资源连接到服务器上，并抽象成一个巨大的、对用户透明的存储资源池，再根据需要把存储资源分配给各个用户或应用。这种方式的优点在于存储设备管理员对设备有完全的控制权，而且通过与服务器系统分开，可以将存储管理与多种服务器操作系统隔离，并且可以很容易地调整硬件参数。

随着技术的进步，公有云存储设备向着存储服务的方式转变，实现分布式存储虚拟化。企业或组织的存储设备将向着私有云和公有云的混合模式"超融合"架构的方向发展，"超融合"将为企业提供简化数据中心运营的解决方案，为企业提供更加灵活和可扩展的存储服务。

3. 网络虚拟化

网络虚拟化可以将多台网络设备进行连接，"横向整合"起来组成一个"联合设备"，保留网络设计中原有的层次结构、数据通道和所能提供的服务，使最终用户的体验等同于独享物理网络；对管理者来说，这些设备组成一个逻辑单元，在网络中表现为一个网元节点，可看作单一设备进行管理和使用，使管理、配置简单化，可跨设备链路聚合，极大简化网络架构，同时进一步增强冗余可靠性，提高网络资源利用率。

4. 桌面虚拟化

桌面虚拟化将用户的桌面环境与其使用的终端设备解耦，服务器上存放的是每个用户的完整桌面环境，用户可以使用具有足够处理和显示功能的不同终端设备通过网络访问该桌面环境。

5. 平台虚拟化

平台虚拟化是集成各种开发资源虚拟出的一个面向开发人员的统一接口，软件开发人员可以方便地在这个虚拟平台中开发各种应用并嵌入到云计算系统中，使其成为新的云服务供用户使用。平台虚拟化是平台即服务（Paas）的基础。

6. 应用程序虚拟化

应用程序虚拟化把应用程序对底层系统和硬件的依赖抽象出来，从而解除应用程序与操作系统、硬件的耦合关系，应用程序运行在本地应用虚拟化环境中，这个环境屏蔽了应用程序与底层和其他应用产生冲突的内容。应用程序虚拟化是软件即服务（Saas）的基础。

【应用拓展】认识和使用 VMware Workstation 软件

1. 认识 VMware Workstation 软件

VMware Workstation 是一款由 VMWare 公司推出的桌面虚拟化软件，可以在一台物理计算机上同时运行多个虚拟操作系统。可以在不同的虚拟机之间提供硬件分离、网络分离和数据分离，从而实现对多个操作系统的隔离和管理。

VMware Workstation 相比于其他虚拟化软件具有以下优势：

1）支持众多操作系统：可以在单台物理计算机上同时运行多个不同类型的操作系统，包括 Windows、Linux、Mac 等。

2）高度可靠性和稳定性：VMware Workstation 经过多年的发展和改进，具有较高的稳定性和可靠性。

3）强大的快照功能：可以随时对虚拟机进行快照，方便用户在实验或测试时进行回滚操作。

4）灵活的网络配置：支持多种网络配置方式，可以满足不同场景下的网络需求。

VMware Workstation 作为一款功能强大的虚拟机软件，对系统的要求也是比较高的。在安装和运行 VMware Workstation 之前，需要确保满足以下系统要求：

VMware Workstation 对硬件的要求主要包括 CPU、内存、硬盘和显示器等方面：

1）CPU：至少需要有 64 位处理器；

2）内存：建议至少 4 GB 或以上的内存；

3）硬盘：至少需要 1.2 GB 的可用存储空间用于安装软件，虚拟机操作系统需要额外的存储空间；

4）显示器：支持 1 024×768 以上分辨率的显示器。

在安装 VMware Workstation 之前，需要满足以下软件要求：

1）操作系统：Windows 7 或更新版本、Linux 或 macOS 等操作系统；

2）硬件虚拟化技术：需要确保计算机的 BIOS 中已启用硬件虚拟化技术（比如 Intel VT-x 或 AMD-V）。以 VMware Workstation Pro 上创建一个 Linux 操作系统的虚拟机为例。

VMware Workstation 支持安装在以下操作系统上：

1）Windows 7 SP1 或更新版本；

2）Ubuntu 16.04 或更新版本；

3）Centos 7.0 或更新版本；

4）Oracle Linux 7.0 或更新版本；

5）openSUSE Leap 42.2 或更新版本；

6）SUSE Linux Enterprise 12 或更新版本；

7）macOS 10.14 Mojave 或更新版本。

保证满足以上系统要求后，才能顺利安装和运行 VMware Workstation。

做一做

2. 安装和使用 VMware Workstation 软件

（1）下载 VMware Workstation 软件

首先，可从 VMWare 官方网站下载 VWare WorkStation 安装包。进入官网（https://vmware.soft80.cn/?bd_vid=11305735002019451697），选择合适的版本，如图 2-12 所示。单击下载，等待下载完成。也可以从其他网站找到合适的安装包。

图 2-12　VMware Workstation 安装包下载图

（2）安装 VMware Workstation 软件

下载完成后，在系统中找到安装包并双击打开。按照提示，选择安装位置和其他定制化选项，然后单击"安装"按钮。安装过程可能需要一些时间，等待安装完成后，当系统如图 2-13 所示，表示软件安装成功。

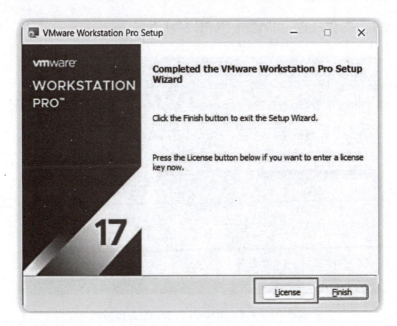

图 2-13　软件安装完成图

此时建议先单击 License 按钮，输入您的产品激活密钥，如图 2-14 所示，也可单击 Finish 完成安装试用后激活产品。

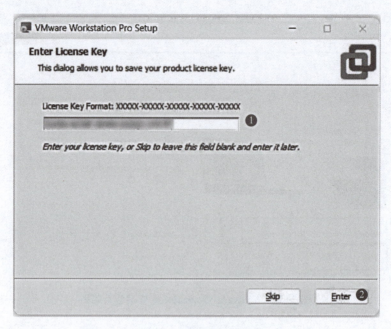

图 2-14　输入激活密钥

（3）使用 VMware Workstation 软件创建虚拟机

准备好待安装的寄宿系统的镜像文件，具体操作可参照任务 2.1 中"下载 Linux 镜像文件"的内容。

1）启动 VMware 并开始创建虚拟机，如图 2-15 所示。

图 2-15　启动 VMware 并开始创建虚拟机

2）在弹出的界面上建议选择 Typical（recommended），单击"Next"按钮，如图 2-16 所示。

图 2-16　选择典型安装模式

3）VMware 安装虚拟机的操作系统时，可以直接指定镜像文件路径，也可选择先创建空盘再挂载 ISO 文件来安装系统，此例中选择"I will install the operating system later."，然后单击"Next"按钮，如图 2-17 所示。

图 2-17　选择虚拟机操作系统镜像安装

4）选择合适的系统类型和版本后，单击"Next"按钮，如图 2-18 所示。

图 2-18　选择合适的操作系统类型和版本

5）命名虚拟机，配置虚拟机在本机的路径，然后单击"Next"按钮，如图 2-19 所示。

图 2-19　命名虚拟机和配置虚拟机在本机的路径

6）配置磁盘容量，系统会根据操作系统不同给出推荐大小。对于虚拟磁盘是否由

VMware 控制划分为多个文件，建议保持默认。配置好后，单击"Next"按钮，如图 2-20 所示。

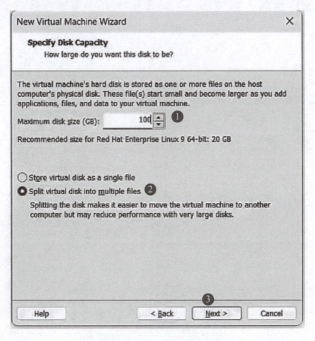

图 2-20　配置磁盘空间

7）单击"Customize Hardware"按钮，可弹出一个窗口来继续调整虚拟机配置，如图 2-21 所示。

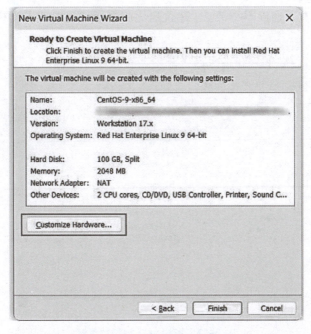

图 2-21　进入用户定义窗口

8）内存建议不小于 3G，主要参考依据：

当 Linux 镜像是无 GUI 的，创建的虚机最小应分配内存 1G；若考虑到有 GUI 的，则最小应分配内存可能相应增加。当 Windows 镜像是 Server 版，创建虚拟机最小应分配内存 2G。操作如图 2-22 所示。

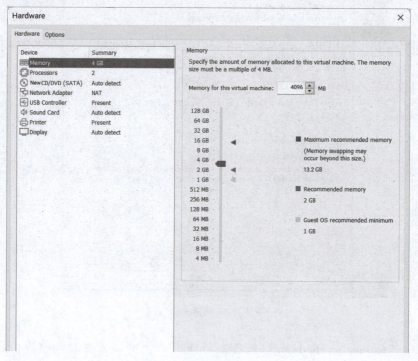

图 2-22　用户定义内存大小

9）处理器内核总数建议不小于 2，建议启用所有虚拟化功能来支持嵌套虚拟化，从而支持 KVM 虚拟。

10）选择 ISO 镜像，如果在本机已下载好，可指定相应路径，用于后续安装系统到虚拟机，如图 2-23 所示。

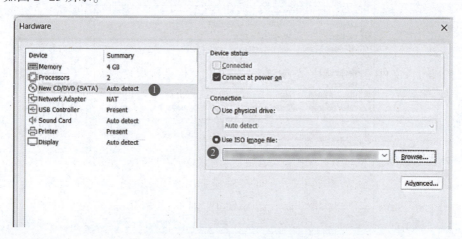

图 2-23　指定 ISO 镜像的位置

11）完成基本配置后，回到 VMware 软件窗口中，找到启动按钮，启动在上述"创建虚拟机"部分创建的虚拟机，在进入 GRUB 选择界面后，按一次 ↑ 键后按回车键选择，如图 2-24 所示。

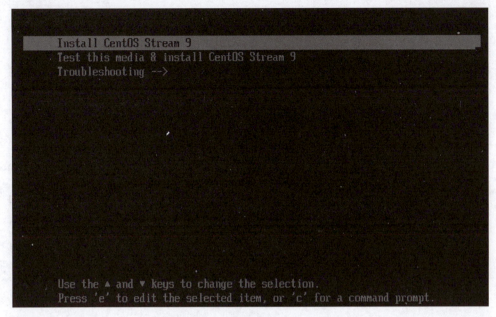

图 2-24 宿主机操作系统安装

12）等待进入图形模式安装向导，如图 2-25 所示。根据需要完成配置，开始安装系统：

①语言（Language）：可根据自身需求。

②键盘布局（Keyboard）：美式键盘（English（US））。

③时间与日期（Time & Date）：北京时间（Asia/Beijing）。

④软件选择（Software Selection）：标准最小化安装（Minimal Install+Standard）。

⑤安装位置（Installation Destination）：确认选择 VMware 虚拟 NVMe 盘（Virtual NVMe Disk）→ 存储配置：自定义（Storage Configuration：Custom）→ 单击左上角按钮完成；在进入的界面中将 LVM 改为标准分区（Standard Partition）→ 单击左下角部分的+按钮依次为/boot/efi（200M，文件系统保持默认）、swap（8G，文件系统保持默认）、/（剩余空间，文件系统确认用的是 xfs）添加挂载点（添加后/挂载点自动移至中间位置是正常的）→ 单击左上角按钮完成 → 弹窗中单击接受改变（Accept Changes）。

①Kdump：开启（Enabled）。

②网络与主机名（Network & Host Name）：确认连通网络（Connected）。

③Root 密码：设置 root 密码，取消勾选"锁定 root 账户（Lock root account）"，勾选"允许通过密码以 root 身份 SSH 登录（Allow root SSH login with password）"。

④无须创建用户，后续配置等操作应使用 root 身份。

其他保持默认即可，确认无误后单击开始安装（Begin Installation），完成安装

（Complete！）后单击重启系统（Reboot System）。

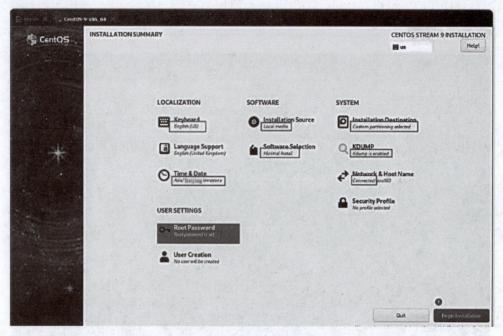

图 2-25　图形模式安装向导

> **小知识**
>
> ### 虚拟机网络配置的三种模式
>
> 　　在使用 VMware Workstation 时，虚拟机网络配置的好坏，直接影响虚拟机的联网能力和网络访问速度。配置虚拟机网络有桥接模式、NAT 模式、仅主机模式三种模式。
>
> 　　1）桥接模式是最常用的网络配置模式之一。它可以使虚拟机与主机处于同一网络中，虚拟机可以直接访问局域网上的其他设备，并且可以被局域网上的其他设备访问。
>
> 　　2）NAT 模式是另一个常用的网络配置模式。在 NAT 模式下，虚拟机将通过主机的网络连接进行上网，但无法直接与局域网上的其他设备通信。
>
> 　　3）仅主机模式是指在专用网络内连接虚拟机。

工作任务 2.3　揭秘虚拟化的实现

揭秘虚拟化的实现

【任务情景】

　　小蔡了解到虚拟化在云计算应用领域可以分为服务器虚拟化、存储虚拟化、网络虚拟化、桌面虚拟化、平台虚拟化、应用程序虚拟化等。接下来想要进一步揭秘虚拟化究竟是如何实现的。

【任务实施】

2.3.1　服务器虚拟化

服务器虚拟化又叫计算虚拟化，实质上就是对物理主机的 CPU、内存、I/O 等服务器硬件资源的虚拟化，形成虚拟资源池，即"计算资源池"。依据系统资源的不同对象，可分为 CPU 虚拟化技术、内存虚拟化技术、I/O 虚拟化技术，如图 2-26 所示。

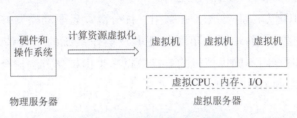

图 2-26　服务器虚拟化示意图

1. CPU 虚拟化技术

CPU 虚拟化技术也称为处理器虚拟化，就是把物理 CPU 抽象成虚拟 CPU，一个物理 CPU 在任意时刻只能运行一个虚拟 CPU 的指令。传统的 x86 架构的 CPU 有 4 个不同优先级，分别是 Ring 0、Ring 1、Ring 2 和 Ring 3。Ring 0 的优先级最高，操作系统内核一般运行在这个级别，所以也常称为内核态，Ring 1 和 Ring 2 用于操作系统服务，Ring 3 最低，应用程序通常运行在这个级别。

虚拟化后的 x86 体系中，虚拟化层运行在 Ring 0 级，客户操作系统运行在低于 Ring 0 的级别。为了让客户操作系统实现完整的功能，客户操作系统中的某些线程必须运行在 Ring 0 级别，需要不断地协调客户操作系统和宿主操作系统之间线程的优先级，因此会消耗大量的 CPU 和内存的处理能力。为了提高 CPU 虚拟化的效率，需要借助硬件来完成不同层级的切换。

通常可以在 CPU 中加入新的指令集和处理器运行模式来完成与 CPU 虚拟化相关的功能，从而让客户操作系统直接在 CPU 上运行与虚拟化相关的指令，不用再消耗额外的 CPU 处理能力。Intel 的 VT 技术即在 CPU 中增加了一套称为 VMX 的指令集来处理虚拟化相关的操作。

2. 内存虚拟化技术

内存虚拟化技术即对物理机的内存统一管理，从而分配给若干个虚拟机使用，让每个虚拟机享有独立的内存空间。因此，只有把客户的物理地址空间准确地映射到主机的物理地址空间，才可以顺利地实现虚拟化。这种操作通常由 VMM 程序来实现。VMM 通过影子页表（Shadow page table）给不同的虚拟机分配物理内存页，从而把虚拟机内存转换到真实的物理内存中。VMM 也可以根据每个虚拟机的不同需求，动态地分配相应的内存。

3. I/O 虚拟化技术

I/O 即输入/输出，是计算机输入、输出设备的英文简称。I/O 虚拟化技术对物理机的

I/O 设备统一管理，抽象成多个虚拟的 I/O 设备，从而分配给不同的虚拟机使用，响应来自每个虚拟机的 I/O 请求。

I/O 虚拟化技术具体分为两种，分别是全虚拟化技术和半虚拟化技术。

全虚拟化通过软件模拟 I/O 设备的所有功能，包括总线结构、中断等。模拟 I/O 设备的软件位于 VMM 中，当客户操作系统有 I/O 访问请求时，这种 I/O 访问请求会进入 VMM 中，与虚拟 I/O 设备进行交互，从而让单一的硬件设备可以被多个虚拟机共享。但是软件模拟的速度会明显落后于真实硬件设备的速度。

I/O 设备的半虚拟化方法主要被 Xen 采用，称分离设备驱动模型方式，这种方式把驱动分为前端驱动和后端驱动，前端驱动负责处理客户操作系统的 I/O 请求；后端驱动负责管理真实 I/O 设备，同时复用不同虚拟机的 I/O 数据。半虚拟化方法比全设备虚拟化方法的性能高，但是会消耗过多的 CPU 开销。

2.3.2 存储虚拟化

存储虚拟化就是对硬件存储资源进行抽象化，通过对存储系统或存储服务内部的功能进行隐藏、隔离及抽象，使存储与网络、应用等管理分离，存储资源得以合并，从而提升资利用率。

1. 存储虚拟化技术分类

根据全球网络存储工业协会（Storage Networking Industry Association，SNIA）的分类方法，可将存储虚拟化技术从不同角度进行分类，如图 2-27 所示。按照虚拟化的对象分类，可以分为块虚拟化、磁盘虚拟化、磁带虚拟化、文件系统虚拟化和文件记录虚拟化；按照虚拟化的实现方式分类，可以分为基于主机/服务器的虚拟化、基于网络的虚拟化和基于存储设备/子系统的虚拟化；按照数据流和控制流是否同路分类，可以分为带内虚拟化和带外虚拟化。

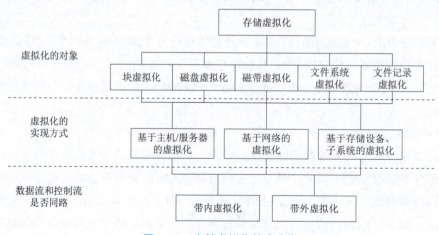

图 2-27　存储虚拟化技术分类

2. 存储虚拟化的实现方式

存储虚拟化技术目前主要面临低成本、易实现、灵活性、可扩展性等几方面的挑战。针对以上不同技术点，常被分为以下几种不同的存储虚拟化实现方式。

（1）基于主机的虚拟存储

基于主机的虚拟存储主要是利用安装在一个或多个主机上的逻辑卷管理（LVM）控制软件来实现存储虚拟化的控制和管理。LVM 程序可以将主机上的单个或多个物理卷映射为逻辑卷（组），并通过文件系统提供给操作系统及应用程序，使数据的存储直接在逻辑卷上进行。

基于主机的虚拟化方法最易于实现且其设备成本最低，可以方便地对存储系统进行管理和虚拟化，在主机存储和小型存储网络结构中有着良好的负载平衡机制。但是由于运行在主机上的控制软件会占用主机的处理时间，所以该方法的扩展性较差，稳定性和安全有待进一步提高。另外，基于主机的存储虚拟化还可能由于不同存储厂商软硬件的差异而带来不必要的互操作性开销。

（2）基于存储设备的虚拟化

基于存储设备的虚拟化主要通过存储阵列控制模块来实现。可对异构存储设备阵列进行虚拟化。这种存储虚拟化技术不占用主机资源，不影响主机性能，且解决了不同厂商生产的存储设备存在的设备兼容性问题，因此使用较为广泛，成熟度较高；但系统性能会受到控制模块的制约，且可能造成一些厂商的高级存储功能不可用。

（3）基于存储网络的虚拟化

基于存储网络的虚拟化主要通过支持虚拟化功能的网络设备实现。传统的存储系统采用直连式存储（Direct-Attached Storage，DAS）实现，即将服务器与存储器通过 SCSI 或 SATA 等物理接口连接，DAS 的部署十分方便，但会占用主机资源，且物理接口常常成为制约数据传输效率的瓶颈。因此，人们通过组建基于网络附加存储（Network-Attached Storage，NAS）的存储区域网络（Storage Area Network，SAN）来提高数据传输效率。在 SAN 中，服务器与存储器阵列之间通过高速光纤通道和光纤设备（光纤交换机、路由器等）进行连接。

NAS 也被称为网络附属存储，是一种文件共享服务，为用户提供连接在网络上的资料存储功能的设备。它以数据为中心，将存储设备与服务器彻底分离，集中管理数据，从而释放带宽、提高性能、降低总拥有成本、保护投资。其成本远远低于使用服务器存储，而效率却远远高于后者。NAS 拥有自己的文件系统，通过 NFS 或 CIFS 对外提供文件访问服务。目前国际著名的 NAS 企业有 Netapp、EMC、OUO 等。

SAN 是一种通过网络方式连接存储设备和应用服务器的存储构架，这个网络专用于主机和存储设备之间的访问。

基于存储网络的虚拟化就是通过在光纤设备中设置虚拟引擎，将存储器阵列虚拟化为资源池，对于服务器而言，其通过高速光纤通道访问的就不再是分散的存储器，而是一个一体化的存储资源池。

DAS \ NAS \ SAN 对比如表 2-1 所示。

表 2-1　DAS\NAS\SAN 对比

存储系统架构	DAS	NAS	SAN
数据传输协议	SCSI/FC/SATA	TCP/IP	FC
传输对象	数据块	文件	数据块
使用标准文件共享协议	否	是（NFS/CIFS…）	否
集中式管理	不一定	是	需要管理工具
提高服务器效率	否	是	是
灾难忍受度	低	高	高，专有方案
适合对象	中小企业服务器，捆绑磁盘（JBOD）	中小企业，监控	大型企业，数据中心
应用环境	局域网。文档共享程度低，独立操作平台，服务器梳理少	局域网。文档共享程度高，异质格式存储需求高	光纤通道存储区域网。网络环境复杂，文档共享程度高，异质操作系统平台，服务器数量多
容量扩充能力	低	中	高

> **小知识**
>
> ### 网络文件系统
>
> CIFS（Common Internet File System），是微软定义的一套规范，用于网络文件共享系统，意思是 Internet 范围的 File System，使用 TCP/IP 协议进行传输。
>
> NFS（Network File System），Linux 和 UNIX 系统使用的一种网络文件共享系统，使用 TCP/IP 协议进行传输。
>
> 以上两种可以统称为"网络文件系统"，这种文件系统的逻辑不是在本地运行，而是在网络上的其他节点上运行，使用者通过外部网络将读写文件的信息传递给运行在远端的文件系统，也就是调用远程的文件系统模块，而不是在本地内存中调用文件系统的 API 来进行。所以网络文件系统又叫作远程调用式文件系统，也就是 RPC FS（Remote Procedure Call File System）。

3. 云存储技术

随着云计算机技术的发展，公有云存储设备向着存储服务的方式转变，通过软件定义存储（Software defined Storage，SDS）实现分布式存储虚拟化。企业或组织的存储设备将向着私有云和公有云的混合模式"超融合"架构的方向发展，"超融合"将为企业提供简化数据中心运营的解决方案，为企业提供更加灵活和可扩展的存储服务。

常见的云存储类型有块存储、文件存储、对象存储。

1）块存储主要是将裸磁盘空间整个映射给主机使用的，就是在物理层这个层面提供服务，需要操作系统对挂载的裸硬盘进行分区、格式化后才能使用，与平常主机内置的硬盘无差异。存储对象是磁盘阵列、硬盘等块设备。

2）文件存储在文件系统一层对外提供服务，可以直接对文件存储进行文件的上传和下载，主机不需要再对文件存储进行格式化，克服了块存储文件无法共享的问题。存储对象是文件系统，如 FTP、NFS 服务器等。

3）对象存储（Object-based Storage）是一种新的网络存储架构，结合了块存储和文件存储的优点，存储对象是内置大容量硬盘的分布式服务器。对象存储将元数据独立出来，负责存储数据的分布式服务器叫作对象存储设备（Object-based Storage Device，OSD），控制节点叫作元数据服务器（服务器+对象存储管理软件），主要负责存储对象的属性（主要是对象的数据被打散存放到了哪几台 OSD 中的信息）。当用户访问对象，会先访问元数据服务器，再访问对象所存储的 OSD。

对象存储相关概念主要有以下几点：

①对象存储中，对象（Object）是对象存储的基本单位，一个对象实际是一个文件的数据与其相关属性信息（元数据）的集合体。采用对象技术使数据分布更加灵活。

②桶（Bucket）是对象存储中的一个存储空间的形象称呼，是存储对象 Object 的容器，并且每个 Object 都必须包含在一个 Bucket 中。用户可以设置容器的属性，用来控制数据存储位置、访问权限、生命周期等，这些属性设置直接作用于该容器内的所有对象，因此可以通过灵活的属性设置，来创建不同的容器，完成不同的管理功能。

③对象存储网络中的容器（Bucket）、对象（Object）、访问密钥（AccessKey Id 和 Access Secret Key）信息互通。除对象存储网络之外的其他地域，容器、对象、访问密钥信息是不互通的。

④对象存储的应用场景主要有互联网企业网站的静态和动态资源分离、视频及影像云端存储、图像及图片云端存储、跨地域读写数据。

⑤用户可以上传、下载、删除和共享 Object。此外用户还可以对 Object 的组织形式进行管理，将 Object 移动或者复制到目标目录下。

2.3.3　网络虚拟化

网络虚拟化是一种将物理网络资源虚拟化为多个独立、可管理的虚拟网络的技术。通过虚拟化，可以将物理网络中的资源（如 IP 地址、交换机、路由器等）划分为多个逻辑隔离的虚拟网络，每个虚拟网络拥有独立的资源和管理平面。这种技术使网络资源的利用率得到提高，同时也简化了网络的配置和管理。

网络虚拟化的概念已经产生很久，接下来重点介绍几种网络虚拟化技术和其发展。

1. 虚拟局域网（Virtual Local Network，VLAN）

VLAN 技术通过在二层（数据链路层）上进行隔离，将一个物理网络划分为多个逻辑上的虚拟网络。每个 VLAN 内的设备就像在同一个物理网络中一样通信，但不同 VLAN 间默认不可达，除非通过三层设备（如路由器）进行路由。在交换机上配置 VLAN，为每个 VLAN 分配不同的 ID。

2. 虚拟专用网（Virtual Private Network，VPN）

虚拟专用网络 VPN 是一种通过公用网络安全地对企业内部专用网络进行远程访问的连接方式。依靠网络业务提供商（Internet Service Provider，ISP）在公共网络中建立专用的数据通信的网络技术，可以为企业之间或者个人与企业之间提供安全的数据传输隧道服务。在 VPN 中任意两点之间的链接并没有传统专网所需的端到端的物理链路，而是利用公共网络资源动态组成的。VPN 常用于帮助公司的远程用户（出差，在家）、公司的分支机构、商业合作伙伴及供应商等公司和公司内部网络之间建立可信的安全连接或者是局域网连接，确保数据的加密安全传输和业务访问。常见的 VPN 技术包括 IPsec VPN 和 SSL VPN。IPsec VPN 通常用于站点到站点的连接，而 SSL VPN 多用于提供远程个人访问。

在新一代信息技术的推动下，虽然网络虚拟化的基本概念没有改变，但是内容已经发生了变化。在互联网/移动互联网瞬息万变的业务环境下，网络的高稳定与高性能还不足以满足业务需求，灵活性和敏捷性反而更为关键。新的网络虚拟化技术不断登场。

3. 大二层网络及 VXLAN 技术

传统网络以园区和传统（非虚拟化）数据中心为代表，通常是三层网络：核心层（核心交换机、网关及其他安全设备等）、汇聚层（主要是汇聚交换机，在硬件设备上可能和核心交换机一致，承载功能不同）、接入层（二层交换机）。随着业务的发展，存在以下突出问题：

1）VLAN 总计 4 094 个（$2^{12}=4\ 096$，2 个不能用）可以使用，超过十几万台虚拟机租户的隔离问题难以解决。

2）虚机迁移问题，跨异地的数据中心迁移要求业务不中断，所以 IP 地址不能变，那就需要在二层域内进行迁移；并且传统网络环境为了保证网络稳定性，都是多链路冗余。在避免环路的情况下通过 STP 技术进行阻塞冗余链路，但是由于 STP 的性能限制其节点不能超过 50 个，这就导致虚拟机动态迁移只能在一个局限的环境中。

3）物理交换机 MAC 地址表容量不足，没办法实现多租户的地址存储。

大二层网络（也称为扁平网络或 Overlay 网络）是在传统的三层网络上又构建了一层虚拟的二层网络。所有的服务器都在一个二层环境中，相当于把两台 VM 虚拟机中间所有网络环境都虚拟成一台二层交换机。在一台交换机中转发数据，就不需要更换 IP 地址。

大二层网络的关键技术组件主要有：

（1）Overlay 网络

Overlay 网络是建立在现有网络之上的虚拟网络，用于连接跨物理网络的设备。常见的 Overlay 技术包括 VXLAN、GRE、STT 等。

（2）网络封装

Overlay 网络通过网络封装技术来实现，它将原始的数据包封装在一个外部数据包中。封装后的数据包通过底层网络传输到目的地，然后再被解封装，恢复为原始数据包。

（3）隧道技术

封装后的数据包通常通过隧道技术在 Overlay 网络中传输。隧道技术允许在不同网络之间建立直接的虚拟连接，确保数据包能够安全且有效地传输。

虚拟扩展局域网（Virtual eXtensible Local Area Network，VXLAN），是由 IETF 定义的 NVo3（Network Virtualization over Layer 3）标准技术之一，是对传统 VLAN 协议的一种扩展。VXLAN 的特点是将 L2 的以太帧封装到 UDP 报文（即 L2 over L4）中，并在 L3 网络中传输。

VXLAN 本质上是一种隧道技术，在源网络设备与目的网络设备之间的 IP 网络上，建立一条逻辑隧道，将用户侧报文经过特定的封装后通过这条隧道转发。从用户的角度来看，接入网络的服务器就像是连接到了一个虚拟的二层交换机的不同端口上（可把虚框表示的数据中心 VXLAN 网络看成一个二层虚拟交换机），可以方便地通信。VXLAN 已经成为当前构建数据中心的主流技术，是因为它能很好地满足数据中心里虚拟机动态迁移和多租户等需求，如图 2-28 所示。

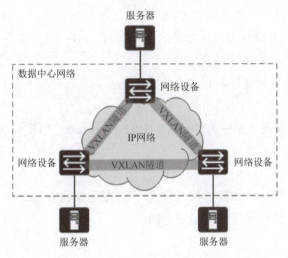

图 2-28　VXLAN 应用场景示意图

4. 软件定义网络（Software Defined Netwok，SDN）

其是由美国斯坦福大学 CLean State 课题研究组提出的一种新型网络创新架构，是网络虚拟化的一种实现方式。其核心技术 OpenFlow 通过将网络设备的控制面与数据面分离开来，从而实现了网络流量的灵活控制，使网络作为管道变得更加智能，为核心网络及应用的创新提供了良好的平台。

小知识

软件定义网络的商业应用 OpenFlow

OpenFlow 是软件定义网络 SDN 的一种协议实现，起源于斯坦福大学，出发点是用于网络研究人员实验其创新网络架构，考虑到实际的网络创新思想需要在实际网络上才能更好地验证，而研究人员又无法修改在网的网络设备，故而提出了 OpenFlow 的控制转发分离架构，将控制逻辑从网络设备中独立出来以便于研究。

OpenFlow 尽管不是专门为网络虚拟化而生，但是它带来的标准化和灵活性却给网络虚拟化的发展带来无限可能。基于 OpenFlow 的软件定义网络，可实现控制层和转发层分离，极大地提升网络的交换速度，满足云计算中高速数据交换和传输的要求。

5. 软件定义广域网（Software-Defined Wide Area Network，SD-WAN）

软件定义广域网 SD-WAN 是将企业的分支、总部和多云之间互联起来，应用在不同混合链路（MPLS，Internet，5G，LTE 等）之间选择最优的进行传输，提供优质的上云体验。

通过部署 SD-WAN 可以提高企业分支网络的可靠性、灵活性和运维效率，确保分支网络一直在线，保证业务的连续和稳定。

在传统的 WAN 拓扑中，主要通过 MPLS 专线进行互联。可以有效保证带宽、减少数据包传输的延时。SD-WAN 是从 MPLS 技术演变而来的。SD-WAN 支持 MPLS、Internet、LTE 和 5G 链路灵活组合进行 WAN 分支互联。

两者的对比有利于更好地理解它们之间的关系：

（1）成本

MPLS 专线费用比较高。SD-WAN 支持 MPLS、Internet、LTE 和 5G 链路灵活组合，从而整体降低链路成本。

（2）安全

MPLS 可以提供安全、可靠的连接，适用于对安全性比较高的应用。在 SD-WAN 中，优先选用 MPLS 链路，可以保障连接的安全性。

（3）性能

在同等带宽下，Internet 的性能比 MPLS 的性能要低。SD-WAN 可以通过将多条 Internet 链路聚合在一起，形成一条逻辑链路，从而保障性能。

（4）稳定性

网络中会存在对时延、丢包率敏感，链路质量比较高的关键业务。MPLS 没有提供一个平台来区分优先级，通过 SD-WAN 提供的策略的管理和智能选路能力，可以实现在发生拥塞时低优先级应用避让高优先级应用，即关键业务的流量通过 MPLS 进行发送，而其他所有业务的流量则通过高宽带的 Internet 进行发送。

（5）部署效率

传统的 MPLS 部署可能需要 1~6 个月，SD-WAN 比较短，只需要几个小时。

（6）云计算、SaaS 等移动应用

MPLS 的建网及部署方式很难规模化的应用于云计算及 SaaS。为了支持更快地访问在云中运行的应用程序，SD-WAN 可以配置流量转向规则，以便为这些应用程序使用 Internet 连接。因此，云流量从分支机构直接传输到互联网，而不是回程到总部。一些 SD-WAN 运营商可以从其网关直接访问云数据中心（例如 AWS 或 Microsoft Azure），从而提高托管在这些云上的应用程序的性能和可靠性。

以上可见，SD-WAN 使建立混合 WAN 更加容易，并且可以在成本、可靠性和性能之间找到适当的平衡，以实现各种应用程序流量的混合。

6. 网络功能虚拟化（Network Function Virtualization，NFV）

网络功能虚拟化 NFV 是当前网络领域的一项颠覆性技术，它将传统网络架构推向新的高度。在过去的几十年里，网络一直是固定功能的，运行在专用硬件上，这种架构在灵活性、可扩展性和成本方面存在挑战，随着云计算、物联网和 5G 等新兴技术的崛起，现有的网络架构不再能够满足快速变化的需求。NFV 出现在这一背景下，它革新了网络功能的交付方式，将其虚拟化成软件实体，运行在通用硬件上。这一技术的影响不仅仅局限于电信和网络服务提供商，还延伸到了云计算、企业网络和边缘计算等领域。

NFV 的核心原理是将网络功能从传统的硬件中解耦，转化为软件，实现了网络功能的灵活性和可编程性。这意味着网络功能，如防火墙、路由、负载均衡等，不再需要依赖专用硬件，而是以虚拟网络功能（VNF）的形式转变为虚拟的软件组件在通用硬件上运行，就像魔术师手中的卡片，每张卡片代表一个网络功能，这些软件组件可以轻松地堆叠在一起，就像叠起卡片一样，根据需要组合成不同的功能，而无须改变硬件。这种虚拟化的方式使网络操作更加便捷，网络功能可以根据需要进行部署、配置和扩展，就像魔术师可以随时改变手中的卡片，以满足观众的不同要求，让网络变得更灵活、更强大，能够在不同场景下执行各种神奇的任务。

2.3.4 应用虚拟化

应用虚拟化是指将应用程序的人机交互逻辑（程序界面、I/O 操作等）与实体计算机隔离开来，用户与应用之间的交互可通过在本地任意终端登录，而数据处理和存储等操作则是调用云端的资源进行。根据应用的不同，应用虚拟化常有桌面虚拟化、平台虚化、应用程序虚拟化等形式。

桌面虚拟化是指将操作系统用于人机交互的桌面（如 Windows 操作系统的桌面）与终端设备进行解耦，然后将完整的桌面及其操作系统存储在服务器端的虚拟机中，最后通过管理系统将整个虚拟机打包作为服务提供给用户。用户可在任意终端设备（如台式机、笔记本电脑、平板电脑、瘦终端或智能手机）上的客户端登录并通过 Internet 访问服务器中的虚拟机，对虚拟机操作系统的桌面和各种应用程序进行操作，其交互体验与本地操作几乎无差别。

平台虚拟化是集成各种开发资源虚拟出的一个面向开发人员的统一接口，软件开发人员可以方便地在这个虚拟平台中开发各种应用并嵌入云计算系统中，使其成为新的云服务供用户使用。

应用程序虚拟化是在桌面虚拟化的基础上，直接将安装在虚拟机操作系统中的应用程序作为服务提供给用户，用户在终端设备中登录客户端后，直接进入应用选择界面或进入某应用程序，而不是进入桌面，这样可进一步简化用户与虚拟机的人机交互，提升用户的操作体验，并节省虚拟机的资源。应用程序虚拟化基于服务器虚拟化和桌面虚拟化，可看作是桌面虚拟化的子集，Office On Web 就是应用程序虚拟化的典型应用。

> **小知识**
>
> **瘦终端**
>
> 　　瘦终端（Thin client）是一种轻量级终端设备。瘦终端基本无须应用程序，它可通过一些协议接入局域网，进而与服务器进行通信，其所有操作均由服务器实现，离开服务器的瘦终端基本无法实现任何操作。若干瘦终端可同时登录到服务器上，模拟出一个逻辑上相互独立的工作环境。与瘦终端相反，普通终端的操作会依赖本地的资源，只在必需时才与服务器进行通信和数据交换。瘦终端具有额定功率小、能耗低的优点，是更绿色环保的选择。

【应用拓展】桌面虚拟化产品——天翼云电脑

　　随着云网融合不断深入，云电脑在提供高效计算和存储能力的同时，更为千行百业带来了前所未有的灵活性、可扩展性和创新力。作为推动数字化变革的重要引擎，天翼云电脑具备流畅便捷、安全可靠、灵活配置、集中管控等优势，可实现安全与协作的深度融合，助力用户构建智慧办公新模式。天翼云电脑成为企业降本增效新选择，正走进越来越多的企业。那么，天翼云电脑究竟具备哪些独特魅力呢？

　　1. 降低采购成本

　　传统 PC 常面临硬盘空间不足的问题，而天翼云电脑的存储功能在云端进行，根据实际需求进行配置，支持随时扩充硬盘容量，在云端即可储存海量的工作文件，既减少了购买硬盘的支出，又可以避免因为硬盘损坏造成的文件丢失。

　　天翼云电脑主机采用云端部署，降低了硬件的耗能，实现了节能减排，节约了企业电费的开销，并且采用按月收费的模式，大大减少了企业一次性投入的资金成本。

　　2. 统一部署、集中运维

　　天翼云电脑在后台可生成桌面镜像，支持一键部署，实现桌面标准化。即使再多电脑，也能像复制粘贴一样轻松完成。无须像传统 PC 一样，逐一进行系统安装和运行调试，减少了员工因更换设备造成的工作停滞时间，提升了企业的工作效率。

　　传统 PC 经常遇到硬件故障和系统崩溃的问题，而天翼云电脑则能避免此类问题，让职场人更加高效地完成任务。即便在使用中出现问题，管理员也可进行远程维护，快速响应。

　　3. 性能卓越、提升效率

　　在使用传统 PC 的过程中，你是否曾遭遇过卡顿、黑屏等的问题？这些问题严重影响了职场人的工作效率。天翼云电脑主机设备可实现云端部署，借助云计算模式强大算力，轻松应对海量的计算场景，避免因终端算力不足造成的一系列问题，带给用户丝滑流畅的用机体验，提升工作效率。

　　4. 端云协同、让工作更轻松

　　天翼云电脑基于先进的公有云桌面虚拟化技术，通过 APP/客户端的形式，把云桌面集成到手机/PAD 的云端电脑服务中，支持手机、Pad、PC 等多终端接入。无论是出差在外偶遇电脑没电，还是请假外出遇到需要紧急处理的工作，只要有网络，手机一秒变电脑。

天翼云电脑可为用户提供全新一站式数字化工作协同平台。天翼云电脑融合"翼飞"低代码开发平台和"翼连"即时通信工具，帮助企业实现内外网安全沟通协同、安全生产闭环；内置的"应用市场"汇聚系统工具、办公应用、社交工具等常用软件，业务人员可自行快速搭建简单应用，构筑一体化协同办公软件生态；支持手机、Pad、PC 等多终端接入；"翼打印""翼共享"等应用让数字化工作协同更加高效便捷。

5. 多重保护、让工作安全无忧

天翼云电脑核心技术自主可控，构筑了从本地到云端的全链路安全防护体系。产品终端接入层采用了双因子认证和零信任接入机制，只有被认证、安全的账号和终端才可登录；在传输层，除了传输加密，数据还可通过专线和 VPN 进行传输，规避网络风险；在云电脑内，天翼云打造了应用管控、文件加密、安全水印的桌面级防护组合拳；在云端，云电脑"翼甲卫士"和在资源池部署的"翼察"，持续对病毒、安全威胁进行扫描和防御，及时阻断各类网络攻击。

天翼云电脑终端系列产品所具备的降低企业采购成本、统一部署、集中运维和降低耗能等特点，有效降低企业的管理和运营成本。备受众多企业青睐，走进了教育、医疗、金融、政务等各类行业。天翼云电脑实现了智慧办公的新模式，为企业注入新的活力。

天翼云电脑（政企版）登录后的界面如图 2-29 所示。

图 2-29　天翼云电脑（政企版）登录后的界面

工作任务 2.4　探析常见虚拟化软件

探析常见
虚拟化软件

【任务情景】

虚拟化技术自诞生已较为成熟，很多厂商均推出了相应的虚拟化软件。在市场上众多的虚拟化软件中，较为成熟且为用户所熟知的有微软公司的 Hyper-V、KVM 和 Xen、VMware

公司的 VMware Workstation、Oracle 公司的 VirtualBox 等。

【任务实施】

2.4.1 VMware

VMware 公司是知名的虚拟化服务提供商，也是商用虚拟化解决方案的先行者。1999 年，VMware 公司通过商用虚拟化软件 VMware Workstation，率先在 Intel x86 架构上实现了虚拟化。VMware 公司的产品体系完整，技术成熟，涉及云计算和虚拟化的诸多技术领域，如私有云和混合云、超融合基础架构、云计算管理、多云运维、虚拟云网络、数字化工作空间、桌面和应用虚拟化个人桌面等。

在 VMware 公司的众多虚拟化产品中，最广为人知的虚拟化软件是可实现寄宿式服务器虚拟化的 Workstation Pro、Player 和 Fusion for Mac。而这 3 款软件只存在发行版本的区别，所实现的功能基本相同。其中，Workstation Pro 和 Player 可在 Windows 和 Linux 操作系统上运行，区别在于 Workstation Pro 是付费软件，支持同时运行多个虚拟机，Player 是免费软件，仅支持运行一个虚拟机，这两款软件无法同时安装在 Host OS 上；Fusion for Mac 是针对苹果公司 macOS 的发行版本，其特性与 Workstation Pro 基本相同。

以 VMware Workstation Pro 为例，各 Guest Os 与 Host OS 及彼此之间相互隔离，但也可实现诸如网络通信、复制粘贴等交互操作，功能强大，且虚拟机的迁移、备份和回滚均十分方便。得益于其优越的性能和简便的使用方法，VMware Workstation Pro 成为众多软件开发人员搭建开发测试环境和高校进行教学实验的首选。

在任务 2.2 "应用拓展" 中介绍了 "认识和使用 VMware Workstation 软件"。

2.4.2 KVM

基于内核的虚拟机（Kernel-based Virtual Machine，KVM）是一种内建于 Linux 的开源虚拟化技术，其将 Linux 转变为虚拟机监控程序，使主机计算机能够运行多个隔离的虚拟环境。它是由以色列 Qumrant 开源组织于 2006 年 10 月推出的 Linux 服务器虚拟化解决方案。2007 年 2 月发布的 Linux 2.6.20 内核中首次集成了 KVM。KVM 可实现 x86 架构的虚拟化，但需要 Linux 内核和 CPU 虚拟化（如 Intel-VT 或 AMD-V）技术的支持。KVM 本身就运行在 Linux 系统内核中，体积较小，属于轻量级虚拟化解决方案。目前主流硬件设备均支持安装 Linux 内核。

KVM 是近年来发展迅猛的虚拟化技术，目前是 OpenStack 平台首选的虚拟化引擎，国内新一代的公有云大部分都采用了 KVM 技术。

KVM 包含处理器模块和内核模块两部分。

（1）处理器模块有 KVM-intel.ko 和 KVM-amd.ko 两种，可分别为 Intel 和 AMD 的 CPU 虚拟化提供支持。

（2）内核模块为 KVM.ko，它可为 Linux 核心的虚拟化提供支持。在 Linux 内核中加载 KVM.ko 内核模块后，可将 Linux 内核转换为一个 VMM，通过此 VMM 即可创建虚拟机，且创建的虚拟机即作为 Linux 的进程，可用标准的 Linux 进程管理机制进行管理，故 KVM 的虚拟化能力可随着 Linux 内核的升级而获得性能提升。普通的 Linux 进程有内核进程（kernel model）和用户进程（user model）两种，其中内核进程可对系统进行特权操作，用户进程则对系统进行常规操作；KVM 在此基础上为 Linux 引入了一种新的进程模式——客户进程。客户进程中同样包含内核进程和用户进程两种运行模式，虚拟机作为 Linux 的客户进程运行，KVM 在识别客户进程后，即可使其获得与 Linux 内核相同的权限，可对硬件资源进行控制。KVM 虚拟化架构如图 2-30 所示。

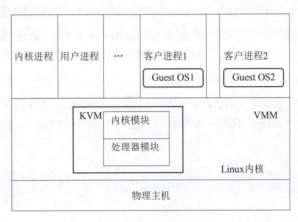

图 2-30　KVM 虚拟化架构

小知识

QEMU-KVM

QEMU 是一个通用的开源硬件模拟器和虚拟化软件，QEMU 实现不同架构硬件模拟的核心技术是动态二进制翻译技术，它的优势在于可在 Host OS 或裸物理主机上模拟出几乎所有的处理器架构（x86、ARM64）和硬件（网卡、显卡、存储控制器和硬盘等）。

作为集成在 Linux 内核中的开源虚拟化技术，KVM 在服务器虚拟化领域有着十分广泛的应用，且由于 libvirt 对 KVM 提供的支持最稳定，故在云平台的资源组成中，KVM 虚拟机占有相当大的比重。KVM 虚拟化的运行效率较高，可弥补 QEMU 运行效率的不足；KVM 技术在硬件的模拟仿真（如网卡和 I/O 设备）上仍存在很多局限性，而 QEMU 则恰好可以弥补这些不足。因此，在 KVM 和 QEMU 的各版本中均具有与彼此相适配的功能和接口，两者共同组成了称为 QEMU-KVM 的虚拟化解决方案，使用这种架构部署的虚拟机可实现接近原生的性能。

KVM 虚拟化技术具有以下几个特点。

1）灵活性。KVM 能在不同的硬件设备中实现虚报化，因此可对大量异构的硬件进行资源整合，从而降低维护不同系统的复杂度，使资源管理更加灵活。

2）广泛的适应性。KVM 支持的虚报机操作系统种类较多，常见的 x86 架构操作系统

（Windows、Linux、Unix）均可稳定运行。

3）占用资源少。KVM 已集成在 Linux 内核中，Linux 系统可直接使用 KVM 实现虚拟化，与一些需要在 Host OS 上安装的虚拟机软件相比，占用系统的资源较少。

4）性能稳定，更新便捷。KVM 的性能取决于 Linux 内核本身的性能，因此性能较为稳定；其可随着 Linux 内核版本的更新而同步更新，较为便捷。

2.4.3 Hyper-V

Hyper-V 是微软公司于 2008 年发布的一款虚拟化软件，其前身是微软公司的 Viridan 软件。最初，Hyper-V 作为系统功能集成在 Windows Server 系列的服务器操作系统中供用户免费使用，其目的是在安装了 Windows 服务器操作系统的物理服务器上自主实现虚拟化，从而与 VMware、Citrix 等市场上的大牌虚拟化解决方案提供商进行竞争，并逐步在市场份额上形成分庭抗礼的局面。后来，为了方便开发人员，微软公司在其发行的 Windows 桌面操作系统的企业版和专业版中也集成了 Hyper-V。Hyper-V 支持运行 Windows 和 Linux 操作系统的虚拟机。

2.4.4 其他

1. VirtualBox

VirtualBox 是美国 Oracle 公司旗下的一款虚拟化软件，其功能与 VMware 的软件相同，即实现寄宿式的服务器虚拟化。VirtualBox 是开源的免费软件，用户可访问其官方网站 https://www.virtualbox.org 免费获取软件安装包。使用 VirtualBox 软件可在 Host OS 上同时运行若干个 Guest OS，其支持的操作系统包括 Windows、Linux、macOS 等。安装 VirtualBox 软件后，运行此软件会打开 Oracle VM VirtualBox 管理器。其操作界面如图 2-31 所示。

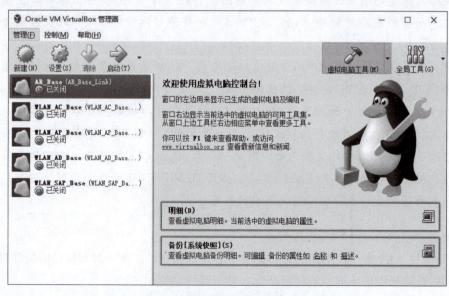

图 2-31　Oracle VM VirtualBox 管理器操作界面

2. Xen

Xen 虚拟化技术起源于由剑桥大学发起的研究项目 Xenoserver，它基于 x86 架构，可实现原生的服务器虚拟化。Xen 虚拟化技术可在物理硬件和虚拟机之间形成一个虚拟层，将物理硬件逻辑化为虚拟资源池，并对资源池进行有效管理，使虚拟层上运行的多个虚拟机如同直接使用物理资源一样。2002 年，为了吸引更多开发人员参与 Xen 虚拟化技术的研发，Xen 的母公司 Xen Source 对其进行了开源。同时，由于其具有良好的性能、占用资源较少等优点，因此很快受到了市场的追捧，并集成到了 Linux 操作系统的发行版本中，亚马逊的 AWS 也曾以 Xen 虚拟化技术为核心提供云服务。2007 年思杰公司收购了 Xen Source 公司，并在数年间基于 Xen 技术推出了多款主打桌面虚拟化的商用产品。

【应用拓展】KVM 虚拟环境部署和使用

做一做

1. 部署 KVM 虚拟环境

KVM 是基于 Linux 内核的虚拟机。KVM 的虚拟化需要硬件支持（Intel VT 技术或 AMD V 技术），是基于硬件的完全虚拟化。在 KVM 模型中，每台 KVM 虚拟机都是一个由 Linux 调度程序管理的标准进程，可以在用户空间启动客户机操作系统。支持创建 Linux、Windows 虚拟机。

此处以工作任务 2.2 中已在 VMware Workstation 中安装的 Linux 为基础，进行后续的操作。

（1）查看 CPU 是否支持虚拟化技术

确认当前的 CPU 支持虚拟化技术，并将宿主机 BIOS 中的 CPU 虚拟开关设置为启用的状态。

（2）部署 KVM 虚拟环境

在 VMWare 的"虚拟机"→"设置"选项里，找到处理器的设置界面如图 2-32 所示，在虚拟机设置中勾选虚拟化引擎中的第一个选项，如图 2-33 所示。

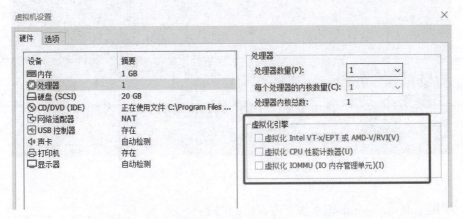

图 2-32　虚拟机设置中的虚拟化引擎设置

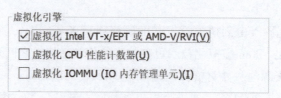

虚拟化引擎
☑ 虚拟化 Intel VT-x/EPT 或 AMD-V/RVI(V)
☐ 虚拟化 CPU 性能计数器(U)
☐ 虚拟化 IOMMU (IO 内存管理单元)(I)

图 2-33　勾选虚拟化引擎

2. 虚拟机创建与管理

1）安装 KVM 虚拟化服务。

```
yum install qemu-kvm libvirt libguestfs-tools virt-install virt-manager
libvirt-python-y
```

其中，qemu-kvm 是 KVM 主程序，KVM 虚拟化模块

virt-manager 是 KVM 图形化管理工具

libvirt 是虚拟化服务

libguestfs-tools 是虚拟机的系统管理工具

virt-install 用于安装虚拟机的实用工具

libvirt-python 用于 python 调用 libvirt 虚拟化服务的 API 接口库文件

开启虚拟化服务，并设置开机自动启动。窗口如图 2-34 所示。

```
1   # 安装虚拟化服务及其管理工具
2   yum install qemu-kvm libvirt libguestfs-tools virt-install virt-manager libvirt-python -y
3
4   # qemu-kvm    kvm主程序，kvm虚拟化模块
5   # virt-manager   kvm图形化管理工具
6   # libvirt     虚拟化服务
7   # libguestfs-tools    虚拟机的系统管理工具
8   # virt-install   # 安装虚拟机的实用工具
9   # libvirt-python    # python调用libvirt虚拟化服务的api接口库文件
10
11
12  # 开启虚拟化服务，并设置开机自启
13  [root@server ~]# systemctl start libvirtd
14  [root@server ~]# systemctl enable libvirtd
15  [root@server ~]# systemctl is-enabled libvirtd
16  enabled
17
18  # 查看是否正确加载kvm模块
19  [root@server ~]# lsmod | grep kvm
20  kvm_intel         183621  0
21  kvm               586948  1 kvm_intel
22  irqbypass          13503  1 kvm
```

图 2-34　安装 KVM 虚拟化服务

2）使用 virt-manager 虚拟系统管理器，如图 2-35 所示。

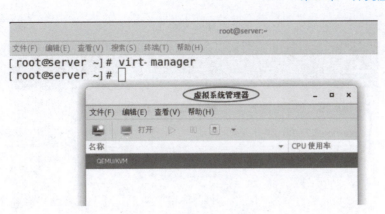

图 2-35 虚拟系统管理器

3）创建 KVM 虚拟机，如图 2-36 所示。

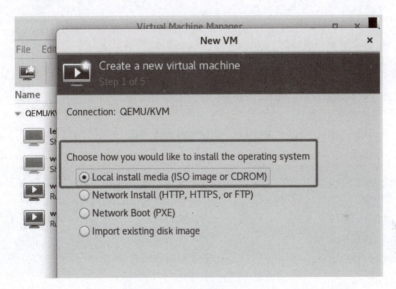

图 2-36 创建 KVM 虚拟机

4）选择安装镜像文件，如图 2-37 所示。

后续的安装，和 VMware 上装虚拟机一致，这里不多介绍。

5）KVM 虚拟化常用信息和命令。

```
虚拟化存储目录：/var/lib/libvirt/imags/westos.qcow2
虚拟化硬件信息：/etc/libvirt/qemu/westos.xml
qemu-img info xxx.qcow2              ##查询虚拟硬盘信息
qemu-img create-f qcow2 xxx.qcow2-o lazy_refcounts=off      ##建立虚拟硬盘并制定动
态应用空间
qemu-img resize xxx.qcow2 20g       ##更改虚拟硬盘容量最大值
virt-viewer westos                  #显示 westos 虚拟机
virt-manager                        #打开虚拟机控制器
```

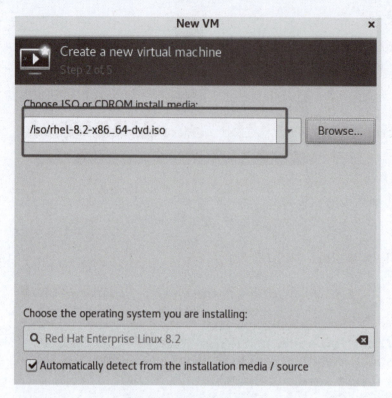

图2-37 选择安装镜像文件

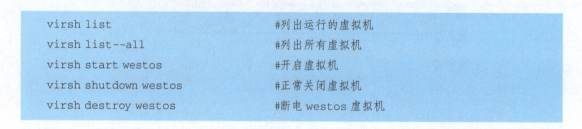

```
virsh list                    #列出运行的虚拟机
virsh list--all               #列出所有虚拟机
virsh start westos            #开启虚拟机
virsh shutdown westos         #正常关闭虚拟机
virsh destroy westos          #断电 westos 虚拟机
```

工作任务 2.5 展望虚拟化技术发展与未来

【任务情景】

了解虚拟化技术各厂商的虚拟化软件后，我们在应用中发现仍然存在一些性能和资源使用效率方面的局限性，新的需求将催生出的新型虚拟化技术，那么未来虚拟化技术还会有哪些发展呢？值得我们去展望和期待。

展望虚拟化技术发展与未来

【任务实施】

2.5.1 Docker 容器技术

虚拟化技术已经成为一种被大家广泛认可的服务器资源共享方式，但仍然存在一些性能和资源使用效率方面的局限性。首先，每一个虚拟机都是一个完整的操作系统，所以需要给其分配物理资源，当虚拟机数量增多时，操作系统本身消耗的资源势必增多；其次，开发环境和线上环境通常存在区别，所以开发环境与线上环境之间无法达到很好的桥接，在部署上线应用时，依旧需要花时间去处理环境不兼容的问题。

因此，出现了一种称为容器（Container）的新型虚拟化技术来帮助解决这些问题。容器可以把开发环境及应用整个打包带走，打包好的容器可以在任何环境下运行，解决了开发与线上环境不一致的问题。容器技术是轻量级的虚拟化，是云原生的代表技术，可以在按需构建容器技术操作系统实例的过程中为系统管理员提供极大的灵活性，其主要代表技术就是Docker。Docker 图标如图 2-38 所示。

图 2-38　Docker 图标

Docker 是一个开源的应用容器引擎，让开发者可以打包他们的应用以及应用的依赖包，然后放到一个可移植的容器中，发布到任意机器上以实现虚拟化。容器完全使用沙箱机制，相互之间不会有任何接口。正如 Docker 的图标所示：大鲸鱼（或者是货轮）就是操作系统，要交付的应用程序看成是各种货物，原本如果要将各种形状、尺寸不同的货物放到大鲸鱼上，你得为每件货物考虑怎么安放（就是应用程序配套的环境），还得考虑货物和货物是否能叠起来（应用程序依赖的环境是否会冲突）。现在把每件货物都放到集装箱（容器）里，这样大鲸鱼就可以用同样的方式安置、堆放集装箱了，省心省力。第一个 Docker 版本Docker 0.1 诞生于 2013 年 3 月，其主要开发目标是 "Build Ship and Run Any App, Anywhere"，达到应用组件级别的 "一次封装，到处运行"。这里的应用组件，既可以是一个 Web 应用，也可以是一套数据库服务，甚至可以是一个操作系统或编译器。

Docker 最明显的特点就是启动快，资源占用小。因此 Docker 具有快速构建隔离的标准化的运行环境、轻量级的 PaaS，构建自动化测试和持续集成环境。相比其他技术，Docker能让更多数量的应用程序运行在同一硬件上，让开发人员易于快速构建可随时运行的容器化应用程序，同时大大简化了应用程序的管理和部署。

Docker 使用客户端/服务器（C/S）架构模式，使用远程 API 来管理和创建 Docker 容器。Docker 容器通过 Docker 镜像来创建。容器与镜像的关系类似于面向对象编程中的对象与类。Docker 主要由客户端（Client）、守护进程（Daemon）、镜像（Image）、容器（Container）和仓库（Registry）组成。

Docker 具备更好的接口和更完善的配套，可以更方便地进行弹性计算，因为每个 Docker 实例的生命周期都是有限的，而实例的数量也可以随时根据需求增减。

基于 Linux 的多项开源技术，Docker 提供了高效、便捷和轻量级的容器虚拟化方案，可以在多种主流云平台和本地系统上部署。目前，主流的 Linux 操作系统都已经支持 Docker，例如，Red Hat RHEL 6.5/Centos 6.5 以上版本的操作系统与 Ubunt14.04 及以上版本的操作系统都已经默认带有了 Docker 软件包。

Docker 的核心概念主要有镜像、容器、仓库。

1. Docker 镜像

Docker 镜像（Image）类似于虚拟机的镜像，可以理解为一个面向 Docker 引擎的只读模版，包含了文件系统。例如：镜像可以包含一个完整的操作系统或者某个应用程序。镜像是创建 Docker 容器的基础。虽然容器从镜像启动时，Docker 会在镜像最上层创建一个可读层，但镜像本身保持不变，就像使用 ISO 文件安装系统之后，ISO 文件并没有变化一样。通过版本管理程序和增量的文件系统，Docker 提供了一套十分简单的机制来创建和更新现有的镜像。用户可从网上下载一个已经做好的镜像，并通过命令直接使用。

2. Docker 容器

Docker 使用容器（Container）来运行和隔离应用。Docker 容器是基于镜像创建的应用运行实例，可以将其启动、开始、停止、删除，容器之间是相互隔离、互不可见的。可以将每个容器看作一个轻量级的应用沙箱，由一个简易版的 Linux 系统环境（包括 root 用户权限、进程空间、用户空间和网络空间）以及运行在其中的应用程序打包而成，由于 Docker 是基于 Linux 内核的虚拟技术，所以消耗的资源非常少。

小知识

Kubernetes 和容器的关系

Kubernetes 常缩写成 K8S，是一个开源的容器编排和管理系统，由 Google 开发并维护。Kubernetes 是一个开源的容器编排平台，用于自动化应用程序的部署、扩展和管理。而容器则是应用程序的打包方式，将应用程序及其所有依赖项打包在一起，以便在任何环境中进行部署和运行。

在 Kubernetes 中，容器被用作应用程序的运行环境。Kubernetes 通过管理容器集群来确保应用程序的稳定性和可靠性。具体来说，Kubernetes 可以自动部署和扩展容器化的应用程序，实现应用程序的负载均衡和故障恢复。同时，Kubernetes 还提供了一些工具和插件，用于监控和管理容器集群的状态和性能。

因此，Kubernetes 和容器之间的关系可以理解为一种"容器编排"的关系。Kubernetes 通过编排容器集群来确保应用程序的高效、可靠和可扩展运行，而容器则提供了应用程序的运行环境。这种关系使开发人员和运维人员可以更加轻松地管理和运行容器化的应用程序。

3. Docker 仓库

Docker 仓库是 Docker 集中存放镜像文件的场所。有的资料将 Docker 仓库与注册服务器混为一谈，但实际上，注册服务器是存放仓库的地方，往往存放着多个仓库，而每个仓库又集中存放某一类镜像，通常包括多个镜像文件，使用不同的（tag）进行区分。例如，存放 Ubuntu 操作系统镜像的仓库称为 Ubuntu 仓库，其中可能包含多种版本的 Ubuntu 镜像。

根据存储的镜像公开分享与否，Docker 仓库分为公开（Public）仓库和私有（Private）仓库两种。目前，世界上最大的 Docker 公开仓库是 Docker Hub，其存放了数量庞大的镜像文件供用户下载；国内的公开仓库则包括 Docker Pool 等，可以提供稳定的国内访问。如果用户不希望公开分享自己的镜像文件，Docker 也支持用户在本地网络内创建一个只能自己访问的私有仓库。

当用户创建了镜像之后，就可以使用 push 命令将它上传到指定的公有或私有仓库里。这样，下次在另一台机器上使用该镜像时，只需使用 pull 命令，将它从仓库中下载下来就可以了。

2.5.2　超融合技术

虚拟化技术通过建立虚拟机，使服务器的内存、硬盘、CPU 等硬件资源之间或服务器集群之间不再受限于物理隔离。但是，虚拟机采用的是集中存储，并且存储与计算相分离，随着数据访问需求增加，虚拟化技术面临巨大瓶颈。为此，超融合架构应运而生。超融合技术以软件为中心，采用分布式存储，并且可以按需横向动态扩展计算、存储、网络等资源。超融合架构在虚拟化架构的基础上发展而来，也在大规模部署环境中逐步取代虚拟化架构。

超融合是一种软件定义基础架构，通过在服务器硬件上运行的单个实例提供虚拟化计算、分布式存储和网络。超融合既是"软件定义"，也是"分布式架构"，摆脱了专有存储硬件，将计算、存储等资源池化，为所有工作负载提供资源。超融合以软件为中心，结合 x86/ARM/信创架构的硬件替代传统架构中昂贵的专用硬件，解决了传统架构管理复杂、难以扩展等问题。

超融合一般以集群方式部署，在通用服务器硬件上安装超融合软件，多台通用服务器之间通过以太网互联，构成一个分布式集群。这种架构的扩展模式不依赖提高单台服务器的硬件配置，而是通过不断扩大服务器集群数量持续获得性能提升。

全栈超融合在传统超融合的基础上，提供了容器管理、备份容灾、网络安全等更多功能，帮助用户打造可同时支撑虚拟化与容器平台的云基础架构。

2.5.3　云原生技术

云原生技术是一种基于云计算的软件开发和部署方法，它强调将应用程序和服务设计为

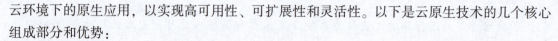

云环境下的原生应用,以实现高可用性、可扩展性和灵活性。以下是云原生技术的几个核心组成部分和优势:

1. 容器化

云原生技术使用容器化技术将应用程序和服务打包成容器,以实现应用程序的可移植性和可扩展性。容器是最小的部署单元,可以充分利用物理机上的资源,减少资源浪费,提高资源利用效率。

2. 微服务架构

云原生技术采用微服务架构,将应用程序和服务拆分成多个小的服务单元,从而提高应用程序的可维护性和可扩展性。每个微服务可以独立开发、升级、扩展与演进,还可以采用不同的技术进行开发。

> **小知识**
>
> **微服务架构**
>
> 微服务架构是一种分布式系统架构,将应用程序拆分为一系列小型服务,每个服务都运行在其独立的进程中,并使用轻量级通信机制相互通信,以实现业务逻辑。它具有模块化、独立部署、松耦合、高可用性、技术多样性的优点。

3. 弹性伸缩

云原生应用的性能可以根据需要快速进行弹性伸缩。在系统负荷高的时候,可以弹出新的组件,承接新的业务;在系统负荷低的时候,可以释放占用的资源,减少组件数量。这种弹性伸缩的能力可以帮助企业更好地应对业务高峰和低谷,提高资源的灵活性和可用性。

4. 自动化管理

云原生技术通过持续集成/持续交付部署 CI/CD(Continuous Integration and Continuous Delivery/Deployment)的方法提高效率,从而节省时间和成本。例如,通过自动化部署、自动化测试、自动化监控等技术手段,可以大大缩短开发周期,提高开发效率。

5. 安全性

云原生技术可以提供多层次的安全保障,保护企业的数据和隐私。通过采用加密技术、访问控制、身份认证等手段,可以确保数据的安全性和完整性。

云原生技术的应用场景非常广泛,包括但不限于弹性扩展的 Web 应用、数据处理和分析、云原生移动应用等。通过使用云原生技术,企业可以更加高效地构建、部署和管理应用程序,提高业务响应速度和创新能力。同时,云原生技术还可以帮助企业降低 IT 成本,提高资源利用效率,增强企业的竞争力。

2.5.4 虚拟化技术的发展趋势

虚拟化技术作为云计算的重要组成部分,已经在许多领域得到了广泛的应用。然而,随着技术的不断进步,虚拟化技术也在不断演进。在未来,容器、云原生和边缘计算将成为虚拟化技术的重要发展方向。

1）容器技术的兴起使虚拟化更加轻量级和高效。容器虚拟化技术可以实现更快的启动速度、更高的性能和更高的资源利用率，因此能够更好地支持微服务架构、持续集成和持续部署。这使容器虚拟化技术成为云计算、大数据和人工智能等新兴技术的理想选择。

2）云原生技术也在不断发展。云原生技术是一种构建和运行分布式系统的现代方法，它旨在提高系统的可移植性、可靠性和可维护性。在虚拟化技术领域，云原生技术可以帮助系统实现更加高效、自动化的资源管理和调度。通过云原生技术，我们可以更好地利用虚拟化技术来提高系统的可扩展性和可靠性。

3）边缘计算也将在虚拟化技术中发挥越来越重要的作用。随着物联网和 5G 技术的快速发展，越来越多的设备将接入网络，使数据处理和分析的需求不断增加。边缘计算作为一种将计算和数据存储移动到设备边缘的方法，可以帮助实现更加高效、低延迟的数据处理和分析。

4）人工智能（AI）已在多个领域广泛应用，包括自动驾驶、医疗诊断、智能语音识别等。虚拟化技术为 AI 应用程序提供了灵活的资源管理和部署方式，从而优化了 AI 模型的训练和推理过程。未来虚拟化技术与人工智能的融合预示着 AI 应用程序的开发和部署将拥有更高效率和灵活性。

5）多云环境下的虚拟化是未来的一个重要趋势。不同的云服务提供商可能使用不同的虚拟化技术和管理工具，从而使跨云平台的应用程序迁移和管理变得复杂。未来的虚拟化技术预计将开发出更加统一和标准化的解决方案，以在多云环境中实现更高效的虚拟化管理和运营。

在未来，人们可以期待看到容器、云原生、边缘计算、人工智能在虚拟化技术中的进一步融合。看到更加高效、灵活和可靠的应用部署方式。我们需要不断学习和探索，以便更好地应对未来的挑战。

【应用拓展】安装和使用 Docker

1. 安装 Docker

在任务 2.2 中已经完成 Linux 操作系统的安装，在非 root 权限下，按以下步骤进行。

（1）卸载老的版本

```
sudo yum install-y yum-utils
```

（2）安装 yum 工具包

```
sudo yum install-y yum-utils
```

（3）配置仓库源

```
默认使用国外源,速度很慢!
Sudo yum-config-manager \--add-repo \https://download.docker.com/linux/Centos/
docker-ce.repo
推荐用国内源,速度快!
```

```
sudo yum - config - manager \add - repo \https://mirrors.ustc.edu.cn/docker - ce/
linux/Centos/docker-ce.repo
```

（4）安装 Docker Engine

```
sudo yum install docker-ce docker-ce-cli containerd.io
```

（5）启动 Docker

```
sudo systemctl enable docker
sudo systemctl start docker
```

2. 验证安装是否成功

在 Docker 启动的前提下，在命令行输入以下指令：

```
docker run hello-world
```

docker run hello-world 会先从本地搜索名为 hello-world 的镜像，若没有找到，则先从 docker hub 中 pull 该镜像，拉取镜像到本地成功后，再通过 run 指令来启动容器运行该镜像。

3. Docker 常用命令

（1）查看容器 docker ps

（2）启动容器 docker start 容器 ID

（3）重启容器 docker restart 容器 ID

（4）停止当前正在运行的容器 docker stop 容器 ID

（5）强制停止当前容器 docker kill 容器 ID

（6）进入容器后开启一个新的终端，可以在里面操作（常用）docker exec-it 容器 ID/BIN/BASH

（7）进入容器正在执行的终端，不会开启新的终端 docker attach 容器 ID

（8）直接停止容器并退出 exit

（9）不停止容器，只退出，在 Linux 下有效 Ctrl+P+Q

（10）删除容器 docker rm 容器 ID

【云中漫步】国内主流云服务商虚拟化解决方案

1. 华为的 FusionCompute 和 FusionStorage

（1）FusionCompute

FusionCompute 是华为提供的云操作系统，用于虚拟化 IT（计算、存储和网络）资源，并将其构建成云基础设施。FusionCompute 具备强大的物理设备兼容性，允许用户将现有的 IT 资源通过 FusionCompute 进行整合，以更好地利用这些资源。它支持虚拟机动态调整、虚拟存储精简置备、网络 I/O 控制、虚拟机热迁移、虚拟机快照以及分布式虚拟交换机等功能。FusionCompute 的核心组件包括 CNA（计算、存储、网络资源的虚拟化）、UVP（华为虚拟化操作系统）、VNA（虚拟节点代理）和 VRM（对多个 CNA 主机的资源统一管理、分配）。

（2）FusionStorage

FusionStorage 是华为自研的软件定义存储解决方案，具有高度的灵活性和可扩展性。它通过将服务器组织在一起，并将服务器上的硬盘组织在一起，形成一个统一的存储资源池。FusionStorage 支持块存储、对象存储和文件存储，可以满足不同场景下的存储需求。其特点包括价格低、扩展性好、容量大、部署方便和性能优。

2. 阿里云虚拟化解决方案基于自研的 XenonHypervisor

阿里云虚拟化解决方案基于自研的 XenonHypervisor 虚拟化技术，结合 KVM 架构，实现了高效、稳定的虚拟化环境。该解决方案具有高性能、高可用、高安全等特点，并且易于部署、管理和扩展。阿里云的虚拟化平台提供了统一的管理界面，用户可以通过这个界面方便地进行虚拟机的创建、销毁、配置和管理等操作。此外，阿里云的虚拟化平台还支持自动扩展和自动迁移，可以根据需要随时增加或减少虚拟机，或者将虚拟机从一台物理服务器迁移到另一台物理服务器。

3. 天翼云自研云平台 TeleCloudOS 4.0

首先，TeleCloudOS 4.0 采用了先进的虚拟化技术，通过构建云管端协同、云网融合的"网络+云"的基础设施，实现了计算、存储、网络等资源的虚拟化。同时，TeleCloudOS 4.0 还具备大规模资源管理和调度能力、一云多芯服务能力、紫金架构以及突破多项核心技术等优势，为用户提供了高性能、高安全性、高可扩展性的云服务。TeleCloudOS 4.0 是天翼云自研云操作系统，它是 4.0 分布式云的核心组成部分。具有以下优势：

1）大规模资源管理和调度能力：具备数万台服务器的大规模资源管理和调度能力，与3.0 版相比，资源调度性能和核心服务性能都得到了大幅提升。

2）一云多芯服务能力：云服务器操作系统 CTyunOS 支持 x86、ARM、LoongArch 等芯片架构，提供一云多芯服务。通过 CPU 调度、内存、网络等多方面深度优化，提高了宿主服务器的性能与可靠性。

3）紫金架构：软硬一体的"紫金架构"将虚拟化应用卸载至自研 DPU 云核，实现了计算、存储、网络、资源云化加速。围绕"紫金架构"，天翼云自主研发了紫金系列硬件，推出了紫金山弹性裸金属服务器、紫金桥定制交换机、紫金湖存储服务器、iStack 一体机等。

4）突破多项核心技术：TeleCloudOS 4.0 突破了超大规模计算管理与调度、多 AZ 大规模云网络服务、超大规模存储集群、多 AZ 大规模集群纳管与监控等多项核心技术，支持多AZ 能力，集群管理规模提升了 10 倍以上，资源池集群管理调度能力也进入国内云服务提供商第一阵营。

其次，TeleCloudOS 4.0 在云网融合方面也表现出色。它将网络作为一种可配置、按需调用的服务提供给用户。这种更贴近用户、更适于跨域部署的云资源布局，让用户可以一点接入、多点部署、全网服务。

最后，TeleCloudOS 4.0 在虚拟化技术方面也有诸多创新。例如，它支持主流 Mediated Passthrough（vGPU）、直通透传等虚拟化技术，同时还支持软硬件层面的容器虚拟化技术。这些技术使天翼云在 GPU 虚拟化方面具备显著优势，可以满足用户对于高性能计算、图形渲染等场景的需求。

【练习与实训】

1. 选择题

（1）下列关于虚拟化技术的说法错误的是（　　　）。

A. 虚拟化技术是一种资源管理技术

B. 虚拟化技术是云计算的核心技术

C. 虚拟化技术的本质是创造硬件资源

D. 虚拟化技术的典型应用是虚拟机

（2）VMM 是指（　　　）。

A. 云计算平台　　　　　　　　　B. 云平台

C. 虚拟机　　　　　　　　　　　D. 虚拟机监视器

（3）虚拟化软件不可实现（　　　）。

A. 资源的无限取用　　　　　　　B. 资源的多机复用

C. 虚拟机监视器　　　　　　　　D. 物理资源层资源的高效利用

（4）按虚拟化实现的方法分类，虚拟化不包括（　　　）。

A. 完全虚拟化　　　　　　　　　B. 半虚拟化

C. CPU 虚拟化　　　　　　　　　D. 多层虚拟化

（5）下列有关服务器虚拟化的说法错误的是（　　　）。

A. 虚拟机和服务器虚拟化本质是相同的

B. 服务器虚拟化分为寄宿和原生两种实现方式

C. 服务器虚拟化会增加资源消耗

D. 服务器虚拟化是云计算得以生产廉价 IT 资源的基础

（6）下列有关虚拟局域网说法错误的是（　　　）。

A. 虚拟局域网可缩小广播域

B. 虚拟局域网是一种广域网网络虚拟化技术

C. 虚拟局域网可跨交换机实现划分

D. 虚拟局域网可提高网络的安全性

（7）下列有关虚拟专用网说法错误的是（　　　）。

A. 虚拟专用网的英文缩写是 VPN

B. 虚拟专用网是一种局域网网络虚拟化技术

C. 虚报专用网将 Internet 作为专用网之间的通信载体

D. 虚拟专用网的核心技术是隧道技术

（8）下列不属于存储虚拟化的是（　　　）。

A. 基于主机的虚拟化

B. 基于存储设备的虚拟化

C. 基于存储方式的虚拟化

D. 基于存储网络的虚拟化

（9）关于虚拟化技术的优势，以下说法不正确的是（   ）。

A. 虚拟化技术可以提高资源利用率

B. 虚拟化技术可以完全避免物理硬件故障

C. 虚拟化技术可以简化 IT 环境的管理

D. 虚拟化技术可以提供更好的业务连续性和灾难恢复能力

（10）虚拟化技术中，哪种技术可以将多个物理服务器整合为一个逻辑服务器池，并根据需求动态分配资源？（   ）

A. 服务器虚拟化　　　　　　　　　B. 存储虚拟化

C. 网络虚拟化　　　　　　　　　　D. 桌面虚拟化

（11）在服务器虚拟化中，当一台物理服务器的 CPU 和内存资源不足时，管理员通常可以采取以下哪种措施？（   ）

A. 增加物理服务器的数量

B. 升级物理服务器的硬件

C. 使用动态资源调度来重新分配资源

D. 立即停止一些虚拟机以防止系统崩溃

（12）以下哪种虚拟化技术可以创建一个或多个逻辑卷，以便从多个物理磁盘或存储系统中组合存储空间？（   ）

A. 磁盘虚拟化　　　　　　　　　　B. 桌面虚拟化

C. 应用程序虚拟化　　　　　　　　D. 网络虚拟化

2. 判断题

（1）虚拟化技术允许在一台物理服务器上运行多个独立的操作系统实例，每个实例都拥有自己的虚拟硬件资源。（   ）

（2）虚拟化技术只能应用于服务器，不能用于桌面环境。（   ）

（3）虚拟化技术会增加 IT 基础设施的复杂性，因此不适合小型企业使用。（   ）

（4）虚拟化技术可以完全消除物理硬件故障对业务运行的影响。（   ）

（5）虚拟化技术中的快照功能可以捕获虚拟机的当前状态，并在需要时快速恢复到该状态。（   ）

3. 多选题

（1）虚拟化技术可以应用于（   ）领域。

A. 服务器虚拟化　　　　　　　　　B. 存储虚拟化

C. 网络虚拟化　　　　　　　　　　D. 桌面虚拟化

E. 应用程序虚拟化

（2）虚拟化技术的主要优势包括（   ）。

A. 提高硬件资源利用率　　　　　　B. 降低 IT 成本

C. 简化 IT 环境管理　　　　　　　D. 增强系统安全性

E. 提高业务连续性

（3）在服务器虚拟化中，以下（   ）技术或工具可以帮助实现虚拟机的高可用性。

A. 高可用性（HA）集群   B. 故障转移集群

C. 虚拟机快照   D. 虚拟机备份

E. 虚拟机迁移

（4）以下哪些因素会影响虚拟化环境的性能和可扩展性？（   ）

A. 物理服务器的硬件规格

B. 虚拟机的配置和数量

C. 虚拟化软件的版本和设置

D. 存储和网络基础设施

E. 虚拟化环境的地理位置

（5）在虚拟化环境中，以下哪些措施可以提高安全性？（   ）

A. 使用虚拟机隔离技术

B. 定期备份虚拟机

C. 实施网络访问控制

D. 使用加密技术保护数据

E. 限制对虚拟化管理平台的访问

4. 简答题

（1）什么是虚拟化技术？什么是虚拟机？

（2）虚拟化和云计算的关系是什么？

（3）简述虚拟化的分类。

（4）请列举三种以上常见虚拟化技术。

【探究虚拟化技术】考评记录表

姓名		班级		学号	
考核点	主要内容		知识热度	标准分值	得分
2.1	认识虚拟化技术		＊＊	10	
2.2	了解虚拟化技术的分类		＊＊＊＊	20	
2.3	揭秘虚拟化的实现		＊＊＊＊	20	
2.4	探析常见虚拟化软件		＊＊＊＊	20	
2.5	展望虚拟化技术发展与未来		＊＊	10	
职业素养	实训管理：整理、整顿、清扫、清洁、素养、安全等			20	
	团队精神：沟通、协作、互助、主动				
	工单和笔记：清晰、完整、准确、规范				
	学习反思：技能点表达、反思改进等				
学生自评反馈单	*(章节总结、自绘导图、学情反馈)*				
教师评价					
注：知识热度（＊认知，＊＊了解，＊＊＊熟悉，＊＊＊＊掌握，＊＊＊＊＊熟练掌握）。					

第 3 章

挖掘云数据处理技术

**本章导读**

　　基于云计算的数据挖掘主要采取的方法，是利用云计算分布式的计算机系统，组成多个数据存储和分析模块。而海量数据则被分别存储在不同模块之中，各个模块仅需要对相对少量的数据进行分析即可，若干个数据存储模块同时进行数据分析，能够有效提升海量数据挖掘与分析的效率，体现出云计算的动态性和高度伸缩性的特点。

　　本章将对挖掘云数据处理的核心技术进行探究，其内容包括认识云计算与大数据、了解分布式数据存储、了解并行编程技术、了解数据管理技术、认识 Apache Hadoop 项目。

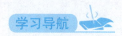**学习导航**

知识目标

熟悉大数据、分布式技术、并行编程技术、NoSQL 数据库、Hadoop 的概念

了解大数据技术的发展历程

理解分布式系统原理

了解分布式数据存储的实现

熟悉常用的云数据处理工具和平台

技能目标

能够使用 NoSQL 数据库

能够选择分布式模型和技术方案

能够下载大数据开源组件

素养目标

提高持续学习和自我提升的意识

养成细心、严谨的工作习惯

培养遵守职业道德规范，保护用户隐私和数据安全的素养

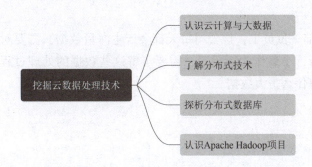

行业先锋——龙芯之母黄令仪

　　黄令仪，被誉为"龙芯之母"，出生于 1936 年，祖籍广西桂林全州县两河镇鲁水村，是一位在微电子领域作出杰出贡献的科学家。

　　黄令仪于 1958 年毕业于华中工学院（现华中科技大学），并随后进入清华大学半导体专业深造。之后她加入了中国科学院计算技术研究所，并在那里开始了她的芯片研发之路。

　　在科研道路上，黄令仪见证了并参与了中国微电子行业从无到有的发展历程。她长期在研发一线工作，参与了从分立器件、大规模集成电路，到通用龙芯 CPU 芯片的研发过程，为我国计算机核心器件的发展作出了突出贡献。特别是她作为"龙芯"芯片研发团队项目的负责人之一，带领团队成功研发出"龙芯"系列芯片，打破了西方技术的封锁，为中国科技事业赢得了国际声誉。

　　黄令仪的成就不仅体现在科研上，她还注重人才培养和团队建设。她在华中工学院创办了半导体专业，并亲自讲授课程，培养了一批优秀的科技人才。

　　2023 年 4 月 20 日，黄令仪在北京逝世，享年 87 岁。她的名字和功勋将永远被铭记在中国科技史上。

工作任务 3.1 认识云计算与大数据

认识云计算
与大数据

【任务情景】

小蔡是公司 IT 部一位员工，该公司每天都会产生海量数据，需要对这些数据进行挖掘与分析，小蔡作为新员工，需要了解这些数据的处理过程，因此本节我们一起了解什么是大数据。

【任务实施】

3.1.1 大数据概念

大数据是一个伴随社会信息化诞生的新型概念，全球咨询研究机构 Gartner 对"大数据"的定义是：需要新处理模式才能具有更强的决策力、洞察发现力和流程优化能力来适应海量、高增长率和多样化的信息资产；麦肯锡全球研究所给出的定义是：一种规模大到在获取、存储、管理、分析方面大大超出了传统数据库软件工具能力范围的数据集合。

大数据具有规模（Volume）大、种类（Varety）多、速率（Velocity）高和价值密度（Value）低四个特征。

（1）规模大

大数据的特征首先就体现为"数量大"，随着信息技术的高速发展，数据开始爆发式增长，存储单位从 GB 到 TB，直至 PB、EB，社交网络（微博、推特、脸书）、移动网络、各种智能终端等，都成为数据的来源。淘宝网近 4 亿的会员每天产生的商品交易数据约 20 TB，脸书约 10 亿的用户每天产生的日志数据超过 300 TB。

（2）种类多

广泛的数据来源决定了大数据形式的多样性，大体可分为三类：一是结构化数据，能够用数据或统一的结构表示，如数字、符号等，其特点是数据间因果关系强；二是非结构化数据，无法用数字或统一结构表示的信息，如视频、图像、音频等，其特点是数据间没有因果关系；三是半结构化数据，介于结构化数据与非结构化数据之间。和普通纯文本相比，半结构化数据具有一定的结构性，但和具有严格理论模型的关系数据库的数据相比，半结构化的数据结构变化很大，如 HTML 文档、邮件、网页等，其特点是数据间的因果关系弱。

（3）速率快

与以往的档案、广播、报纸等传统数据载体不同，大数据的交换和传播是通过互联网、云计算等方式实现的，远比传统媒介的信息交换和传播速度快捷。大数据与海量数据的重要区别，除了大数据的数据规模更大以外，大数据对处理数据的响应速度有更严格的要求。实时分析而非批量分析，数据输入、处理与丢弃立刻见效，几乎无延迟。数据的增长速度和处理速度是大数据高速性的重要体现。

（4）价值密度低

价值性是大数据的核心特征，现实世界所产生的数据中，有价值的数据所占比例很小，相比于传统的小数据，大数据最大的价值在于通过从大量不相关的各种类型的数据中，挖掘出对未来趋势与模式预测分析有价值的数据，并通过机器学习方法、人工智能方法或数据挖掘方法深度分析，发现新规律和新知识，并运用于农业、金融、医疗等各个领域，从而最终达到改善社会治理、提高生产效率、推进科学研究的效果。

> **小知识**
>
> **数据的单位**
>
> 大数据的数据单位按顺序给出所有单位：bit、Byte、KB、MB、GB、TB、PB、EB、ZB、YB、BB、NB、DB，它们之间的进率为 2^{10}。

3.1.2 大数据关键技术

大数据关键技术涵盖数据存储、处理、应用等多方面的技术，根据大数据的处理过程，可将其分为大数据采集、大数据预处理、大数据存储及管理、大数据分析及挖掘等环节。

1. 大数据采集

数据采集是大数据生命周期的第一个环节，它通过 RFID 射频数据、传感器数据、社交网络数据、移动互联网数据等方式获得各种类型的结构化、半结构化及非结构化的海量数据。

由于可能有成千上万的用户同时进行并发访问和操作，因此，必须采用专门针对大数据的采集方法，其主要包括以下三种：数据库采集、网络数据采集和文件采集。

2. 大数据预处理

数据的世界是庞大而复杂的，也会有残缺的，有虚假的，有过时的。想要获得高质量的数据分析挖掘结果，就必须在数据准备阶段提高数据的质量。大数据预处理可以对采集到的原始数据进行清洗、填补、平滑、合并、规格化以及检查一致性等，将那些杂乱无章的数据转化为相对单一且便于处理的构型，为后期的数据分析奠定基础。数据预处理主要包括数据清理、数据集成、数据转换以及数据规约四大部分。

（1）数据清理

数据清理主要包含遗漏值处理（缺少感兴趣的属性）、噪声数据处理（数据中存在着错误、或偏离期望值的数据）、不一致数据处理。主要的清洗工具是数据清洗、转换和加载 ETL（Extract-Transform-Load）和 Potter's Wheel。

遗漏数据可用全局常量、属性均值、可能值填充或者直接忽略该数据等方法处理；噪声数据可用分箱（对原始数据进行分组，然后对每一组内的数据进行平滑处理）、聚类、计算机人工检查和回归等方法去除噪声；对于不一致数据则可进行手动更正。

（2）数据集成

数据集成是指将多个数据源中的数据合并存放到一个一致的数据存储库中。这一过程着重要解决三个问题：模式匹配、数据冗余、数据值冲突检测与处理。

（3）数据变换

数据转换就是处理抽取上来的数据中存在的不一致的过程。数据转换一般包括两类：第一类是数据名称及格式的统一，即数据粒度转换、商务规则计算以及统一的命名、数据格式、计量单位等；第二类是数据仓库中存在源数据库中可能不存在的数据，因此需要进行字段的组合、分割或计算。数据转换实际上还包含了数据清洗的工作。

（4）数据规约

数据规约是指在尽可能保持数据原貌的前提下，最大限度地精简数据量，主要包括数据方聚集、维规约、数据压缩、数值规约和概念分层等。数据规约技术可以用来得到数据集的规约表示，使数据集变小，但同时仍然保持原数据的完整性。也就是说，在规约后的数据集上进行挖掘，依然能够得到与使用原数据集近乎相同的分析结果。

3. 大数据存储及管理

大数据存储与管理要用存储器把采集的数据存储起来，建立相应的数据库，以便管理和调用。大数据存储技术路线最典型的共有三种：

（1）MPP（Massively Parallel Processing）架构的新型数据库集群

重点面向行业大数据完成对分析类应用的支撑，运行环境多为低成本 PC Server，具有高性能和高扩展性的特点，在企业分析类应用领域获得极其广泛的应用。这类 MPP 产品可以有效支撑 PB 级别的结构化数据分析，这是传统数据库技术无法胜任的。对于企业新一代的数据仓库和结构化数据分析，目前最佳选择是 MPP 数据库。

（2）基于 Hadoop 的技术扩展和封装

基于 Hadoop 的技术扩展和封装，围绕 Hadoop 衍生出相关的大数据技术，目前最为典型的应用场景就是实现对互联网大数据存储、分析的支撑。这里面有几十种 NoSQL 技术，也在进一步的细分。对于非结构、半结构化数据处理、复杂的 ETL 流程、复杂的数据挖掘和计算模型，Hadoop 平台更擅长。

（3）大数据一体机

这是一种专为大数据的分析处理而设计的软、硬件结合的产品，由一组集成的服务器、存储设备、操作系统、数据库管理系统以及为数据查询、处理、分析用途而预先安装及优化的软件组成，高性能大数据一体机具有良好的稳定性和纵向扩展性。

4. 大数据分析及挖掘

数据的分析与挖掘主要目的是把隐藏在一大批看来杂乱无章的数据中的信息集中起来，进行萃取、提炼，以找出潜在有用的信息和所研究对象的内在规律的过程。主要从可视化分析、数据挖掘算法、预测性分析、语义引擎以及数据质量和数据管理五大方面进行着重分析。

> **小知识**
>
> ### 大数据计算模式
>
> 批处理计算：针对大规模数据的批量处理，如 MapReduce，Spark。

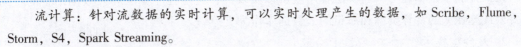

流计算：针对流数据的实时计算，可以实时处理产生的数据，如 Scribe，Flume，Storm，S4，Spark Streaming。

图计算：针对大规模图结构数据的处理，常用于社交网络，如 Pregel，PowerGrapg，GraphX。

查询分析计算：针对大规模数据的存储管理和查询分析，如 Hive，Impala，Dremel，Cassandra。

3.1.3　云计算和大数据技术

云计算和大数据技术虽然属于不同层面，但都是 IT 领域关注的焦点。两者关系密切，相互结合，将极大提高企业收入，降低投资成本。

从技术上看，大数据需要对海量数据进行分布式数据挖掘，但这无法用单台的计算机进行处理，它必须采用分布式架构，依托云计算的分布式处理、分布式数据库、云存储、虚拟化技术。如果将大数据的应用比作一辆辆汽车，支撑起这些"汽车"运行的"高速公路"就是云计算。

从整体上看，大数据着眼于"数据"，关注实际业务，提供数据采集分析挖掘，看重信息积淀，即数据存储能力。云计算则着眼于"计算"，关注 IT 解决方案，提供 IT 基础架构，看重计算能力，即数据处理能力。没有大数据的信息积淀，云计算的计算能力再强大，也难有用武之地；没有云计算的处理能力，大数据的信息积淀再丰富，也终究只不过是镜花水月。大数据根植于云计算。云计算关键技术中的海量数据存储技术、海量数据管理技术都是大数据技术的基础。

从本质上，大数据与云计算的关系是动与静的关系：

1）数据是计算的对象，是静的概念；

2）云计算则强调的是计算，这是动的概念。

如果结合实际的应用，前者强调的是存储能力，后者看重的是计算能力。

3.1.4　大数据云应用趋势

1. AI

人工智能（Artificial Intelligence，AI），它是研究、开发用于模拟、延伸和扩展人的智能的理论、方法、技术及应用系统的一门新的技术科学。

人工智能可以根据人做的事来分，有机器学习（大脑）、计算机视觉（眼睛）、自然语言处理（耳朵和嘴巴）、机器人（四肢）等。计算机视觉常用于人脸识别、指纹识别、以图搜图、图像语义理解、目标识别等，自然语言处理常用于问答系统、机器翻译等，知识工程常用于知识图谱在个性化推荐、问答系统、语义搜索等场景的应用、语音识别（AI 音箱），而机器人常见的有移动机器人（SLAM、路径规划）、工业机器人（motion planning、3D视觉）。

人工智能不是单纯写一套算法程序就可以实现的，它是程序算法和大数据结合的产物。需要云计算强大的计算资源和海量的云数据库作为支撑。

2. 大模型技术

2022 年年底，由 OpenAI 发布的语言大模型 ChatGPT 引发了社会的广泛关注。在"大模型+大数据+大算力"的加持下，ChatGPT 能够通过自然语言交互完成多种任务，具备了多场景、多用途、跨学科的任务处理能力。大模型技术可以在经济、法律、社会等众多领域发挥重要作用。大模型被认为很可能像 PC 时代的操作系统一样，成为未来人工智能领域的关键基础设施，引发了大模型的发展热潮。大模型的通用性使其被认为是可以成为未来人工智能应用中的关键基础设施，就像 PC 时代的操作系统一样，赋能百业，加速推进国民经济的高质量发展。向上，大模型可带动上游软硬件计算平台的革新，形成高性能软硬件与大模型的协同发展，构建"大模型+软硬件+数据资源"上游发展生态；向下，大模型可以打造"大模型+应用场景"的下游应用生态，加速全产业的智能升级，对经济、社会和安全等领域的智能化升级形成关键支撑。

3. 智慧城市

运用信息和通信技术手段感测、分析、整合城市运行核心系统的各项关键信息，从而对包括民生、环保、公共安全、城市服务、工商业活动在内的各种需求作出智能响应。其实质是利用信息技术，实现城市智慧式管理和运行，进而为城市中的人创造更美好的生活，促进城市的和谐、可持续成长。随着人类社会不断的发展，未来城市将承载越来越多的人口。目前，我国正处于城镇化加速发展的时期，部分地区"城市病"问题日益严峻。为解决城市发展难题，实现城市可持续发展，建设智慧城市已成为当今世界城市发展不可逆转的历史潮流。这项趋势的成败取决于数据量跟数据是否足够，有赖于政府部门与民营企业的合作。

4. 物联网

物联网是新一代信息技术的重要组成部分，也是"信息化"时代的重要发展阶段。物联网的核心和基础仍然是互联网，是在互联网基础上的延伸和扩展的网络；其用户端延伸和扩展到了任何物品与物品之间，进行信息交换和通信，也就是物物相连。

5. 增强现实（AR）与虚拟现实（VR）

虚拟现实技术是一种可以创建和体验虚拟世界的计算机仿真系统，它利用计算机生成一种模拟环境，是一种多源信息融合交互的三维动态视景；将实体行为进行系统仿真使用户沉浸到该环境中。增强现实技术是我们肉眼看得到的、耳朵听得见的、皮肤感知得到的、身处的这个世界。广义地说，是在现实的基础上利用技术为其增添一层相关的、额外的内容，就可以被称为增强现实。

6. 数字汇流

数字汇流，终端设备数据集成度变高。事实上，在不同的使用情境之下会需要不一样的终端设备，荧幕大小、音响效果、摄影机都需要不同的配套，数字汇流就像是"iCloud"，使所有的装置存取于同一个远端资料库，让数据可以完全同步，随时、无缝地切换使用情境。

【应用拓展】鲲——交通大数据平台

中国电信天翼云交通大数据产品依托电信大数据平台和自有数据能力，针对城市人口统计、人口迁徙、交通出行分析、枢纽客流分析、人口属性分析等进行模型构建，为政府机构、咨询研究机构及相关企业提供交通规划及人口分析服务和解决方案。

1. 产品优势

（1）31 省全国数据汇聚

基于全国 31 个省市的电信手机用户全量数据，可为客户提供全国、省级、市级以及跨区域的交通及人口大数据服务。

（2）时空模型算法优势

电信数据包含用户位置与属性相关的多类数据，具有天然的数据完整性和连续性。与行业内领先研究机构深度合作，将电信的数据优势与行业经验相结合，模型、算法成熟、可靠。

（3）业务流程全覆盖

可为客户提供批量数据采集、大数据治理、数据建模、结果分析展现等全业务流程的交通大数据解决方案。

（4）实时、连续，安全有保障

可实现 7×24 小时低延时、不间断的数据传输，数据安全有保障，放心应用无风险。

2. 产品功能

（1）城市交通规划

使用手机信令可以全面分析群体性的出行行为：如用手机大数据分析通话数据与人的移动行为之间的关联；用手机定位数据对居民点的空间分布进行识别，分析居民活动的空间距离范围、性别、年龄差异等；还可以利用手机定位数据识别手机用户的出行轨迹，并分时段、按区域统计生成产生量、吸引量与出行总量，研究区域的出行量空间分布情况，辅助完成城市交通规划。

（2）人口分析

针对地方政府、统计局、城市规划单位需对城市人口的分类、分布、长期迁徙以及短期流动等情况进行了解，用于决策或者上报等，中国电信基于手机用户位置信息进行长期追踪，辅助完成人口相关分析。

（3）交通枢纽客流监测

针对铁路和航空公司对城际 OD 出行判别、用户数量和用户属性监测的需求，基于手机用户位置信息、用户基本属性数据等，实现对铁路、航空线路客流的分析，包括机场进出港客流量、辐射范围、航线客流、高铁客流分析等。

3. 应用场景

（1）城市交通规划

利用全量手机用户的位置与出行数据，针对地方政府、交委、交通管理部门、交通科研机构进行城市交通规划与调查的需求，可提供交通规划所需的区域人群出行 OD 分析、人口职住分析、通勤 OD 分析、人口属性分析、吸引点分析、流动人口分析、校核线分析等方面的数据服务。

（2）人口统计

基于手机用户位置信息进行长期追踪，辅助完成人口相关分析，包括人口分布、人口监测与迁徙、人口属性分析等。

工作任务 3.2 了解分布式技术

了解分布式技术

【任务情景】

了解大数据相关技术及与云计算之间的关系后，小蔡明白了大数据与云计算紧密相关，海量数据需要进行分布式处理，那么什么是分布式系统呢？都包含了哪些技术呢？和小蔡一起看看吧。

【任务实施】

3.2.1 分布式系统

分布式系统本质是利用多台服务器、多个计算单元协同完成整体的计算任务。它拥有多种组织方式。在分布式系统中，使用分层模型、路由和代理计算任务、存储任务将不同的工作划分到不同业务集群机器中是常用的方法。

分布式系统在行业中具有广泛的应用，如金融、物联网、云计算、大型企业应用以及数据处理和分析、搜索引擎、电子商务、社交媒体、在线支付等。这些应用需要处理海量数据和请求，分布式系统能够提供高可用性、高性能和扩展性，满足互联网业务的需求。分布式系统的主要特点包括：

1）分布性：由多台计算机组成，它们在地域上是分散的，可以散布在一个单位、一个城市、一个国家，甚至全球范围内。整个系统的功能是分散在各个节点上实现的，因而分布式系统具有数据处理的分布性。

2）自治性：系统中的各个节点都包含自己的处理机和内存，各自具有独立的处理数据的功能。通常，彼此在地位上是平等的，无主次之分，既能自治地进行工作，又能利用共享的通信线路来传送信息，协调任务处理。

3）并行性：一个大的任务可以划分为若干个子任务，分别在不同的主机上执行。

4）全局性：系统中必须存在一个单一的、全局的进程通信机制，使任何一个进程都能与其他进程通信，并且不区分本地通信与远程通信。同时，还应当有全局的保护机制。系统中所有机器上有统一的系统调用集合，它们必须适应分布式的环境。

> **小知识**
>
> **分工协作的分布式系统**
>
> 分布式系统最核心的设计思想就是分工协作。对于计算任务，系统将其进行分割，

> 每个节点计算其中的一部分内容，然后将所有的计算结果进行汇总；对于存储任务，每个节点存储其中的一部分数据。
>
> 分而治之的好处：
>
> 1）提升系统的性能和并发度，操作被分发到相互独立的不同分片上；
>
> 2）提升系统的可用性，即使其中的部分分片不能用，其他的分片也不会受到影响。

一般来说，最基础的分布式系统，可以分为典型的三层结构，如图 3-1 所示。

1）接入层：用来对接客户连接的第一层，负责用户业务处理的分发和用户连接的负载均衡。

2）逻辑层：处理系统不同业务的计算层，不同的业务可以划分到不同的计算集群当中，等待接入层分配任务，处理不同的业务单元。

3）数据层：通过离散化的存储方式，提高整体数据的写入、读取、检索的速度。

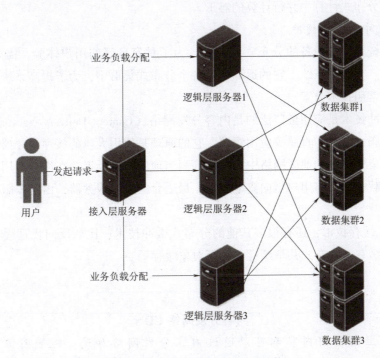

图 3-1 分布式系统典型的三层结构

这是最基本的分布式系统，在实际业务中，根据需求的不同，系统的分散和划分方法也会又很大的不同，不同的业务层中，特别在复杂的分布式系统中，还会定义专门的代理网关 Proxy 和路由进程 Router 处理消息的分发和负载均衡。

在基本的分布式系统中，为了支持更为庞大的系统能力，解决特定的分布式问题，分布式系统总结了一些典型的分布式模型和技术方案。

1. 并发模型

一个服务器在处理用户请求的时候，可能会同时接收到非常多的用户请求，并且还需要为其他用户返回数据输出。在处理过程中，服务器系统经常会有"等待"或者"阻塞"的问题存在。系统如果去等待一个请求到下一个请求，会极大地降低系统效率，降低吞吐量，这就是分布式系统中，经常遇到的"并发问题"。

在分布式的并发模型中，常用的是两种方案：多线程方案和异步方案。

在早期，多线程多进程方案是最常用的技术。但是多线程技术在处理以下问题时有一些弊端：

1）多线程中，多个线程程序的执行顺序不可控制；

2）同步数据和对象，不同线程之间同步处理，会造成不可估计的错误，或者死锁问题；

3）多线程之间，不同 CPU 处理数据时来回拷贝，会造成 CPU 计算资源的浪费。

异步模型方案，解决了多线程的锁死问题，也避免了数据拷贝之间的消耗。异步回调模型就是最早的分布式计算中并行计算的雏形。

2. 分布式中的数据缓冲

在互联系统和智能设备的分布式系统中，为了具有良好的用户体验，需要在"秒"级之内返还结果。分布式系统，它的运算遍布各个分布式集群中，为了提高系统效率，数据缓冲就成为它的常用技术方案。

分布式缓冲技术是应用最广泛的是内容分发网络（Content Delivery Network，CDN），它大量运用在视频、图片、直播等应用领域。它的原理是使用大量的缓存服务器，将缓存服务器分布到用户集中访问的地区网络中，用于提高当地的数据延迟，在用户使用时，通过全局的接入层和负载技术，将用户指向离地最近、最适合的缓存服务器，由这个服务器响应用户的消息请求。

除了 CDN 缓存技术，还有很多其他的分布式缓冲技术，比如反向代理缓存、本地应用缓存、数据库缓存、分布式共享缓存、内存对象缓存等。

小知识

内容分发网络 CDN

互联网上的任何内容都可以通过内容分发网络加速。例如图像、样式表、JavaScript 文件、文件下载、直播和点播流媒体视频、整个网页、博客、游戏和应用程序等。大部分互联网已经通过 CDN 传送，几乎包括日常看到的所有网站。毋庸置疑，任何连接到互联网的人都会与 CDN 进行交互，因为 CDN 扮演着护航者和加速者的角色，更快、更准地触发信息和触达每一个用户，为用户带来更为极致的使用体验。CDN 不仅可以提供我们在计算机上消费的内容，还可用于移动设备、智能电视、机顶盒和许多其他需要快速、可靠、安全地在线传输数据的连接设备。

再通俗点说，CDN 就像网络中的快递小哥，把你的电影、网购、订单等的数据"包裹"，从一台服务器快递到另一台服务器。另外，CDN 这个快递小哥很聪明，他承包了类似京东的前置仓一样的快递点，在发送快递时，小哥可以从离用户最近的前置仓取货、配送（缓存），同时，小哥还擅长优化快递配送的路径（调度），还会对包裹进行更合理的打包（协议优化）。

3.2.2 分布式计算

分布式计算的技术起源主要来自 Google 的三篇论文：MapReduce、Google File System (GFS) 和 BigTable。这些技术逐步发展成为 Hadoop、Spark 和 Storm 等主流的分布式计算系统。

分布式计算是一种计算方法，与集中式计算相对。当某些应用需要巨大的计算能力时，如果采用集中式计算，可能需要很长时间才能完成。分布式计算则将这些应用分解成许多小的部分，分配给多台计算机进行处理，从而节约整体计算时间，大大提高计算效率。

分布式计算的广义定义是研究如何把一个需要非常巨大的计算能力才能解决的问题分成许多小的部分，然后把这些部分分配给许多计算机进行处理，最后把这些计算结果综合起来得到最终的结果。这种方法可以大大提高计算效率，加快计算速度，降低计算成本。

分布式计算在各个领域都有广泛的应用，包括但不限于：

1）科学计算：用于处理海量数据，进行大规模的数值计算和模拟，如气象预报、地震模拟、天文学计算等。

2）人工智能：用于训练深度学习模型、构建神经网络，提高机器学习算法的效率和精度。

3）金融行业：用于高频交易、风险管理、投资组合优化等方面，提高交易速度和决策能力。

4）云计算：用于构建弹性计算集群，提供高可用性、高性能的计算服务。

5）大数据分析：用于处理大规模数据集，进行数据挖掘、机器学习、自然语言处理等分析任务，帮助企业作出更准确的业务决策。

1. MapReduce 模型简介

MapReduce 是一种并行编程模型，用于大规模数据集（大于 1TB）的并行运算，它将复杂的、运行于大规模集群上的并行计算过程高度抽象为两个函数：Map 和 Reduce。MapReduce 极大地方便了分布式编程工作，编程人员在不会分布式并行编程的情况下，也可以很容易地将自己的程序运行在分布式系统上，完成海量数据集的计算。

在 MapReduce 中，一个存储在分布式文件系统中的大规模数据集会被切分成许多独立的小数据集，这些小数据集可以被多个 Map 任务并行处理。MapReduce 框架会为每个 Map 任务输入一个小数据集（分片），Map 任务生成的结果会继续作为 Reduce 任务的输入，最终由 Reduce 任务输出最后结果，并写入分布式文件系统。特别需要注意的是，适合用 MapReduce 来处理的数据集需要满足一个前提条件：待处理的数据集可以分解成许多小的数据集，而且每一个小数据集都可以完全并行地进行处理。

MapReduce 设计的一个理念就是"计算向数据靠拢"，而不是"数据向计算靠拢"。因为移动数据需要大量的网络传输开销，尤其是在大规模数据环境下，这种开销尤为惊人，所以，移动计算要比移动数据更加经济。本着这个理念，在一个集群中，只要有可能，MapReduce 框架就会将 Map 程序就近地在 HDFS 数据所在的节点上运行，即将计算节点和存储节点放在一起运行，从而减少节点间的数据移动开销。

2. Map 和 Reduce 函数

MapReduce 模型的核心是 Map 和 Reduce 函数，二者都是由应用程序开发者负责具体实现的。MapReduce 编程之所以比较容易，是因为程序员只需要关注如何实现 Map 和 Reduce 函数，而不需要处理并行编程中的其他各种复杂问题，如分布式存储、工作调度、负载均衡、容错处理、网络通信等，这些问题都会由 MapReduce 框架负责处理。Map 和 Reduce 函数都是以<key，value>作为输入，按一定的映射规则将其转换成另一个或一批<key，value>进行输出。

3. MapReduce 工作流程

MapReduce 的核心思想可以用"分而治之"来描述，也就是把一个大的数据集拆分成多个小数据集在多台机器上并行处理。一个大的 MapReduce 作业，首先会被拆分成许多个 Map 任务在多台机器上并行执行，每个 Map 任务通常运行在数据存储的节点上。这样计算和数据就可以放在一起运行，不需要额外的数据传输开销。当 Map 任务结束后，会生成<key，value>形式的许多中间结果。然后，这些中间结果会被分发到多个 Reduce 任务并在多台机器上并行执行，具有相同 key 的<key，value>会被发送到同一个 Reduce 任务，Reduce 任务会对中间结果进行汇总计算得到最后结果，并输出到分布式文件系统，如图 3-2 所示。

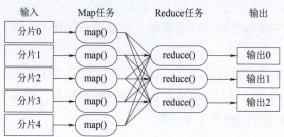

图 3-2　MapReduce 工作流程

> **小知识**
>
> **其他分布式计算**
>
> Apache Spark 是一个开源的、分布式、多语言引擎，用于在单节点机器或集群上执行数据工程、数据科学和机器学习，是用于大规模数据分析的统一引擎。对于大数据处理，MapReduce 的计算量非常大，计算速度不够快。Spark 是一个围绕速度、易用性和复杂分析构建的大数据处理框架，它以其先进的设计理念，迅速成为大数据社区的热门项目。在广告业务方面，大数据进行应用分析、效果分析、定向优化等；在推荐

系统方面，大数据优化相关排名、个性化推荐以及热点点击分析等。

Storm 是 Twitter 开源的分布式实时大数据处理框架，被业界称为实时版 Hadoop。随着越来越多的场景对 Hadoop 的 MapReduce 高延迟无法容忍，比如网站统计、推荐系统、预警系统、金融系统（高频交易、股票）等，大数据实时处理解决方案（流计算）的应用日趋广泛，目前已是分布式技术领域最新爆发点，而 Storm 更是流计算技术中的佼佼者和主流，广泛应用于推荐系统（实时推荐，根据下单或加入购物车推荐相关商品）、金融系统、预警系统、网站统计（实时销量、流量统计，如淘宝双 11 效果图）、交通路况实时系统等，是一个开源的分布式实时计算系统，用于处理大量的数据流。

3.2.3　分布式存储技术

分布式存储技术是一种将数据分散存储到多个存储服务器上，并将这些分散的存储资源构成一个虚拟的存储设备的技术。与传统的集中式存储不同，分布式存储利用多台存储服务器分担存储负荷，利用位置服务器定位存储信息，有效提高了系统的可靠性、可用性和存取效率。

随着云计算和互联网+的发展，数据量呈现爆发式增长，企业亟需更为高效的网络存储系统。同时，以闪存为代表的新一代存储介质出现，使文件、块、对象三种形式的存储进一步融合。在此背景下，分布式存储技术应运而生，并逐渐发展成为大数据存储的主流解决方案。

分布式存储技术的早期实践可以追溯到 P2P（Peer-to-Peer）技术，如 BitTorrent 等文件共享协议。这些协议通过分布式的方式，将文件分块存储在多个用户节点上，实现文件的高效共享和传输。然而，P2P 技术存在版权、安全和性能等问题，限制了其在大规模数据存储领域的应用。随着技术的不断发展，分布式存储技术逐渐从 P2P 技术中独立出来，并形成了自己的技术体系。

1. 分布式文件系统

分布式文件系统（Distributed File System，DFS）是建立在客户机/服务器技术基础之上的，一个或多个文件服务器与客户机文件系统协同操作，使客户机能够访问由服务器管理的文件。分布式文件系统的发展经历了网络文件系统、共享 SAN 文件系统和面向对象的并行文件系统三个阶段。

分布式文件系统把大量数据分散到不同的节点上存储，大大减小了数据丢失的风险。它具有冗余性，部分节点的故障并不影响整体的正常运行，而且即使出现故障的计算机存储的数据已经损坏，也可以由其他节点将损坏的数据恢复出来。此外，分布式文件系统通过网络将大量零散的计算机连接在一起，形成一个巨大的计算机集群，使各主机均可以充分发挥其价值。集群之外的计算机只需要经过简单的配置就可以加入分布式文件系统中，具有极强的可扩展能力。

Hadoop 分布式文件系统（HDFS）是分布式文件系统的代表之一，它通过将数据分块并存储在多个节点上，实现了大规模数据的高效存储和处理。此外，Google 的 GFS（Google File System）和 Amazon 的 S3（Simple Storage Service）、OpenStack 的 Swift、Ceph 等也是目前业界非常流行的分布式文件系统技术。

> **小知识**
>
> **Ceph**
>
> Ceph 是一个 Linux PB 级分布式文件系统。起源于加州大学 Santa Cruz 分校的 Sage Weil 专为博士论文设计的新一代自由软件分布式文件系统。在 2006 年的 OSDI 学术会议上，Sage 发表了介绍 Ceph 的论文，Ceph 开始广为人知。Ceph 是一种为优秀的性能、可靠性和可扩展性而设计的统一的分布式文件系统。

2. 分布式数据库

分布式数据库是一种将数据存储在多个节点上的数据库系统，它能够提供高可用性、可扩展性和容错性。在分布式数据库中，数据被分散存储在不同的节点上，每个节点负责处理一部分数据。这种分布式的架构使分布式数据库能够支持大量的数据和高并发访问，同时也能够保证数据的可靠性和安全性。

分布式数据库的架构通常由 3 个组件组成：存储节点、查询节点和协调节点。存储节点负责存储和管理数据，查询节点负责处理用户的查询请求，协调节点则负责协调各个节点之间的通信和数据同步。通过这种三层架构，分布式数据库能够实现数据的高效管理和查询。

分布式数据库的优势在于它能够通过添加节点来实现可扩展性，从而满足不断增长的数据需求。同时，分布式数据库还能够提供高可用性和容错性，因为即使一个节点出现故障，其他节点仍然能够继续提供服务。这种容错性还能够通过数据备份和复制来进一步加强。

然而，分布式数据库也存在一些挑战，如数据一致性、并发控制和分布式事务等问题，这些都需要在设计和实现分布式数据库时进行充分考虑和解决。

3.2.4 分布式系统管理

分布式系统并不是简单的堆砌机器集群，如果没有良好的调度和管理方式，分布式系统可能还不如集中式系统，它的复杂性和容错性可能还会降低效率。在分布式系统的管理上需关注以下 4 个主要指标：

1）硬件故障率：分布式集群拥有很多台服务器，每台服务器都有一定的硬件故障概率，我们设定为 x。分布式系统拥有 n 台服务机器，作为一个整体集群，它出现硬件的故障概率，可以使用如下计算方式：SER（System Error Rate，系统错误率）$= 1-(1-x)^n$。可以看出，随着机器规模的增加，故障率会逐步上升。有效的硬件监控和故障预测，是分布式系统管理的重要组成。

2）资源利用率：分布式系统在运作的时候，可能会出现这样一种情况：在某些时段，某些机器非常繁忙，而某些机器却出现闲置，甚至某些服务长期才会使用一次。这样造成了计算资源极大的浪费，也会让分布式系统产生很多不必要的开销。一个高效的分布式系统管理，需要有高效和灵活的管理机制，既不会让某些机器高负载运转，又能灵活调度计算资源的分配，让整个系统都能得到较好的使用效率，并且持续保持健康。另外，分布式系统集群的扩容、缩容，实时在线操作，都需要非常复杂的技术处理，这也是分布式系统管理的重要研究对象。

3）分布式系统的更新和扩展：在一个大型的分布式系统中，多个系统相互协作，相互影响，在更新某个系统或者模块的时候，不免会影响其他系统的工作。如果停止整个系统的运营，会对用户造成极大的伤害。所以在分布式系统的设计当中，系统的更新和扩展也是极其重要的考核指标。在这个方面，诞生了不少优秀的分布式框架，比如微服务框架 EJB、WebService 等。

4）数据决策统计：在大型的分布式系统中，很多都伴随着大数据系统的运行，如何去使用分布式方案进行数据的统计和决策也是重要的技术方案。

针对分布式系统的各项需求，工业界和学术界在长期的发展中诞生了许多针对性的系统或者组件，具体可以归类以下 4 点。

1. 目录服务和中控系统

分布式系统由许多系统和进程共同组成，如何去响应每个服务所需要的功能模块、监听服务模块的负载情况、调配系统集群资源、应急突发的错误情况、扩展和恢复系统组件，是分布式系统的痛点。其中 Hadoop 的 Zookeeper 是比较优秀的开源项目，它能帮助系统处理数据发布/订阅、负载均衡、服务名称管理、配置信息维护、命名处理、分布式协调、Master 选举、数据同步、消息队列、分布式业务锁等。

2. 消息队列

在分布式系统中，不同服务之间需要进行协调沟通，消息的一致性也是非常重要的。对此产生了一些非常优秀的消息队列组件，比如 Kafka、ActiveMQ、ZeroMQ、Jgroups 等。消息队列模型将抽象进程间的交互作为消息处理，形成一个"消息队列的管道"进行存储。其他的进程可以对队列进行访问读取消息或者处理消息，对消息路由存放的队列管道进行决策，这样就静态化了复杂的消息路由问题，形成了易用的消息模型。

3. 事务协调系统

事务协调是分布式系统中最为复杂的技术问题，一个完全的业务流程可能关联着不同的服务进程，不同的进程之间协调工作是一个复杂的流程。业务过程中还会有故障产生，相关的备用解决方案也是重要的问题。

4. 自动化部署

分布式系统是一个分散化的、高度复杂性的大型系统，对于它的部署和运维是一项艰难的任务，如果通过人力进行工作将会耗费极大精力和时间。自动化的部署成为分布式系统的重要辅助系统，其中容器化 Docker、"池管理"、RPM 打包，都是优秀的部署系统。Docker 的运作模式如图 3-3 所示。

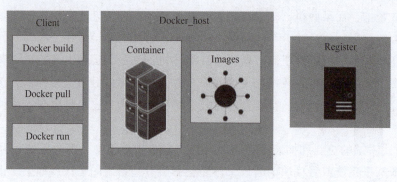

图 3-3 Docker 的运作模式

分布式系统是一个复杂的、高度能力分散自治的系统，如何去面向未来群体智能的新时代技术体系，分布式系统是打开大门最关键的一把钥匙。

【应用拓展】天翼云弹性文件服务

1. 弹性文件服务的概念

弹性文件服务（Scalable File Service，SFS）提供按需扩展的高性能文件存储（NAS），可为云上多个弹性云主机、容器、物理机等计算服务提供大规模共享访问，具备高可用性和高数据持久性，提供标准的 POSIX 文件访问接口，可以将现有应用与文件存储无缝集成，适用于 Linux 和 Windows 操作系统。天翼云提供三种规格文件存储服务，可满足多场景下用户需求，如图 3-4 所示。

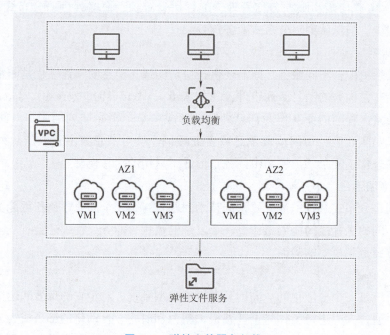

图 3-4 弹性文件服务架构

2. 弹性文件服务的特点

存储方式：弹性文件服务采用文件存储方式。文件存储将数据组织为层次化的目录和文件结构，用户可以通过文件路径和名称来操作文件和目录。

访问方式：弹性文件服务通过网络共享的方式进行访问。用户可以在需要的弹性云主机实例或容器实例上挂载文件系统，并通过标准的文件系统接口（如 NFS、SMB 等）访问共享的文件系统。

适用场景：如应用程序的配置文件、日志文件等需要共享的文件数据以及在容器化应用中支持多个容器实例之间的数据共享和同步。

容量：弹性文件服务可按需扩展，单文件系统容量默认最大为 32TB。如需更大容量的文件系统，可进行申请。

支持数据共享和远程访问。

3. 弹性文件服务的优势

弹性扩展：弹性文件服务可以根据需要自动扩展存储容量，无须手动调整硬件或配置。这使它更适合处理大规模数据和快速增长的存储需求。

高可用性：弹性文件服务通常具有高可用性和冗余机制，可以在网关硬件故障情况下保持数据的可访问性。它可以提供数据的备份和复制，以确保数据的安全性和可靠性。

灵活性和可编程性：弹性文件服务通常提供丰富的 API 和工具，使开发人员可以轻松地集成和管理存储服务。它还支持各种协议和访问方式，如 NFS、CIFS 等，使应用程序可以方便地访问和操作存储数据。

成本效益：相对于传统 NAS，弹性文件服务提供按需计费和包年包月两种计费模式。这种灵活的计费模式可以降低存储成本，并避免了购买和维护硬件设备的开销。

4. 如何访问弹性文件服务

天翼云提供以下方式进行弹性文件服务的配置和管理。

（1）控制台

天翼云提供 Web 化的服务管理平台，即控制台。

（2）OpenAPI

天翼云提供基于 HTTPS 请求的 API（Application Programming Interface）管理方式。

工作任务 3.3　探析分布式数据库

【任务情景】

探析分布式数据库

小蔡在查找一本书时，首先通过目录检索找到书的分类号和书号，然后在书库找到那一类书的书架，并在那个书架上按照书号的大小次序查找，很快就找到了需要的书。数据管理技术的原理和图书馆找书是一致的，是指人们对数据进行收集、组织、存储、加工、传播和利用的一系列活动的总和，这也是我们本节要学习的内容。

【任务实施】

3.3.1　分布式数据库架构

在分布式系统的时代，数据库如何存放更大的数据、承载更多的连接、支持更多的并发检索，成为新时代技术的挑战。传统的 MySQL 数据库逐渐无法承载大互联网时代的系统需求，数据存储的方式变得更加多样化，比如使用文件、数据条切片等方式。在这种情况下，分布式数据库应运而生，用于支持高并发的分布式业务。

分布式数据库具有更大的、更快的数据能力，不同的数据可以存放在不同的服务器上，通过特定的检索和应用方式将机器集群联合起来，这也是分布式系统的一种。在分布式数据系统中，根据数据的拆分和管理方式，主要可以分为以下几类：

1）单数据库架构：不同的数据库服务器中，数据各自独立，相互不干预。

2）主从数据库架构：由一台服务器处理数据写入、一台服务器处理数据读取，相互之间进行数据同步，如图 3-5 所示。

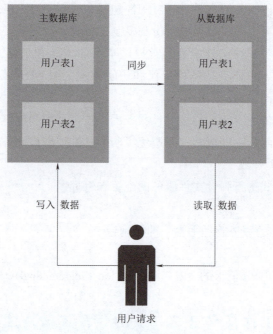

图 3-5　主从数据库架构

3）垂直数据库切分架构：将每个单独垂直的数据库模块和服务器逻辑层的模块联合起来，形成一个相对垂直的业务——数据模型，各个数据之间的耦合只在逻辑层进行联合处理。

4）水平数据切分架构：将大量的高段位的数据，进行水平的存储，并且拆分到不同表中，如有个数据有 10 000 条，可以切分到 10 个数据库中，每个数据库存储 1 000 条，再通过统一检索的方式，检索指向不同的服务器数据库位置。其中 Hadoop 中的 HDFS 是这种架构的佼佼者。

3.3.2 NoSQL 数据库

关系型数据库指的是使用关系模型（二维表格模型）来组织数据的数据库。关系模型能够简单理解为二维表格模型，而一个关系型数据库就是由二维表及其之间的关系组成的一个数据组织。常见关系型数据库管理系统有 Oracle、MySQL、Microsoft SQL Server、SQ Lite、Postgre SQL、IBMDB2 等。随着互联网企业的不断发展，数据日益增多，关系型数据库面对海量的数据会存在不少的不足。

NoSQL 数据库指非关系型数据库，是一种基于数据键值对存储、高度分布式、支持动态查询的数据管理系统。NoSQL 数据库的设计目的是为了解决传统关系型数据库无法处理的大型应用程序的数据存储和管理问题。

1. NoSQL 数据库特点

1）灵活性：NoSQL 数据库没有固定的表结构和查询语言，允许在一个数据元素里存储不同类型的数据，从而支持灵活的数据存储和管理。

2）可扩展性：NoSQL 数据库通常采用分布式存储和并行处理技术，可以在需要时轻松扩展以支持更大的数据量和更高的并发访问。

3）高度可用：NoSQL 数据库通常采用多副本复制技术，以确保数据的高可用性和容错能力。

4）弱一致性：与传统的关系型数据库不同，NoSQL 数据库通常采用最终一致性模型，这意味着在分布式系统中，数据可能不会立即同步，但在一段时间后将趋于一致。

常见的 NoSQL 数据库包括键值存储数据库（如 Redis、Memcached）、文档型数据库（如 MongoDB、CouchDB）、列存储数据库（如 HBase、Cassandra）、图形数据库（如 Neo4j、OrientDB）等。它们在不同的场景下具有不同的应用优势，例如处理超大规模数据的存储和查询、高并发的数据访问、实时数据分析等。

2. NoSQL 数据库类型

1）键值数据库（Key-Value）：这种类型的数据库通过一个唯一的键（Key）来标识数据，将键和对应的值（Value）存储在一个键值对（Key-Value）中。其存取速度快、结构简单、可扩展性强。典型代表：Redis、Memcached 等。

2）文档数据库（Document）：这种类型的数据库按照文档格式（如 JSON、XML 等）来存储数据，数据之间可以有嵌套关系，具有更好的灵活性，支持各种复杂的数据结构。其支持动态模式、可扩展性好、数据结构灵活。典型代表：MongoDB、CouchDB 等。

小知识

MongoDB

Mongo 并非芒果（Mango）的意思，而是源于 Humongous（巨大的；庞大的）一词。MongoDB 使用 BSON（Binary JSON）对象来存储，与 JSON 格式的键值对（Key/Value）类似，字段值可以包含其他文档、数组及文档数组。支持的查询语言非常强大，其语法有点类似面向对象的查询语言，几乎可以实现类似关系型数据库单表查询的绝大部分功能，而且还支持对数据建立索引。MongoDB 是一个基于分布式文件存储的 NoSQL 数据库，由 C++语言编写，旨在为 Web 应用提供可扩展的高性能数据存储解决方案。MongoDB 是一个介于关系型数据库和非关系型数据库之间的产品。

3）列族数据库（Column-Family）：这种类型的数据库按照列族来组织数据，列族是数据元素的分组，每个列族可以包含若干行和若干列。它将某个维度相关的所有数据放在一起进行存储和管理，适用于数据读取场景比较多的情况。其适合大型数据集、可扩展性高、数据读取性能高。典型代表：HBase、Cassandra 等。

4）图形数据库（Graph）：这种类型的数据库基于图形模型对数据进行存储和管理，通过图形结构来管理数据之间的关系，具有强大的数据建模能力和数据查询能力。其可存储大量复杂的数据关系、支持高效查询、数据结构灵活。典型代表：Neo4j、InfiniteGraph 等。

3. 体系框架

NoSQL 数据库整体框架分为 4 层，分别为数据持久层（Data Persistence）、数据分布层（Data Distribution Model）、数据逻辑模型层（Data Logical Model）和接口层（Interface），这 4 层之间相辅相成，协调工作。

数据持久层定义了数据的存储形式，主要包括基于内存、硬盘、内存与硬盘相结合、订制可插拔 4 种形式。基于内存形式的数据存取速度最快，但可能会造成数据丢失；基于硬盘的数据可能保存很久，但存取速度较基于内存的形式慢；内存和硬盘相结合的形式，结合了前两种形式的优点，既保证了速度，又保证了数据不丢失；订制可插拔则保证了数据存取具有较高的灵活性。

数据分布层定义了数据是如何分布的，相对于关系型数据库，NoSQL 可选的机制比较多，主要有 3 种形式：一是 CAP 支持，可用于水平扩展；二是多数据中心支持，可以保证在横跨多数据中心时也能够平稳运行；三是动态部署支持，可以在运行着的集群中动态地添加或删除节点。

数据逻辑模型层表述了数据的逻辑表现形式。与关系型数据库相比，NoSQL 在逻辑表现形式上相当灵活，主要有 4 种形式：一是键值模型，这种模型在表现形式上比较单一，但却有很强的扩展性；二是列式模型，这种模型相比于键值模型能够支持较为复杂的数据，但扩展性相对较差；三是文档模型，这种模型对于复杂数据的支持和扩展性都有很大优势；四是图模型，这种模型的使用场景不多，通常是基于图数据结构的数据定制的。

接口层定义了与数据访问相关的接口，包括查询、索引、事务、权限等。接口层提供了 5 种选择：Rest，Thrift，Map/Reduce，Get/Put，特定语言 API。接口使应用程序和数据库的交互更加方便。

NoSQL 分层架构并不代表每个产品在每一层只有一种选择。相反，这种分层设计提供了很大的灵活性和兼容性，每种数据库在不同层面可以支持多种特性。

3.3.3　谷歌 Bigtable

1. Bigtable 简介

Bigtable 是谷歌在其分布式文件系统 GFS 上设计的一个用于解决 GFS 无法对结构化数据进行访问与管理的结构化数据存储访问管理系统。基于 HDFS 的 Apache HBase 就是它的一个开源实现版本。谷歌将许多自己提供服务的数据使用 Bigtable 进行管理，例如 Google Earth、Google Finance、Gmail 等。所以 Bigtable 不仅需要应对种类繁多的数据，在处理后端容量巨大数据的同时，还要保证对延迟敏感任务数据服务的及时性。同时由于谷歌众多的服务都由 Bigtable 提供支持，在系统设计中，除了上述的高适用性外，更要考虑系统设计的高容错性、高可用性以及可扩展性。

2. 数据模型

在 Bigtable 中，为了数据的高效管理与使用，数据被设计通过三个层次进行索引，它们分别是：

（1）行（Rows）

行标识可以有任意不超过 64 KB 的字符串组成，任何在同一行内的读或者写操作都具有原子性。在维护数据表的过程中，数据按照行关键字进行字典序划分，同时，根据行关键字还可以将数据动态地划分为一个个称作"子表"（Tablet）的区间，存储在不同的子表服务器上做负载均衡。一般来说字典序相接近的两个行关键字下的数据被划分在同一个子表服务器的概率较大，存取的效率也更高。

（2）列族（Column Families）

实际的数据表中，通常拥有较多的列，但是传统关系型数据库中按列为粒度进行权限管理，给数据管理带来了很大的难度。Bigtable 将数据表中的列先划分为不同的列族，在列族中还可以再定义相应的列关键字。列族的设计目的是在能够容纳同样数量的列数的同时，将相同类型的列聚集为一个族来统一管理，甚至可以统一进行数据压缩，方便了数据管理，也提高了数据存储的灵活度。

（3）时间戳（Time Stamps）

数据表中的数据通常有版本上的更替，为了防止版本间的冲突，Bigtable 设计了时间戳维度。同行同列的数据按照时间关系被赋予一个时间戳，时间戳既可以由客户机应用程序自行设置，也可以由时间的毫秒数来决定，其以 64 位整数形式存储，并且时间戳按照降序排列，以方便获取最新的一个版本。Bigtable 支持两种自动回收旧版本的机制，一种是保留最新的几个版本，另一种是仅保留一定时间内的所有版本。

所以，Bigtable 中的每一个数据单元格式如下：

```
(row:string,coloum:string,time:int64)→string
```

网页的一个数据表如图 3-6 所示，row 值中存储着所记录网页的倒序 URL，即"com. cnn. www"。倒序存放可以使同一个域名下的不同页面根据字典序存放在一起。"content："是一个列族，但这个列族中没有其他的 qulifier，下面存放着网页 html 的内容，这里的内容一共有 3 个版本，按时间顺序的时间戳为 t_3，t_5，t_6。"anchor:" 为第二个列族，这个列族中有两个不同的 columnkeys，分别是 "cnnsi.com" 和 "my.look.ca"，记录着所有连接到 row 值存储页面的所有页面，而对应列下存储的就是这些页面中连接到 row 页面的 anchor。

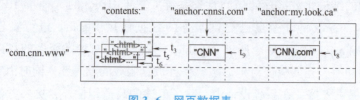

图 3-6　网页数据表

3. 系统组成

Bigtable 系统中的关键组成部分或者支撑技术包括：

1）主服务器（Master）。主服务器上不存储子表，也不是用来提供表定位信息的，而是主要负责子表服务器的分配、负载均衡，监控子表服务器的状态，当子表服务器的租约到期后仍然没有回应则要重新安排新的子表服务器来代替，同时当子表服务器所存的子表过大时还要分配新的子表服务器进行负载均衡。同时，主服务器还要负责处理表模式更改、列族增加和 GFS 上垃圾回收等任务。

2）子表服务器（Tablet Server）。Bigtable 在存储表的时候会将表划分为一个个子表来进行存储。子表服务器上存储着子表信息，为了减小主服务器的负载，数据请求不会经过主服务器，子表服务器还需要直接响应客户机对子表服务器上存储的子表的读和写操作。在所存储的子表过大时需要对子表进行切分操作。需要注意的是，子表服务器也不是直接存放数据的，数据只是存放在 GFS 中，然后由子服务器来进行分片管理客户端的库。客户端的库用于缓存子表的位置，只有当没有缓存子表的位置或子表的位置出错的情况下，客户机才会启动子表定位。

3）GFS。Bigtable 底层所使用的 GFS 分布式文件系统存放着数据文件和日志文件。

4）SSTable。Bigtable 内部使用的文件格式，提供不变有序的键值映射，键与值都是用任意的字节串组成的。SSTable 内部包含一系列默认大小为 64 KB 的块（Block），并将这些块的索引值存放在文件末尾。每一个子表可能对应着多个 SSTable 文件。

5）Chubby。Google 设计的一个锁服务，每个 Chubby 服务都利用 Paxos 算法保留了 5 个副本，其中一个作为主副本提供服务。Chubby 提供了一系列的目录与文件，每个目录与文件都被当成"锁"来使用，以保证使用 Chubby 服务的客户机保持和 Chubby 服务之间的会话，并维护一个租期的关系，如果超出租期 Chubby 没有收到客户机的续约申请，那么客户机就会失去在 Chubby 服务中的所有锁。Chubby 在 Bigtable 中有非常重要的作用，以至于一旦 Chubby 服务失效，整个 Bigtable 就无法工作。无论是在主服务器的确定、子表服务器定位、子表服务器分配、表的权限控制等方面都运用到了 Chubby 服务。

4. 子表操作

子表操作主要完成子表定位、子表分配、子表的读写操作、子表压缩。

【应用拓展】天翼云数据库 RDS

1. 概念

天翼云关系型数据库（Relational Database Service，RDS）是一种基于云计算平台的即开即用、稳定可靠、弹性伸缩、便捷管理的在线关系型数据库服务。

RDS 具有完善的性能监控体系和多重安全防护措施，并提供了专业的数据库管理平台，让用户能够在云中轻松地进行设置和扩展关系型数据库。通过 RDS 控制台，用户几乎可以执行所有必需的任务而无须编程，简化了运营流程，减少了日常运维工作量，从而专注于开发应用和业务发展。

2. 云数据库 RDS 的实例分类

RDS 的实例分为两个类型，即单机实例和主备实例。不同系列支持的引擎类型和实例规格不同。

3. RDS 的维护和管理

公有云负责 RDS 的日常维护和管理，包括但不限于软硬件故障处理、数据库补丁更新等工作，保障 RDS 运转正常；提供专业数据库管理平台、重启、重置密码、参数修改、查看错误日志和慢查询日志以及恢复数据等一键式功能。

云监控服务是一个开放性的监控平台，帮助用户实时监测关系型数据库资源的动态和 RDS 实例的性能指标。云监控服务提供多种告警方式以保证及时预警，为用户服务正常运行保驾护航。

数据库性能监控指标包括 CPU 使用率、内存使用率、数据库的总连接数、TPS、QPS 等指标。

工作任务 3.4　认识 Apache Hadoop 项目

认识 Apache
Hadoop 项目

【任务情景】

小蔡在开发分布式计算应用时，觉得分布式底层的细节很难理解，这影响他的开发效率，但本节我们会学习 Apache Hadoop 分布式系统基础架构，可以让用户在不了解分布式底层细节的情况下，开发出可靠、可扩展的分布式计算应用。

【任务实施】

3.4.1　Hadoop 简介

Hadoop 可以解决大数据时代下海量数据的存储和分析计算问题，它是 Apache 软件基金会下用 Java 语言开发的一个开源分布式计算平台，允许用户使用简单的编程模型来实现计算机集群的大型数据集的分布式处理。它的目的是支持从单一服务器到上千台机器的扩展，充分利用每台机器所提供的本地计算和存储，而不是依靠硬件来提供高可用性。其本身被设计成在应用层检测和处理故障的库，对于计算机集群来说，其中每台机器的顶层都被设计成可以容错的，以便提供一个高度可用的服务。

1. Hadoop 发展历程

Apache Hadoop 的雏形开始于 2002 年的 Apache 的 Nutch。Nutch 是一个开源的用 Java 实现的搜索引擎。它提供了运行搜索引擎所需的全部工具，包括全文搜索和 Web 爬虫。2003 年 Google 发表了一篇关于存储海量搜索数据而设计的专用文件系统 Google 文件系统（Google File System，GFS）技术的学术论文。

2004 年 Nutch 创始人 DougCutting（同时也是 ApacheLucene 的创始人）基于 Google 的 GFS 论文实现了分布式文件存储系统，名为 NDFS。

2004 年 Google 又发表了一篇技术学术论文，向全世界介绍了 MapReduce。2005 年 DougCutting 又基于 MapReduce，在 Nutch 搜索引擎上实现了该功能。

2006 年，Yahoo 雇用了 DougCutting，DougCutting 将 NDFS 和 MapReduce 升级命名为 Hadoop。Yahoo 开建了一个独立的团队给 GougCutting 专门研究发展 Hadoop。

2008 年 1 月，Hadoop 成为 Apache 顶级项目。之后 Hadoop 被成功地应用在了其他公司，其中包括 Last.fm、Facebook、《纽约时报》等。

2008 年 2 月，Yahoo 宣布其搜索引擎产品部署在一个拥有 1 万个内核的 Hadoop 集群上。

2008 年 4 月，Hadoop 打破世界记录，成为最快排序 1TB 数据的系统。截至目前，Apache Hadoop 的最新版本为 3.3.6。

2. Hadoop 优点

1）可靠性：Hadoop 按位存储和处理数据的能力值得人们信赖。

2）扩展性：Hadoop 是在可用的计算机集群间分配数据并完成计算任务，这些集群可以方便地扩展到数以千计的节点中。

3）高效性：Hadoop 能够在节点之间动态地移动数据，并保持各个节点的动态平衡，因此处理速度非常快。

4）容错性：Hadoop 能够自动保存数据的多个副本，并且能够自动地将失败的任务重新分配。比如一台计算机出现故障后其他保存副本的计算机会重新进行工作，也就是说它的容错性是很高的。

5）低成本：Hadoop 是开源的，项目的软件成本因而得以大大降低。

3.4.2 Hadoop 分布式文件存储系统（HDFS）

Hadoop 分布式文件存储系统简称为 HDFS，在 HDFS 中将文件切分成固定大小的数据块 Block 以实现分布式存储，即把一个大文件切割成不同的小块，然后存储在相应的计算机节点上。默认情况下是分成 128 MB，当文件大于 128 MB 会进行切割。如果把两个块都存在了一个节点上，当对该数据进行处理时，可以让第一块的计算在节点 1，而对于第二块的计算，可以在其他的副本节点上，让工作量保持均衡，所以分布式存储保证了 Hadoop 系统的扩展性和高效性。HDFS 架构如图 3-7 所示。

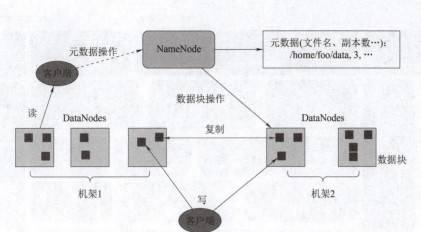

图 3-7　HDFS 架构

其中，DataNodes 负责文件数据的存储和读写操作，每个 DataNode 存储一部分数据块 Block，这样文件就分布存储在整个 HDFS 服务器集群中。NameNode 负责整个分布式文件系统的元数据（MetaData）管理，也就是文件路径名、数据块的 ID 以及存储位置等信息的管理，相当于操作系统中文件分配表（FAT）的角色。

3.4.3　Hadoop 生态圈

Hadoop 生态圈有两种定义。一种是将 Hadoop 核心技术（或者说狭义上的 Hadoop）对应为 Apache 开源社区的一个项目，主要包括 HDFS、MapReduce、YARN 三部分内容。其中 HDFS 用来存储海量数据，MapReduce 用来对海量数据进行计算，YARN 是一个在 Hadoop 2.0 中产生的通用的资源调度框架。另一种指广义的生态圈，泛指大数据技术相关的开源组件或产品，如 HBase、HIVE、Spark、Pig、Zookeeper、Kafka、Flume、Phoenix、Sqoop 等。生态圈中的这些组件或产品相互之间会有依赖，但又各自独立。比如 HBase 和 Kafka 会依赖 Zookeeper，HIVE 会依赖 MapReduce。如图 3-8 所示给出了 Hadoop 技术生态圈的一个大致组件分布。

（1）HDFS（Hadoop Distributed File System）

HDFS 是 Hadoop 的基础分布式文件系统，它设计用于存储超大规模的数据集。HDFS 将数据分散存储在一组节点上，每个节点都存储着数据的一个或多个副本，以确保数据的可靠性和容错性。

（2）MapReduce

MapReduce 是一个编程模型，用于大规模数据集（大于 1TB）的并行运算。它将复杂的并行计算过程高度抽象为两个函数：Map 和 Reduce。Map 函数将输入数据分割成不相关的区块，由集群中的节点并行处理；Reduce 函数则负责合并 Map 函数的输出结果。

（3）YARN（Yet Another Resource Negotiator）

YARN 是 Hadoop 的资源管理和任务调度框架。它负责管理和调度 Hadoop 集群中的计算资源，为上层应用（如 MapReduce、Spark 等）提供统一的资源管理和调度接口。

图 3-8　Hadoop 技术生态圈组件分布

（4）HBase

HBase 是一个基于 HDFS 的、面向列的、可伸缩的分布式存储系统，它提供了对大规模数据的随机、实时读写访问。HBase 使用键值对存储数据，适用于非结构化或半结构化数据的存储。

（5）Hive

Hive 是一个建立在 Hadoop 之上的数据仓库基础构架，它提供了类似 SQL 的查询语言（HiveQL），使用户可以在 Hadoop 集群上进行数据的查询和分析。Hive 将 SQL 查询转换为 MapReduce 任务来执行。

（6）Spark

Spark 是一个快速、通用的大规模数据处理引擎，它提供了内存计算的能力，能够比 Hadoop MapReduce 更快地处理数据。Spark 支持批处理、流处理、交互式查询和机器学习等多种计算模式。

（7）Flink

Flink 是一个高性能的流处理框架，用于处理无边界和有边界的数据流。它提供了低延迟、高吞吐量的流处理能力，并支持事件时间处理和状态管理等功能。

（8）Kafka

Kafka 是一个分布式流处理平台，用于构建实时数据管道和流应用。它支持发布和订阅记录流，类似于消息队列或企业消息系统。Kafka 通常用于构建实时数据管道和流应用，以支持网站单击流分析、日志聚合、实时指标监控等场景。

（9）Zookeeper

Zookeeper 是一个分布式协调服务，用于维护配置信息、命名、提供分布式同步和提供组服务等。它在 Hadoop 生态圈中扮演着重要的角色，用于管理 Hadoop 集群的状态和配置信息。

（10）Sqoop

Sqoop 是一个用于在 Hadoop 和结构化数据存储（如关系型数据库）之间高效传输大量数据的工具。它可以将数据从关系型数据库导入 Hadoop 的 HDFS 中，也可以将 HDFS 中的数据导出到关系型数据库中。

这些组件共同构成了 Hadoop 生态圈的核心，为大数据处理和分析提供了强大的支持。不同的组件针对不同的应用场景和需求，提供了不同的功能和优势。

【应用拓展】大数据开源组件

大数据开源组件可以有两种途径获取，一种是直接获取 Apache 提供的原始组件；另一种是从一些知名的大数据发行商（如 cloudera，简称 CDH）获取。从 Apache 获取原始组件的好处是可以及时追踪最新的版本和补丁。从发行商获取的组件是经过发行商测试，甚至改进的，可能会更加稳定。如果只是自学使用，从哪获取没什么区别。有一点需要注意的是，各个组件都有各自独立的版本规划和演进，之间存在相互依赖的问题，需要考虑彼此间的版本匹配问题。

做一做

下面举例说明如何从 Apache 上获取原生组件。Hadoop 生态圈的各种组件和产品都在 Apache 上，可以到 Apache 官网下载，一般会链接到相关的镜像站点上（http://archive. Apache. org/dist/）。比如进入如下的页面，会看到大量的组件目录列表，如图 3-9 所示。

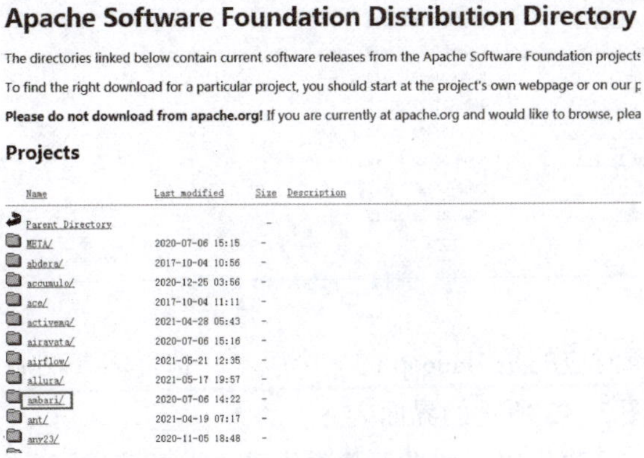

Apache Software Foundation Distribution Directory

The directories linked below contain current software releases from the Apache Software Foundation projects

To find the right download for a particular project, you should start at the project's own webpage or on our p

Please do not download from apache.org! If you are currently at apache.org and would like to browse, plea

Projects

Name	Last modified	Size	Description
Parent Directory		-	
META/	2020-07-06 15:15	-	
abdera/	2017-10-04 10:56	-	
accumulo/	2020-12-25 03:56	-	
ace/	2017-10-04 11:11	-	
activemq/	2021-04-28 05:43	-	
airavata/	2020-07-06 15:16	-	
airflow/	2021-05-21 12:35	-	
allura/	2021-05-17 19:57	-	
ambari/	2020-07-06 14:22	-	
ant/	2021-04-19 07:17	-	
anv23/	2020-11-05 18:48	-	

图 3-9　组件目录列表

图 3-9 中每行都代表了 apache 下的一个开源软件，按字母顺序排列，你可以找到如 Hadoop、HBase、Hive、Impala 等这几个大数据的组件。我们以 Hadoop 为例来继续，单击列表中的 Hadoop 目录，会出现如图 3-10 所示的界面。

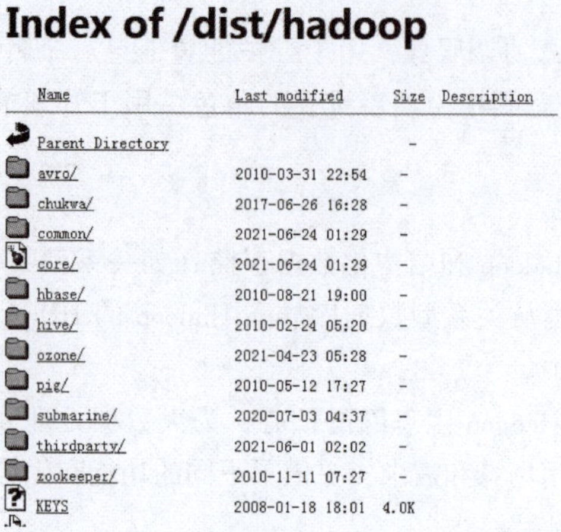

Index of /dist/hadoop

Name	Last modified	Size	Description
Parent Directory		-	
avro/	2010-03-31 22:54	-	
chukwa/	2017-06-26 16:28	-	
common/	2021-06-24 01:29	-	
core/	2021-06-24 01:29	-	
hbase/	2010-08-21 19:00	-	
hive/	2010-02-24 05:20	-	
ozone/	2021-04-23 05:28	-	
pig/	2010-05-12 17:27	-	
submarine/	2020-07-03 04:37	-	
thirdparty/	2021-06-01 02:02	-	
zookeeper/	2010-11-11 07:27	-	
KEYS	2008-01-18 18:01	4.0K	

图 3-10   Hadoop 目录

其中 ozone 是新一代的一个分布式存储组件，我们暂时不管。上面的 common 和 core 目录的内容是一样的。我们再单击 common 目录，会出现如图 3-11 所示的界面。

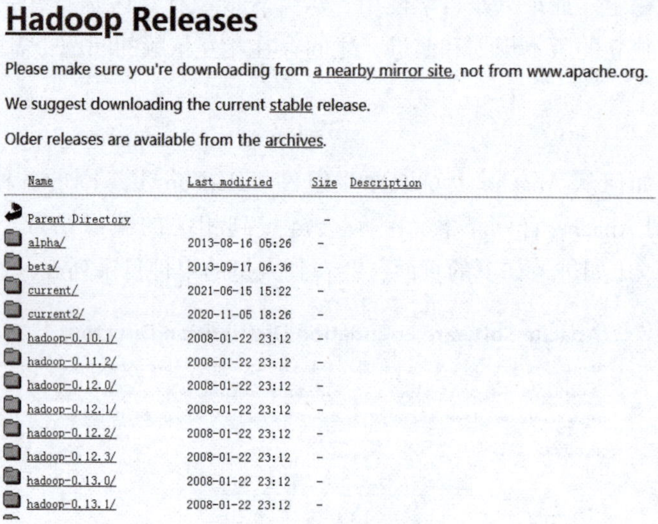

Hadoop Releases

Please make sure you're downloading from a nearby mirror site, not from www.apache.org.

We suggest downloading the current stable release.

Older releases are available from the archives.

Name	Last modified	Size	Description
Parent Directory		-	
alpha/	2013-08-16 05:26	-	
beta/	2013-09-17 06:36	-	
current/	2021-06-15 15:22	-	
current2/	2020-11-05 18:26	-	
hadoop-0.10.1/	2008-01-22 23:12	-	
hadoop-0.11.2/	2008-01-22 23:12	-	
hadoop-0.12.0/	2008-01-22 23:12	-	
hadoop-0.12.1/	2008-01-22 23:12	-	
hadoop-0.12.2/	2008-01-22 23:12	-	
hadoop-0.12.3/	2008-01-22 23:12	-	
hadoop-0.13.0/	2008-01-22 23:12	-	
hadoop-0.13.1/	2008-01-22 23:12	-	

图 3-11   Hadoop 版本

图 3-11 中每个目录对应的是 Hadoop 的一个版本，选择需要的版本，比如单击 hadoop-2.6.0 目录，会出现如图 3-12 所示的界面。

名称中含 src 的表示是源代码，如果下载源代码，需要编译打包。如果直接下载编译打包好的，这样下载后直接部署即可，对应的就是 Hadoop-2.6.0.tar.gz 目录。

下载到本地解压后，我们会看到如图 3-13 所示的目录结构。其中包含了 HDFS，MapReduce，YARN 这三个核心部件，可以进行相关的配置，然后运行相关的脚本，就可以启动 HDFS，YARN 服务。

Index of /dist/hadoop/common/hadoop-2.6.0

Name	Last modified	Size	Description
Parent Directory		-	
hadoop-2.6.0-src.tar.gz	2014-11-30 23:52	17M	
hadoop-2.6.0-src.tar.gz.asc	2014-11-30 23:52	833	
hadoop-2.6.0-src.tar.gz.md5	2014-11-30 23:52	133	
hadoop-2.6.0-src.tar.gz.mds	2014-11-30 23:52	1.1K	
hadoop-2.6.0.tar.gz	2014-11-30 23:52	186M	
hadoop-2.6.0.tar.gz.asc	2014-11-30 23:52	833	
hadoop-2.6.0.tar.gz.md5	2014-11-30 23:52	125	

图 3-12　Hadoop-2.6.0 目录

bin
etc
include
lib
libexec
sbin
share
LICENSE.txt
NOTICE.txt
README.txt

图 3-13　Hadoop 下载包内容

【云中漫步】天空飘来一朵 "智能云" 中国电信云融 AI 迈向新拐点

2024 年 5 月，一年一度的 "数字中国建设峰会" 第七次来到福州，向全球展示中国数字建设的最新成果。这也是中国电信连续第三年在 "数字中国建设峰会" 举行云生态大会。今年天翼云的英文名称变成了 "State Cloud"（国云）。

今年大会名称从云生态大会改为智算云生态大会，不仅在 "云" 前面加了 "智算" 二字，屏幕上天翼 AI 与天翼云并驾齐驱。一切都显示，"AI 融云" 已成为这家全球最大电信运营商云的最显著特征。

"作为国家云，天翼云已经越过向智能云发展的拐点，迈入新的发展阶段。"中国电信董事长柯瑞文在大会演讲中透露，截至目前，天翼云智算规模已达 13 EFLOPS，预计到 2024 年年底，智算规模将达到 21 EFLOPS。

智算云能力体系围绕人工智能算力、算法、数据三大要素，对原有以通算为主的能力体系进行完善、优化、升级，以适应人工智能时代对信息基础设施的需求。

　　三年来，中国电信走出了一条具有自身特色的国云发展之路，而这条路径的选择，也使国云在推动人工智能发展应用上具有独特优势。随着国资央企云体系建设持续深化，截至目前，国资委已推动 36 家中央企业深化 40 个行业云建设，20 余个行业云一年内已实现营收超 160 亿元。天翼云承载了 40 朵行业云中的 24 朵。

　　此次智算云生态大会上，中国电信从算力基础设施、智算平台能力、星辰大模型能力、数据要素能力等 4 个方面入手，打造了一个"算力·平台·数据·模型·应用"五位一体的智算云能力体系。柯瑞文表示，天翼云作为国家云已经越过向智能云发展的拐点，进入新的发展阶段。

来源/《IT 时报》公众号 vittimes

【练习与实训】

1. 选择题

（1）大数据的定义是（　　）。

A. 数据量大　　　　　　　　　　　B. 数据类型多样

C. 数据处理速度快　　　　　　　　D. 以上答案都正确

（2）大数据技术的核心是（　　）。

A. 数据分析　　　　　　　　　　　B. 数据存储

C. 数据传输　　　　　　　　　　　D. 以上答案都正确

（3）下列描述不是分布式系统特性的是（　　）。

A. 透明性　　　　　　　　　　　　B. 开放性

C. 易用性　　　　　　　　　　　　D. 可扩展性

（4）下述系统中，能运行于同构多计算机系统的操作系统是（　　）。

A. 分布式操作系统　　　　　　　　B. 网络操作系统

C. 中间件系统　　　　　　　　　　D. 嵌入式操作系统

（5）与集中式系统相比，分布式系统具有很多优点，其中（　　）不是分布式系统的优点。

A. 提高了系统对用户需求变更的适应性和对环境的应变能力

B. 系统扩展方便

C. 可以根据应用需要和存取方式来配置信息资源

D. 不利于发挥用户在系统开发、维护、管理方面的积极性与主动精神

（6）下列说法中，（　　）是不正确的。

A. 一般的分布式系统是建立在计算机网络之上的，因此分布式系统与计算机网络在物理结构上基本相同

B. 分布式操作系统与网络操作系统的设计思想是不同的，但是它们的结构、工作方式与功能是相同的

C. 分布式系统与计算机网络的主要区别不在于它们的物理结构，而是在于高层软件

D. 分布式系统是一个建立在网络之上的软件系统，这种软件保证了系统的高度一致性

与透明性

  （7）数据库技术主要应用于（　　　）。

  A. 数据密集型领域   B. 劳动密集型领域

  C. 保密性强的领域   D. 自动化高的领域

  （8）数据处理的核心环节是（　　　）。

  A. 收集分类   B. 数据管理

  C. 组织编码   D. 存储查询

  （9）Hadoop 的作者是（　　　）。

  A. MartinFowler   B. Dougcutting

  C. KentBeck   D. GraceHopper

  （10）下列关于 MapReduce 说法不正确的是（　　　）。

  A. MapReduce 是一种计算框架

  B. MapReduce 来源于 Google 的学术论文

  C. MapReduce 程序只能用 Java 语言编写

  D. MapReduce 隐藏了并行计算的细节，方便使用

2. 简答题

  （1）分布式系统具有哪些优点？

  （2）并行编程有几种不同的模型？

  （3）NoSQL 数据库的特点是什么？

  （4）Hadoop 广义上的生态圈有哪些开源组件或产品？

【挖掘云数据处理技术】考评记录表

姓名		班级		学号	
考核点	主要内容		知识热度	标准分值	得分
3.1	认识云计算与大数据		＊＊	15	
3.2	了解分布式技术		＊＊＊＊	25	
3.3	探析分布式数据库		＊＊＊	25	
3.4	认识 Apache Hadoop 项目		＊＊＊	15	
职业素养	实训管理：整理、整顿、清扫、清洁、素养、安全等			20	
	团队精神：沟通、协作、互助、主动				
	工单和笔记：清晰、完整、准确、规范				
	学习反思：技能点表达、反思改进等				
学生自评反馈单	（章节总结、自绘导图、学情反馈）				
教师评价					
注：知识热度（＊认知，＊＊了解，＊＊＊熟悉，＊＊＊＊掌握，＊＊＊＊＊熟练掌握）。					

第4章

驾驭云平台技术

 **本章导读**

　　云计算依托于庞大复杂的系统，要为用户提供优质可靠的云服务，就必须采取措施对系统进行高效的管理，这就是云计算管理平台。

　　本章将介绍云计算管理平台相关技术，内容包括云计算管理平台的概念、功能和特点，开源的云计算管理平台 OpenStack 的相关组件及其安装方法，多租户技术和边缘计算技术。

学习导航

知识目标

了解云计算管理平台的概念和功能

了解云计算管理平台的特点

理解 OpenStack 各组件的功能和关系

掌握部署安装 OpenStack 的方法

熟悉多租户隔离技术

理解云边端协同架构

技能目标

能够完成 OpenStack 平台安装

能够完成 OpenStack 相关操作

能够分辨不同的多租户数据隔离技术

素养目标

提高专业水平和职业素养能力

具备分析问题、解决问题的能力

培养民族自豪感和创新意识

知识导图

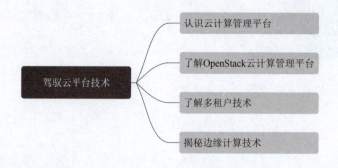

行业先锋——华为鸿蒙首席科学家陈海波

陈海波，男，汉族，1982年11月出生于湖南省邵阳市，中国共产党党员，电气与电子工程师协会会士，国际计算机学会会士，中国计算机学会会士，国家杰出青年科学基金获得者，上海交通大学并行与分布式系统研究所所长、领域操作系统教育部工程研究中心主任、教授、博士生导师。

主要研究领域为操作系统、分布式系统与系统安全，截至2024年1月，研究成果通过产学研深度结合被应用到数十亿设备，产生了广泛的学术与产业影响；提出了低时延操作系统的关键方法，突破工业界通用操作系统的形式化验证方法，提高了工业界操作系统的性能与安全性，破解了微内核操作系统高性能、富生态与高安全难以兼得的技术难题，推动了中国操作系统的研究与大规模产业应用。

工作任务 4.1　认识云计算管理平台

认识云计算
管理平台

【任务情景】

小蔡作为公司 IT 部的新员工，继续深入了解云计算的更多细节后，他遇到了一个新问题：如何有效地管理和监控这些众多的虚拟化资源？这时，他需要熟悉云计算管理平台的作用及其对公司业务的支持方式。通过学习云计算平台如何提供各种计算资源和服务的环境，并允许用户通过互联网访问虚拟化的 IT 资源，小蔡将能更好地利用这些资源，从而在不购买、管理和维护物理硬件的情况下支持公司的业务。

【任务实施】

4.1.1　什么是云计算管理平台

1. 云计算平台（Cloud Computing Platform，CCP）

云计算平台，通常称为云平台，是提供各种计算资源和服务的环境，允许用户通过互联网访问虚拟化的 IT 资源，使企业和个人可以远程利用这些资源，而无须在本地购买、管理和维护物理硬件，从而减少了企业的资本支出，并通过灵活的服务模式提高了运营效率。这些资源可以包括服务器、存储、数据库、网络功能、软件应用以及更广泛的云服务。

（1）云计算平台的核心优势

1）可扩展性。

云计算平台的可扩展性是其最显著的特性之一。云平台能够根据用户需求动态扩展或缩减资源，提供必要的灵活性以应对不同的工作负载和性能要求。这种灵活性允许企业根据实际业务需求，动态地增加或减少计算资源，如 CPU、内存、存储和网络带宽。例如，在电子商务网站的促销活动期间，可能需要增加服务器容量来处理访问高峰，活动结束后，这些资源可以被缩减，以避免不必要的费用。这种"弹性伸缩"能力是传统数据中心难以实现的，它为应对突发事件和季节性变化提供了极大的便利。

2）按需服务。

按需服务模式是云计算的一个基本原则，用户可以根据实际需求选择所需的资源和服务，通常以"按使用付费"的模式计费，这有助于降低成本和提高资源利用效率。这意味着用户不必投入大量资金预购大量硬件和软件，而是根据消费的资源或服务支付费用。这种模式为中小企业特别是初创公司提供了资本开支（CapEx）到运营开支（OpEx）的转换，降低了进入门槛，增强了企业的市场竞争力。

3）可访问性。

云服务的可访问性使用户可以在全球任何有互联网连接的地点访问服务和数据。这对于支持远程工作、分布式团队和国际业务尤为重要。无论团队成员身在何处，都能实时协作和共享资源，这不仅提高了工作效率，也优化了资源利用。

4）多租户性。

多租户架构是云平台的一个重要特性，它允许多个用户共享相同的物理硬件资源，同时保持各自数据和应用的隔离性和安全性。这种架构有效地提高了资源的利用率，降低了成本，同时还能确保服务的安全性和隐私保护。这对于遵守严格数据保护法规的企业尤为重要。

5）自动化管理。

自动化是云平台管理的关键，它涵盖了从资源部署、监控、调优到安全和合规的管理。通过自动化工具，IT团队可以快速部署新服务，监控资源使用情况，自动调整资源分配，以及实施安全策略。大多数云平台提供广泛的自动化工具，使部署、管理和维护应用程序和服务更加高效。

（2）云计算平台的应用场景

云计算平台的多样化应用场景体现了其灵活性和强大的功能，能够支持各种规模的企业满足不同的技术需求。

1）业务应用：运行 ERP、CRM 等软件。

在云计算平台上运行企业资源规划（ERP）和客户关系管理（CRM）软件，可以帮助企业更高效地管理其内部流程和客户信息。云平台的可扩展性和弹性使企业能够根据实际业务需求灵活调整资源，确保系统的性能始终能够满足用户需求。此外，由于云服务提供商负责基础设施的维护和升级，企业可以将更多资源专注于核心业务，而非 IT 管理。

2）开发和测试：提供快速配置和拆解环境的能力。

云平台为软件开发和测试提供了理想的环境，开发团队可以快速配置和拆解开发、测试或暂存环境。这种灵活性大大缩短了项目时间表，提高了开发效率。云平台还允许多个开发团队并行工作，而不会互相干扰，因为每个团队可以在隔离的环境中工作。此外，云平台还支持自动化测试和持续集成/持续部署（CI/CD）流程，进一步提升开发流程的效率和质量。

3）大数据分析：提供强大的计算能力，处理和分析大量数据。

云平台特别适合处理大数据分析需求，因为它可以提供几乎无限的计算资源来存储和分析海量数据。企业可以利用云平台上的高性能计算（HPC）和大规模并行处理能力，快速获得洞察和结果。云服务还常常与先进的数据分析工具和算法集成，使企业能够利用机器学习和人工智能技术来提炼数据价值。

4）内容交付：使用云存储和 CDN 服务快速分发内容。

对于需要大规模分发内容的企业，例如媒体和娱乐公司，云计算平台通过云存储和内容分发网络（CDN）服务提供了一种高效的内容交付解决方案。CDN 通过在全球多个位置缓存内容，减少了数据传输时间，提高了用户访问速度和体验。云存储保证了数据的安全和可靠性，同时降低了本地存储的成本。

5）灾难恢复和数据备份：提供数据的自动备份解决方案。

在传统的 IT 环境中，灾难恢复和数据备份常常既昂贵又复杂。云计算平台提供了低成本高效益的备份解决方案，可以自动备份数据到云端，保证在数据中心发生故障时数据不会丢失。云平台的灾难恢复服务还能确保业务连续性，即使在灾难情况下也能快速恢复业务操作。

2. 云计算管理平台（Cloud Management Platform，CMP）

云计算管理平台也称云管理平台，它是用于管理云平台资源的工具，可对大量异构的IT资源进行整合、管控和调配，这些 IT 资源可能属于同一个云平台，也可能属于不同的云平台。换句话说，CMP 不仅可以实现单一云平台的资源管理，还可实现多个云平台的资源管理。

在 CMP 中，主要集成了诸如服务生命周期管理工具、虚拟机管理工具、存储管理工具、服务计费器等组件，这些组件共同构成了云平台的"控制台"，可对云平台中的云服务进行监控、管理、分析和优化。

在当前的云服务市场中，常见的商用 CMP 有 Microsoft 的 SystemCenter、VMware 的 Cloud 和 Del1 的 VIS 等，它们面向的主要对象是企业私有云和混合云；此外，以 OpenStack、Eucalyptus、Apache CloudStack 等为代表的开源 CMP 也发展迅速，它们通过良好的社区环境弥补了售后支持等不足，成为很多企业和解决方案提供商的新选择，并逐渐在整个市场中占据一席之地。

小知识

云计算管理平台的设计目标

云计算管理平台的设计和实施的最终目标是实现云资源管理的可视化、可控化和自动化，以提高云资源的管理效率和效果。这三个目标相辅相成，共同构建了一种高效和安全的云管理环境。

可视化（Visualization）是指通过图形化的界面展示云资源和服务的状态和性能。这包括实时的监控仪表板、详细的使用报告和趋势图表等。通过可视化工具，IT 管理员和决策者能够直观地了解资源使用情况，从而作出更为明智的决策。例如：资源监控、服务健康、成本分析等。

可控化（Control）涉及对云资源的精确管理和调控，使资源配置、部署和运维等操作能够按照预定策略执行。这包括访问控制、资源调配、安全策略实施等方面。可控化确保了企业对云环境有足够的掌控力，可以根据业务需求和安全要求调整资源。例如：访问权限管理、自动弹性伸缩、安全合规。

自动化（Automation）是通过减少手动介入来提升效率和减少错误。自动化涵盖资源部署、配置管理、监控、报警和维护等多个方面。通过自动化流程，企业可以快速响应变化，提高服务的可靠性和可用性。例如：自动部署和配置、性能和健康监控、故障恢复等。

4.1.2　云计算管理平台的功能

云计算管理平台的主要功能可以划分为两大核心领域：管理云资源和提供云服务。这两大功能确保企业能够有效控制其云基础设施，并充分利用云计算的多样化服务。

1. 管理云资源

管理云资源是指在云计算环境中对计算、存储、网络和应用服务等资源进行的监控、配置、优化和保护的一系列操作和过程。它涉及云资源的整个生命周期，从部署、运行到维护和调整，确保资源有效地支持业务需求，同时保持成本效率和符合安全标准。具体来说，管理云资源通常包括以下 6 个方面。

（1）部署和配置

包括选择合适的服务类型（如 IaaS、PaaS、SaaS）、配置资源的大小（如 CPU、内存、存储空间）和设置网络参数等。通过自动化工具和模板，这些任务可以快速、一致且准确地完成。

（2）性能监控

一旦云资源部署完成，持续监控其性能至关重要。这包括实时跟踪资源使用率、响应时间、可用性和其他关键性能指标。通过监控，可以及时发现问题并作出反应，以避免服务中断或性能下降。

（3）资源优化

云资源的管理还包括根据实际使用情况调整资源分配，以优化成本和性能。这可能涉及扩展（增加资源）或缩容（减少资源），以适应业务需求的变化。资源优化还包括选择不同的云服务提供商或服务计划，以获得更好的价格或服务。

（4）安全管理

安全是云资源管理中的一个核心方面。这包括确保数据的安全性和隐私，通过实施访问控制、加密、防火墙和其他安全措施来保护云资源不受未授权访问和网络攻击的影响。

（5）费用管理

有效的费用管理是云资源管理的另一个重要方面。这涉及监控和分析云资源的消费情况，以确保资源的使用在预算范围内，并避免资源浪费。许多云服务提供商提供详细的费用报告和预警系统，帮助用户控制支出。

（6）合规性和政策执行

管理云资源还需要确保所有操作都符合相关法律法规和行业标准。这包括实施适当的政策和程序，确保数据保护、业务连续性和灾难恢复计划的执行。

2. 提供云服务

CMP 通过对云平台资源的统一管理与整合，实现对云平台上的云服务提供保障和支撑，CMP 对云服务的支撑包括业务支撑、运维支撑和管理支撑 3 个层次。

业务支撑是指 CMP 面向云服务市场和用户的支撑功能，可对用户数据和服务产品进行管理。一般来说，云平台在为用户提供服务时会提供一份云服务等级协议（Service Level Agreement，SLA），它包括了服务的品质、水准、性能等内容，直接与服务的定价相关。评价云服务性能的指标包括响应时间（Responsetime）、吞吐量（Throughput）和可用性（Availability）等，CMP 的业务支撑系统可将 SLA 中的评价指标作为依据，生成服务等级报告提供给用户，从而使用户随时了解服务的运行情况和收费标准。

运维支撑是指 CMP 面向资源分配和业务运行的支撑功能，主要通过对云平台中的资源调度和管理来保障云服务的快速开通和正常运行。云服务的开通主要涉及业务模板、虚拟机及镜像文件调用、服务请求响应和一对一部署等方面的资源管理；服务开通后，云平台还需要为其提供售后服务，如业务变更时重新配置资源、客户问题解答、服务花费结算等，这些功能均可通过 CMP 提供的运维支撑系统实现。CMP 对云服务的运维支撑功能还体现在监控 SLA 中规定的服务性能、接收并分析云服务用户的反馈信息、对云服务进行生命周期管理、监控和分析流程执行状况并对流程的各环节进行模拟和测试等。CMP 可通过自调节的方式，使云服务性能始终满足 SLA 的标准，为云服务的运维提供保障。

管理支撑是指 CMP 面向企业中与云服务相关的人力、财务和工程等因素的管理支撑功能，它可保障企业云服务的正常运转。CMP 可针对不同企业使用的云服务提供对的管理支撑方案。此外，还可对云服务用户的自助服务提供技术支持，从而有效降低管理成本，实现人力、财务和工程等因素的科学管理、高效管理和自动化管理。

4.1.3　云计算管理平台的特点

云计算管理平台的设计旨在帮助企业和组织高效、安全地管理和优化其云环境。云管理平台的特点如下：

1. 简化桌面管理

云计算管理平台通过提供虚拟桌面基础设施（VDI）简化了桌面管理。VDI 允许 IT 部门集中管理用户的桌面环境，用户可以在任何设备上通过网络访问其个人桌面，所有桌面应用和操作系统的更新都可以在服务器端集中进行，不需要逐个更新每台物理设备，显著降低了管理复杂性和时间成本。新用户的桌面环境可以迅速部署，现有用户的配置问题可以远程解决，无须 IT 支持人员到场。由于用户的计算需求通过云中的虚拟桌面满足，对本地硬件的需求大大减少，集中管理减少了对分散 IT 支持的需求，同时降低了因硬件故障导致的维修成本，通过集中管理桌面环境，CMP 显著降低了桌面维护的成本。

2. 保障资源安全性

云计算平台通常将数据集中存储在安全的数据中心内，与传统的分布式数据存储方式相比，这种集中化方法更易于管理和保护。CMP 实施强力的数据加密措施，保护数据在传输过程中和静态下均被加密，以防止未授权访问和数据泄露。这包括使用行业标准的加密算法（如 AES）对数据进行加密。在存储层面实现透明数据加密（TDE），确保存储在数据库中的数据文件被加密，提升数据安全性。CMP 提供了复杂的访问控制机制和身份验证方法，控制谁可以访问数据是保护云资源的关键环节。除了用户名和密码之外，还要求额外的验证步骤，如短信验证码、电子邮件确认或生物识别，以增加安全层级。通过在云环境中实施严格的网络安全策略，CMP 进一步提高了数据的安全性。使用 VPN 和高度配置的防火墙隔离网络资源，阻止未经授权的访问和潜在的网络攻击。自动检测和响应可疑活动或已知的攻击模式，以防止恶意软件或攻击者破坏系统。

3. 服务器集中管控

通过集中化的方式来监控、管理和优化在云环境中部署的各种服务器资源。这种集中化管理方式不仅提高了操作的效率和一致性，还增强了安全性和可靠性。在云计算环境中，企业可能拥有分布在不同地理位置的服务器，这些服务器可能运行在不同的云平台（如 AWS、Azure、Google Cloud 等）上。CMP 提供一个统一的管理控制台，允许 IT 管理员从一个中心点监控所有服务器的状态和性能，实时收集并展示服务器的 CPU 使用率、内存消耗、存储容量和网络流量等关键性能指标。根据预设的阈值自动触发警报，如资源使用超标或系统异常，确保管理员可以及时响应潜在问题。CMP 能够简化和加速新服务器的部署以及现有服务器的维护和升级过程。自动执行操作系统和应用软件的安装、配置和更新，减少手动设置过程中的错误和延时。确保所有服务器都遵循组织的配置标准和策略，自动应用更新和补丁管理，保持系统的一致性和安全性。CMP 通过智能化的资源分配和调度，确保资源的最优使用；自动分配工作负载，确保没有单个服务器过载而其他服务器处于空闲状态；根据需求动态调整资源分配，如根据应用负载增加或减少 CPU 核心数或内存。

4. 支持分布式计算

分布式计算涉及在多台计算机上分布处理任务或数据，这些计算机可能分散在不同的地理位置。这种方式可以显著提高处理速度和数据存储能力，同时提高容错性。通过集中管理工具，协调和优化跨多个服务器和数据中心的资源使用。CMP 能够智能地将计算任务分配给云环境中的多个服务器。这种调度基于每个服务器的当前负载、地理位置和其他参数，确保任务均衡分配，优化整体性能。在负载增加时，CMP 可以自动增加更多的计算资源，以处理大量的并行任务。这不仅限于增加同一数据中心的资源，也可以跨数据中心动态调整，以适应不同地域的数据法规和延迟要求。

为了最大化分布式计算的效率，CMP 提供负载均衡机制，确保没有单个节点过载，而其他节点闲置。根据实时性能指标自动调整流量和任务分配，可以是基于网络流量、CPU 或内存使用率等。任务可以根据地理位置智能分配，以减少数据传输延迟，提高用户体验。分布式计算环境中的容错能力至关重要，CMP 确保系统即使在部分节点失败的情况下也能继续运行。数据在多个地点存储多份副本，任何一点的故障都不会导致数据丢失。一旦检测到节点故障，CMP 自动重定向任务到其他健康节点，保证服务不中断。

5. 云终端绿色节能

传统 PC 的耗电量是非常庞大的，一般来说，台式机的功耗在 230 W 左右，即使它处于空闲状态其耗电量也至少有 100 W，按照每天使用 10 个小时，每年 240 天工作来计算，每台计算机的耗电量在 500°~600°，耗电量非常惊人。采用桌面云方案后，每个瘦客户端的电量消耗在每天 15 W 左右，加上服务器的能源消耗，整体的能源消耗也只相当于台式机的 20%，极大地降低了 IT 系统的能耗。

【应用拓展】常见的云管理平台

1. OpenStack

OpenStack 是一个开源的云操作系统，由 NASA 和 Rackspace 发起，得到了 IBM、Red Hat、Intel 等企业的广泛支持。作为一个高度可扩展的平台，它为计算、存储和网络提供了统一管理，支持包括 KVM、Xen 在内的多种虚拟化技术，以及容器和裸机架构，能够在标准硬件上部署虚拟机和其他资源。OpenStack 的设计目标是实现一个简单、可大规模扩展、统一标准的云计算环境，支持私有云、公有云及混合云的建设和管理。

具备模块化架构的 OpenStack，通过多个协同工作的组件提供基础设施即服务（IaaS）的解决方案，每个组件都提供 API 进行集成。这个平台拥有超过 130 家企业和 1 350 位开发者的强大社区，他们共同维护着 OpenStack 的生态系统，确保其技术能够持续创新，满足日益增长的云计算需求，并简化云部署过程，同时保证出色的可扩展性。

2. CloudStack

CloudStack 是一个开源的云计算平台，专门用于构建和管理大规模的云基础设施服务（IaaS）。该平台具备高可用性和扩展性，支持包括 VMware、Oracle VM、KVM、XenServer 和 Xen 在内的多种虚拟化技术。CloudStack 提供了一个简洁易用的管理界面，可快速集成现有硬件基础架构，以便操作者方便地部署和配置公共或私有云环境。

CloudStack 提供全面的多租户支持，允许用户通过其提供的 API 在现有架构上快速构建自己的云服务。它可以管理虚拟化资源，协调服务器、存储和网络资源的分配和使用，并提供网络服务的编排（例如 DHCP、NAT、防火墙和 VPN）。CloudStack 由 Cloud.com 发起，后被 Citrix 收购，并最终贡献给 Apache 软件基金会，现在已经成为 Apache 的一个顶级项目，提供了针对不同操作系统的软件包，并最新发布了 5.0 版本，拥有广泛的商用客户群，包括 GoDaddy、英国电信等，并由北京天云趋势科技有限公司在中国提供支持和服务。

3. Eucalyptus

Eucalyptus（European Cooperative for Utility Cloud Applications and Services 的缩写）是一个开源软件平台，用于提供在私有服务器上的云计算服务，特别是基础设施即服务（IaaS）的部署。它最突出的特点是与 Amazon Web Services（AWS）高度兼容，支持 AWS 的 EC2 和 S3 服务的 API，使用户可以在自己的数据中心内创建与 AWS 兼容的云服务。

Eucalyptus 的设计使企业能够在自己的基础架构上模拟 AWS 环境，实现混合云策略，方便那些希望在私有云中运行可以在公共云中运行的应用的用户。它支持常见的虚拟化技术，如 VMware、KVM 和 Xen。Eucalyptus 还提供了用户友好的管理界面以及命令行工具，帮助用户管理云资源。

Eucalyptus 的另一个关键特性是它的可扩展性和模块化架构，它允许用户根据需要增加资源和服务，适合各种规模的部署。由于其与 AWS 的高度兼容性，它允许用户轻松地将工作负载从私有云迁移到公共云，反之亦然，为企业提供了很大的灵活性。尽管随着其他如 OpenStack 和 CloudStack 等解决方案的兴起，Eucalyptus 的市场份额有所下降，但它仍然是一个强大的工具，尤其适合需要与 AWS 兼容的环境。

4. OpenNebula

OpenNebula 是一个开源的云计算工具，用于创建和管理虚拟化的数据中心环境，提供基础设施即服务（IaaS）。它旨在提供一个简单、灵活且可扩展的解决方案来管理和自动化数据中心的虚拟资源。与其他云解决方案相比，OpenNebula 特别注重简化和灵活性，为用户提供了一个高度模块化和非侵入式的平台。

OpenNebula 支持多种虚拟化技术，包括 KVM、Xen 和 VMware，并且可以与公共云服务提供商如 Amazon AWS 和 Microsoft Azure 进行集成，允许建立混合云环境。此外，它还提供了一个功能丰富的 API 和 CLI，使用户可以通过编程方式管理云资源，而且还能够与其他云管理工具如 Ansible 或 Terraform 集成。

OpenNebula 设计用于适应各种规模的环境，从小型企业的私有云到为了业务和科研目的而构建的大型多数据中心云环境均适用。由于它的开放性和易于集成的特点，OpenNebula 很适合那些需要对其云基础设施有更多控制权的组织和技术专业人员。它也被广泛应用于研究和教育领域，因为其开放源代码的本质允许用户深度定制和扩展平台。

常见的云管理平台对比如表 4-1 所示。

表 4-1　常见的云管理平台对比

特性/平台	OpenStack	CloudStack	Eucalyptus	OpenNebula
支持的虚拟化技术	KVM，VMware，Xen	VMware，KVM，XenServer	VMware，KVM，Xen	KVM，VMware，Xen
API 兼容性	无	部分（AWS EC2）	AWS EC2	部分（AWS EC2）
设计目标	可扩展性、灵活性	简洁性、易于部署	AWS 兼容性	简洁灵活、易于集成
开发与支持	大型社区，多公司支持	中等社区，较少公司支持	较小社区，专注 AWS 兼容	小型社区，高度定制化
适用场景	大规模企业云	中小型企业云	需要与 AWS 兼容的环境	需要简洁部署的企业

工作任务 4.2　了解 OpenStack 云计算管理平台

【任务情景】

小蔡已经了解了云计算管理平台的相关知识，并且知道云计算管理平台 OpenStack，但是 OpenStack 如何通过与各种虚拟化技术集成来高效管理计算资源，小蔡将如何使用这个平台来优化资源配置和支持公司的业务呢？她需要深入了解 OpenStack 云计算管理平台的结构和功能，特别是学习它是如何协调和管理底层的物理和虚拟资源的，包括计算、存储和网络资源。

了解 OpenStack 云计算管理平台

【任务实施】

4.2.1　OpenStack 简介

1. OpenStack 概述

OpenStack 是一个开源软件，以 Apache 许可证授权。OpenStack 的版本由 OpenStack 基金

会整理和发布，同时应用厂商对核心的要求也会不断反馈给 OpenStack 基金会的技术委员会，并进一步促使拥有更强大功能的新版本推出。OpenStack 的开放性使其能够在推动技术创新的同时，达到与应用厂商共赢的局面。此外，由于开源软件的源代码是公开的，若源代码有质量方面的问题，则更易于被发现并被修正，从而源代码的安全漏洞也易于被发现并被修正。

OpenStack 是一个高度灵活的云平台管理工具，其核心职能是作为控制面（管理器）存在的，主要负责协调和管理底层的物理和虚拟资源。尽管 OpenStack 本身并不直接提供虚拟化技术，但它通过与各种虚拟化技术如 KVM、Xen、VMware 等集成，实现了对计算资源的高效管理。这种设计使 OpenStack 能够在不依赖特定虚拟化技术的前提下，为用户提供强大的资源管理和调度能力。

作为一个纯粹的控制面，OpenStack 的职责是向下管理资源池，包括计算、存储和网络资源，从而为上层应用提供所需的基础设施服务。它通过一系列的服务组件实现这一功能，每个组件负责不同类型的资源管理。例如，Nova 是负责计算资源的组件，Cinder 是管理块存储资源的组件，而 Neutron 负责网络资源的管理。

OpenStack 的设计中明确将系统的数据面组件（如 Hypervisors、实际的网络设备和存储设备）与控制面分离。这意味着 OpenStack 不包括直接处理数据传输和存储的组件，如 Hypervisor（虚拟机监控器）。这些数据面组件是独立于 OpenStack 运行的，它们直接与硬件交互，负责数据的实际处理和流动。OpenStack 的作用是通过其统一的管理接口，提供对这些底层资源的逻辑抽象和管理功能，使整个云环境的部署和运维更为高效和集中。

因此，OpenStack 可以看作是一层位于用户和物理硬件之间的中间件，它通过提供统一的 API 和界面，简化了云基础设施的管理，使用户可以不必直接与复杂的底层技术打交道。这种架构设计不仅提升了云平台的灵活性和可扩展性，还使 OpenStack 能够支持多种硬件和软件配置，适应不同的运行环境和业务需求。OpenStack 是构建云计算的关键组件，是云计算的框架、骨干，如图 4-1 所示。

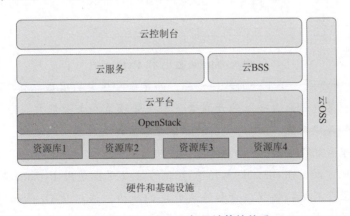

图 4-1　OpenStack 与云计算的关系

2. OpenStack 优势

OpenStack 具有多个独特优势，使其在众多云管理平台中脱颖而出，这些优势使其成为构建和管理企业级云基础设施的理想选择，支持企业的数字化转型和云迁移策略。

（1）模块松耦合

OpenStack 的架构设计基于松散耦合的模块化原则，使在现有的云架构中添加或替换组件变得非常简单，不会影响其他模块的运行。这样的架构不仅有助于系统的稳定性和可维护性，也极大地方便了功能的扩展和定制。

（2）组件配置灵活

OpenStack 包含多个组件，每个组件都可以根据具体的需求进行独立配置和优化。OpenStack 提供了灵活的配置选项，使管理员可以轻松调整每个组件的设置以适应不同的工作负载和性能要求。例如，可以根据需要提高计算能力或调整存储资源，而这一切都可以通过用户友好的管理界面或自动化脚本来完成。

（3）二次开发容易

OpenStack 提供了一套完整的 RESTful API，这些 API 遵循行业标准，使开发者可以轻松地与 OpenStack 的各个组件进行交互，实现自动化管理和监控功能。这种统一的 API 接口简化了二次开发的过程，开发者可以基于这些 API 快速构建自定义的解决方案或集成第三方服务，无须从头开始开发复杂的功能。

（4）兼容性

OpenStack 的另一个显著优势是与其他公有云服务的兼容性。OpenStack 支持 AWS、Google Cloud Platform 和 Microsoft Azure 等多个主流公有云提供商的 API 兼容性，这使用户可以轻松迁移工作负载，实现多云策略，从而优化成本和性能，提高业务的灵活性和可靠性。

（5）可扩展性

OpenStack 的模块化设计不仅限于其组件的灵活配置，还体现在其出色的可扩展性上。无论是增加更多的计算节点来处理更大的工作负载，还是扩展存储和网络资源以支持更多的用户和数据，OpenStack 都能通过简单的横向扩展来满足增长的需求。这种扩展性确保了 OpenStack 能够适应从中小企业到大型企业的各种规模的需求。

小知识

OpenStack 社区和 Python

OpenStack 并不是一个单一的软件产品，而是一个庞大的项目，有广泛的社区支持和维护。这个社区包括来自全球的开发者、系统管理员和企业用户，他们共同贡献代码、提供反馈和改进功能。因此，OpenStack 可以快速适应市场的变化，不断引入创新技术和增强其平台的稳定性和可扩展性。

在技术实现方面，OpenStack 大约有 70% 的核心逻辑是用 Python 编写的。Python 的广泛应用提供了高级的编程接口和快速开发的能力，这对于 OpenStack 这样需要频繁更新和维护的大型开源项目来说是非常重要的。使用 Python 还有助于保持代码的清晰和易于管理，同时也使更多的开发者能够参与到 OpenStack 的开发中来，因为 Python 是一种广泛使用且容易上手的编程语言。

4.3.2 OpenStack 架构

1. OpenStack 核心组件

作为一个综合性的云平台项目，OpenStack 由多个相互协作的子项目组成，每个项目都包含若干组件，这些组件共同工作，提供云服务的不同功能，如计算（Nova）、存储（Cinder 和 Swift）和网络（Neutron）等。这种无中心架构设计使 OpenStack 非常灵活，允许用户根据需求自由选择和组合不同的服务模块。

OpenStack 覆盖了网络、虚拟化、操作系统、服务器等各个方面。根据成熟度和重要度的不同，被分解成核心项目、孵化项目以及支持项目和相关项目。每个项目都有自己的委员会和项目技术主管，而且每个项目都不是一成不变的，孵化项目可以根据发展的成熟度和重要性，转变为核心项目，下面介绍 OpenStack 的 6 个核心项目和一个控制台组件项目。

（1）计算管理服务组件 Nova

Nova 是 OpenStack 的计算组件，负责资源的分配和管理。支持多种虚拟化技术，如 KVM 和 Xen，提供虚拟机的生命周期管理功能。它是 OpenStack 的虚拟服务器部署和业务计算模块，是整个 OpenStack 的核心组件，具有高度分散的性质和多个流程。换句话说，Nova 是 OpenStack 所在云平台中的所有虚拟资源的控制器。Nova 承担云平台所提供的弹性计算服务，通过对虚拟机的管理（如创建虚拟机或热迁移虚拟机）响应用户发出的弹性计算服务请求。

虽然 Nova 可管理虚拟化资源，但其本身却不能提供虚拟化功能，而是仅通过 libvint API 实现对虚拟机的管理。仅 Nova 对外开放其所有功能，提供 RESTful API 供其他应用调用。Nova 与其他几个 OpenStack 服务都有一些接口：它使用 Keystone 来进行其身份验证，使用 Horizon 作为其管理接口，并用 Glance 提供其镜像。Nova 与 Glance 的交互最为密切，它需要下载镜像，以便通过镜像来创建虚拟机。此外，Nova 还兼容 AWS 的 EC2 接口，可实现与 AWS EC2 云服务业务的对接。

Nova 组件的功能强大且结构复杂，由多个模块组成，这些模块分属若干单元，每个单元又是若干计算节点的集合，Nova 的主要模块如图 4-2 所示。OpenStack 中的计算节点被分成若干小的单元进行管理，除了顶层管理单元"cell0"外，每个单元都有消息队列和数据库，"cell0"只有数据库。其中，单元"cell0"包含接口模块（nova-api）和调度模块（nova-scheduler）；而其余的单元如"cell1""cell2"负责具体的云主机实例的创建与管理。随着计算节点规模的扩大，还可以进行单元新增，如增加"cell3""cell4"等。

为 Nova 各个单元服务的数据库一共有 3 个，分别是"nova_api""nova_cell0""nova"。顶层管理单元"cell0"使用了"nova_api""nova_cell0"数据库。"nova_api"数据库存放的是全局信息，如单元的信息、实例类型（创建云主机的模板）信息等。"nova_cell0"数据库的作用是当某台云主机调度失败时，云主机的信息将不属于任何一个单元，而只能存放到"nova_cell0"数据库中，因此"nova_cell0"数据库用于存放云主机调度失败的数据以集中管理。而"nova"数据库为其他所有单元服务，存储了单元中云主机的相关信息。

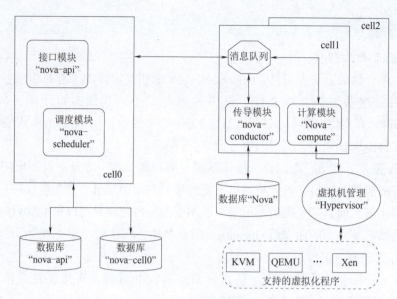

图4-2　Nova 的主要模块

Nova 主要模块的功能介绍如表 4-2 所示。

表4-2　Nova 主要模块的功能介绍

模块	功能介绍
nova-api	一个交互接口，管理者可以通过这个接口来管理内部基础设施，也可以通过这个接口向用户提供服务。当然基于 Web 的管理也是通过这个接口，然后向消息队列发送消息，达到资源调度的功能
nova-scheduler	一个拥有把 nova-api 调用映射为 OpenStack 功能的组件，会根据诸如 CPU 构架、可用域的物理距离、内存、负载等作出调度决定
nova-compute	Nova 的核心模块，负责虚拟机的创建以及资源的分配。它本身不提供任何虚拟化功能，但通过 Hypervisor 调用第三方虚拟化工具（如 KVM、Xen、QEMU 等）创建和管理云主机
nova-conductor	负责与数据库的连接管理，Nova 中的其他组件均通过它与数据库交互
nova-network	相当于云计算系统内部的一个路由器，承担了 IP 地址的划分以及配置 VLAN 和安全组的划分

Nova 组件的主要功能就是创建与管理云主机，其中创建云主机的基本流程如图 4-3 所示。在创建云主机的过程中，Nova 各个模块分工合作的大致流程如下。

第 1 步，nova-api 接收到用户通过管理界面或命令行发起的云主机创建请求，并将其发送到消息队列中。

第 2 步，nova-conductor 从消息队列中获得请求，从数据库中获得诸如 cell 等的相关信息并将请求和获得的数据放入消息队列。

第 3 步，nova-scheduler 从消息队列获得请求和数据以后，与 Placement 组件配合选择创建云主机的物理机，选择完成后，请求转入消息队列等待 nova-compute 处理。

第 4 步，nova-compute 从消息队列获得请求后，分别与 Glance、Neutron 和 Cinder 交互以获取镜像资源、网络资源和云存储资源。一切资源准备就绪后，nova-compute 通过 Hypervisor 调用具体的虚拟化程序，如 KVM、QEMU、Xen 等，以创建虚拟机。

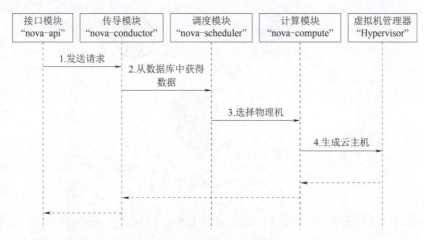

图 4-3　创建云主机的基本流程

（2）对象存储服务组件 Swift

Swift 提供了一个高度可扩展的分布式存储系统，用于存储大量非结构化数据。它优化了数据的冗余和备份，确保数据安全和可靠性，它主要提供面向资源的对象存储服务，OpenStack 中的所有数据均以对象的形式存储在 Swift 中。作为 OpenStack 的核心模块之一，Swift 本身也是一个分布式文件系统，可单独部署在其他 CMP 或大数据平台中用于数据管理。Swift 可存储 PB 级别的数据，并基于"最终一致性"的设计思想，通过放弃数据的强一致性以保持整个系统的高可用性。

Swift 对象存储采用了层次数据模型，共分为账户（Account）、容器（Container）、对象（Object）3 层。由于容器与对象是一一对应的关系，系统的整体性能不会因节点的增多而受到限制，故每层的节点数可任意地进行横向扩展，这样既可以扩大数据的存储规模，又可通过冗余等容错机制避免因单点失效使整个系统受到影响。

Swift 同样提供了 RESTful API，开发者可直接通过 API 对容器中的对象进行存放、检索和删除等操作。Swift API 支持多种编程语言的客户程序进行调用，如 Java、Python、PHP 和 C#等。Swift 主要由 3 个组成部分：Proxy Server、Storage Server 和 Consistency Server，其部署架构如图 4-4 所示，其中 Storage 和 Consistency 服务均允许在存储节点（Storage Node）上。

Proxy Server（代理服务）是提供 Swift API 的服务器进程，负责 Swift 其余组件间的相互通信。对于每个客户端的请求，它将在 Ring 中查询 Account、Container 或 Object 的位置，并且相应地转发请求。Proxy 提供了 RESTful API，并且符合标准的 HTTP 协议规范，这使开发者可以快捷构建定制的 Client 与 Swift 交互。

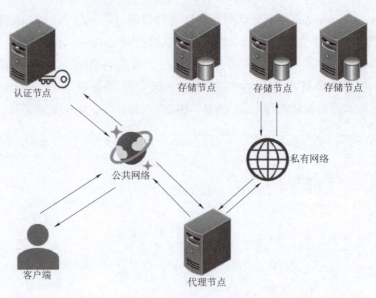

图 4-4 Swift 的部署架构

Storage Server（存储服务）提供了磁盘设备上的存储服务。在 Swift 中有三类存储服务器：Account、Container 和 Object。其中 Container 服务器负责处理 Object 的列表，Container 服务器并不知道对象存放位置，只知道指定 Container 里存的哪些 Object。这些 Object 信息以 sqlite 数据库文件的形式存储。Container 服务器也做一些跟踪统计，例如 Object 的总数、Container 的使用情况。

Consistency Server 的目的是查找并解决由数据损坏和硬件故障引起的错误。主要存在 3 个 Server：Auditor（审计服务）、Updater（复制服务）和 Replicator（更新服务）。

（3）块存储服务组件 Cinder

在 OpenStack 的 Folsom 版本中，将之前 Nova 中的部分持久性块存储功能（Nova-Volume）分离了出来，独立为新的组件 Cinder。Cinder 的功能是实现块存储服务，根据实际需要快速为虚拟机提供块设备的创建、挂载、回收以及快照备份控制等。在块存储中，裸硬盘通常被称为卷（Volume），Cinder 的任务就是管理卷，包括卷的创建、删除等操作。Cinder 的主要模块及功能介绍如表 4-3 所示。

表 4-3 Cinder 的主要模块及功能介绍

模块	功能介绍
cinder-api	用于接收和响应外部请求，也是外部可用于管理 Cinder 的唯一入口
cinder-volume	该模块是 Cinder 项目中对卷进行管理的模块
cinder-scheduler	该模块负责通过调度算法从多个存储节点服务器中选择最合适的节点来创建卷
volume-provider	该模块负责通过驱动调用具体的卷管理系统实现对卷的具体操作。它支持多种卷管理系统包括 LVM、NFS、Ceph 等
volume-backup	该模块为卷提供备份服务

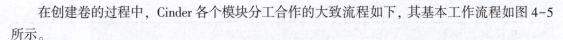

在创建卷的过程中，Cinder 各个模块分工合作的大致流程如下，其基本工作流程如图 4-5 所示。

第 1 步，"cinder-api" 接收到用户通过管理界面或命令行发起的卷创建请求后，完成必要处理后将其发送到消息队列中。

第 2 步，"cinder-scheduler" 从消息队列中获得请求和数据以后，从若干存储节点中选出能存放该卷的节点，并将信息发送到消息队列。

第 3 步，"cinder-volume" 从消息队列中获取请求后，通过 "volume-provider" 调用具体的卷管理系统并在存储设备上创建卷。

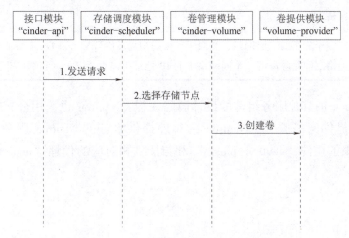

图 4-5　Cinder 创建卷的基本工作流程

（4）网络管理服务组件 Neutron

Neutron 是 OpenStack 的网络虚拟化管理模块，包括子网、端口、网桥以及网络等，支持 VLAN、GRE 和 VXLAN 等网络技术，Neutron 管理的部分网络设备及其功能说明如表 4-4 所示。Neutron 基于软件定义网络（Software Defined Network，SDN）的基本思想设计并实现，通过软件接口或自定义编程即可实现传统网络需要网络硬件设备实现的二层交换、三层路由、防火墙、负载均衡和其他特定的网络功能。Neutron 对外提供面向用户的网络管理服务，在多租户的环境下，每个用户均可向系统提交自定义网络的请求，SDN 将为其创建独立的 VLAN 环境，用户可在 SDN 实现的网络环境中添加网络接口设备，并通过 OpenStack 的 Nova 组件对这些设备进行管理。

表 4-4　Neutron 管理的部分网络设备及其功能说明

网络设备	功能说明
子网	子网是一个 IPv4 或者 IPv6 地址段，子网中的云主机的 IP 地址从该地址段中进行分配，子网必须关联一个网络，网络与子网是一对多关系，一个子网只能属于某个网络，一个网络可以有多个子网

续表

网络设备	功能说明
端口	端口可以看作虚拟交换机上的一个端口。端口上定义了硬件物理地址（MAC 地址）和 IP 地址，当云主机的虚拟网卡（Virtual Interface，VIF）绑定到某个端口时，端口就会将 MAC 地址和 IP 地址分配给虚拟网卡，子网与端口是一对多关系，一个端口必须属于某个子网，一个子网可以有多个端口
网桥	网桥类似于交换机，用于连接不同的网络设备，Neutron 把网桥分为内部网桥和外部网桥两类，内部网桥即实现内部网络功能的网桥，外部网桥即负责与外部网络通信的网桥
网络	一个隔离的二层网段，类似于一个虚拟局域网（Virtual Local Area Network，VLAN），网络之间是隔离的，不同网络中的 IP 地址可以重复，子网和端口都挂接在某个网络中

它与 OpenStack 的其他服务组件的设计思路一样，Neutron 也采用分布式架构，由多个子服务共同对外提供网络服务。Neutron 由对外提供服务的 Neutron 服务模块"neutron-server"、任意数量的插件"neutron-plugin"和与插件相对应的代理"neutron-agent"组成，如图 4-6 所示。

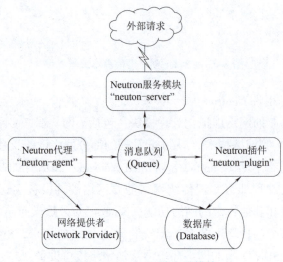

图 4-6　Neutron 的主要模块

Neutron 的主要模块及其功能说明如表 4-5 所示。

表 4-5　Neutron 的主要模块及其功能说明

模块	功能说明
neutron-server	Neutron 的服务模块，对外提供 OpenStack 网络 API，接收请求，并调用插件处理请求
neutron-plugin	Neutron 的插件对应某个具体功能，各个厂商可以开发插件放入 Neutron。插件做的事情主要有两件：在数据库中创建资源和发送请求给具体的"neutron-agent"

续表

模块	功能说明
neutron-agent	Neutron 的代理可以理解为插件在物理设备上的对应代理，插件要实现具体功能必须要通过代理。代理接收"neutron-plugin"通知的业务操作和参数，并在网络提供者上实现各种网络功能，如创建网络、子网、网桥等，当设备发生问题时，"neutron-agent"会将情况通知给"neutron-plugin"

Neutron 能通过不同的插件及代理提供多种不同层级的网络服务，这些插件按照其功能分为两类：核心插件（Core-plugin）和服务插件（Service-plugin）。Neutron 中的核心插件即为二层模块（Modular Layer 2，ML2），它负责管理 OSI 参考模型的第二层的网络连接，ML2 中主要包括网络、子网、端口这 3 类核心资源。Neutron 服务中必须包括核心插件，因此在 Neutron 配置文件中必须配置 ML2，否则无法启动 Neutron 服务。服务插件是除核心插件以外其他的插件的统称，主要实现 OSI 参考模型的第三层到第七层的网络服务。这些插件包括第三层的路由器（Router）、防火墙（Firewall）、负载均衡（LoadBalancer）、虚拟专用网络（Virtual Private Network，VPN）、网络监控（Metering）等。与核心插件不同的是，服务插件通常不会影响 Neutron 服务运行，因此在 Neutron 的配置文件中可以不用配置此类插件的信息。

（5）镜像管理服务组件 Glance

Glance 是 OpenStack 的镜像管理模块，它主要为虚拟机提供镜像，是一个虚拟磁盘镜像的目录系统和仓库，支持多种虚拟化引擎。在早期的 OpenStack 版本中，Glance 只有管理镜像的功能，并不具备镜像存储功能。现在，Glance 已发展成为集镜像上传、检索、管理和存储等多种功能的 OpenStack 核心服务。

Glance 支持用多种方式存储镜像，包括操作系统的文件系统、Swift、S3（亚马逊云对象存储格式）等，这些存储方式都包括镜像元数据（Meta Data）和镜像文件（Image File）两种类型的镜像数据。镜像元数据是存放在数据库中的关于镜像的相关信息，如文件名、大小、状态等字符串信息，用于快速检索。例如，想查询云计算平台中存在哪些镜像、镜像处于什么状态，均可以从镜像元数据中获取。镜像文件即镜像本身，它存储于后端存储，所谓的后端存储就是第三方存储系统，如 Swift、S3、Cinder 等。

Glance 有 3 个模块，分别是应用接口（Glance-API）、存储适配器（Store Adapter）和注册服务（Glance-registry），通过一个应用接口对外提供服务，在应用接口中集成了存储适配器，存储适配器通过调用后端存储的文件管理功能来实现对镜像文件的操作，Glance 基本模块如图 4-7 所示。

Glance 的主要模块及其功能说明如表 4-6 所示。

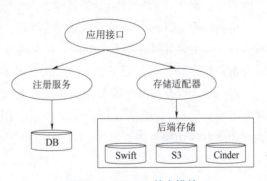

图 4-7　Glance 基本模块

表 4-6　Glance 的主要模块及其功能说明

模块	功能说明
Glance-API	Glance 服务后台运行的服务进程，是进入 Glance 的入口，对外提供 RESTful API，负责接收外部客户端的服务请求
Glance-registry	服务后台远程的镜像注册服务，负责处理与镜像的元数据相关的外部请求
Store Adapter	是一个接口层，其中包含对镜像文件各种操作方法，但这些方法都需要调用后端存储中的文件系统（Swift、S3、Cinder 等）来进行相应的文件处理

当计算组件向 Glance-API 请求镜像后，Glance-API 先向数据库进行查询，看有没有这个镜像，如果有则获得镜像文件地址，再根据镜像文件地址到后端存储获得具体的镜像文件，最后，将获得的镜像文件返回给计算组件。计算组件 Nova 在生成虚拟机时向 Glance 请求镜像的工作流程示意图如图 4-8 所示。

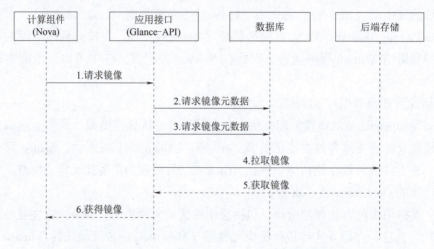

图 4-8　计算组件 Nova 在生成虚拟机时向 Glance 请求镜像的工作流程示意图

（6）认证管理服务组件 Keystone

Keystone 是 OpenStack 中的一个独立的提供安全认证的模块，主要负责用户的身份认证、令牌管理、提供访问资源的服务目录，以及基于用户角色的访问控制。

Keystone 类似一个服务总线，或者说是整个 OpenStack 框架的注册表，其他服务通过 Keystone 来注册其服务的 Endpoint（服务端点），任何服务之间相互的调用需要经过 Keystone 的身份验证来获得目标服务的 Endpoint 以找到目标服务。

Keystone 服务是由令牌（用来生成和管理令牌）、目录（用来存储和管理服务以及与之对应的端点信息）、验证（用来管理项目、用户、角色、提供认证服务）、策略（用来存储和管理所有的访问权限）四大后端模块所支持的，Keystone 的主要模块如图 4-9 所示。

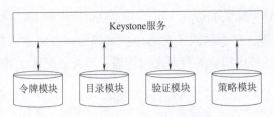

图 4-9 **Keystone 的主要模块**

OpenStack 云计算平台的各个组件在加入云计算平台系统或者使用其他组件服务时都需要通过 Keystone 的认证，在用户创建虚拟机的过程中各个组件的相互协作关系如图 4-10 所示。

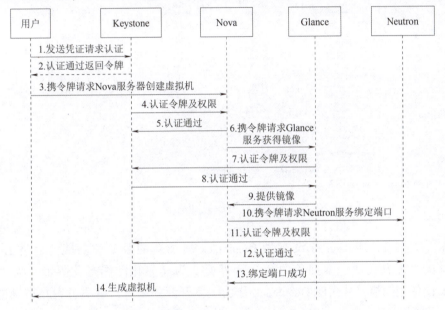

图 4-10 **创建虚拟机的过程中各个组件的相互协作关系**

Keystone 的认证分为两种。

第 1 种，判断用户凭证是否合法。用户初次登录系统时，需要向 Keystone 提交用户名、密码等用户凭证信息，Keystone 进行认证以判断其是否为合法用户，如果是合法用户，则给用户颁发令牌，用于后续认证使用，在颁发的令牌中包含用户对服务的使用权限、令牌的失效时间等信息。

第 2 种，判断用户令牌是否合法，当用户已经登录系统并开始使用 OpenStack 的任一组件服务时，都需要提交已获得的令牌，提供服务的组件将收到的令牌转交给 Keystone 判断该令牌是否合法、是否过期、是否有权获得服务等，只有通过了 Keystone 的认证，服务才会响应相应的请求。

（7）控制台组件 Horizon

Horizon 是 OpenStack 的官方网页控制面板，为管理和使用 OpenStack 提供了图形界面，也常称其为"仪表盘（Dashboard）"。对于很多用户而言，他们最初了解和使用 OpenStack 均是从 Horizon 开始的。一般来说，在部署了 OpenStack 的控制主机上使用 Horizon 的方法是：打开浏览器，在地址栏输入 http：//［host IP address］/dashboard，访问此链接即可出现 Horizon 的认证界面，管理人员在输入正确的用户名和密码后将进入仪表盘界面，在仪表盘界面中即可对云平台中的各虚拟机等资源进行管理、监控和配置，其界面如图 4-11 所示。

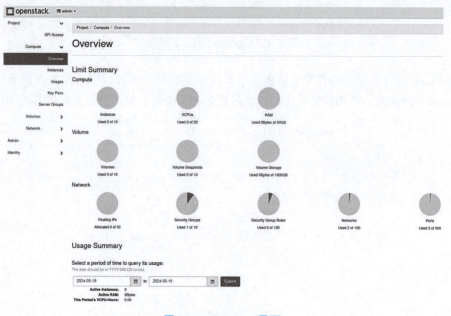

图 4-11　Horizon 界面

严格意义上说，Horizon 并没有为 OpenStack 增加新的服务和功能，但是 Horizon 将 OpenStack 的管理方式从原本抽象的命令行界面变为具象化的图形化界面，大大降低了 OpenStack 的使用门槛，从而使 OpenStack 作为一款开源的私有云解决方案在市场推广上占尽优势。从这点来看，Horizon 在 OpenStack 中是十分重要的组件。

Neutron、Nova、Glance 和 Cinder 分别为 VM（虚拟机）提供网络、计算、镜像和存储服务，相当于实体机的网卡、CPU 与内存、操作系统和硬盘。用户可以通过 Horizon 的 UI 界面便捷管理虚拟机，Keystone 则提供认证服务，给用户不同的访问与管理权限。Swift 实现对象存储，对用户可实现云存储，对 Cinder 可提供卷备份服务，为 Glance 提供镜像存储服务，提高系统的容灾能力，OpenStack 核心组件之间的关系如图 4-12 所示。

2. OpenStack 物理架构

OpenStack 的不同服务可以分布在多个物理节点上，也可以集中在一个物理节点上。一般而言，根据不同物理节点的功能不同，将其分为 4 种：控制节点、网络节点、计算节点和存储节点。其中不同物理节点需要支持的服务和网络接口一般不同。根据节点的名称，网络、存储、计算节点主要实现 OpenStack 平台的 3 大主要资源：网络（Neutron）、存储（Cinder 和 Swift）和计算（Nova，也可以扩展 Ceilometer 审计资源使用情况）；而控制节点则需要支持其他功能，例如身份认证（Keystone）、UI 界面（Horizon）、镜像服务（Glance）等，同时控制节点需要支持数据库，以保存各类记录，为了更为便捷地部署与编排，控制节点可以扩展实现 Heat 服务。网络接口的不同则是依据不同节点数据交换方式的需要而确定。网络节点需要提供外部网络对整体服务的访问，故需要实现外部接口；而控制节点仅执行对其他节点的控制管理功能，因此只需要实现管理接口；控制节点外的其他节点除了接收控制信息的管理接口外，还会彼此之间传递数据，因此需要实现数据接口，其物理架构如图 4-13 所示。

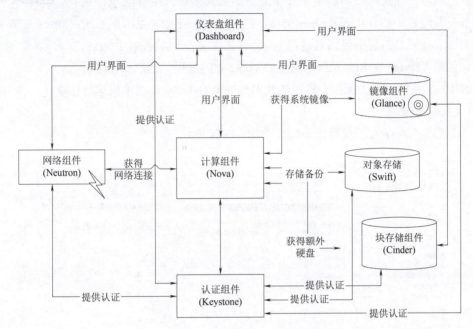

图 4-12 OpenStack 核心组件之间的关系

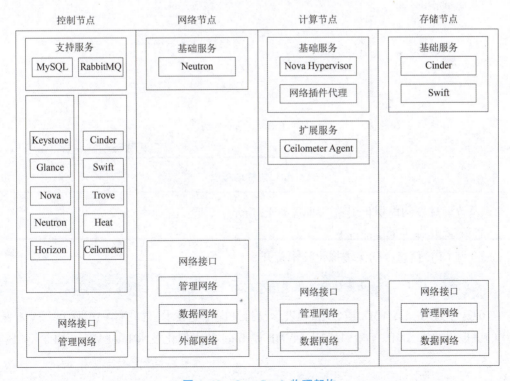

图 4-13 OpenStack 物理架构

【应用拓展】在 Kali 上部署 OpenStack

视频：在 Kali 上
部署 OpenStack

OpenStack 是一个庞大复杂的软件系统，整个框架规模巨大、复杂程度非常高，且随着不断发布的新版本，其功能愈加强大多样，组件数量也在不断增加，若通过手动方式部署 OpenStack，则不仅需要花费大量的配置时间，还有可能在安装过程中遇到大量的 bug，这往往会使初学者束手无策。下面介绍使用 VMware 在 Kali 系统上部署 OpenStack 的过程，用户只需略懂虚拟化和 Linux 系统的相关操作，即可快速得到一个 OpenStack 的单机运行环境。

1. 设置初始配置

1）设置虚拟内存大于或等于 8 GB，如图 4-14 所示。

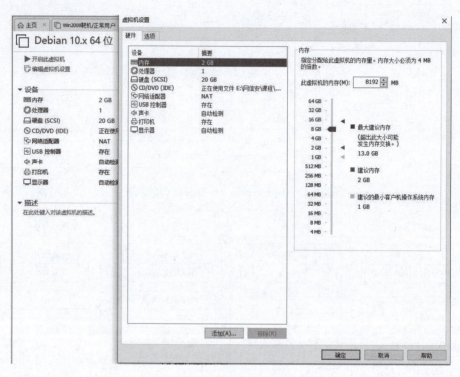

图 4-14　虚拟内存设置

2）设置处理器和虚拟化引擎，如图 4-15 所示。

2. 进入 Kali 部署 OpenStack

1）查询 CPU 信息，确保虚拟化技术打开。

```
cat /proc/cpuinfo    #查询 CPU 信息
```

在 flags 中查看，有 VMX 或 SVM 则表示已打开虚拟化技术，如图 4-16 所示。SVM 表示 AMD 的虚拟化技术 AMD-V/RVI（V），VMK 是 Intel 的虚拟化技术 Intel VT-x/EPT。

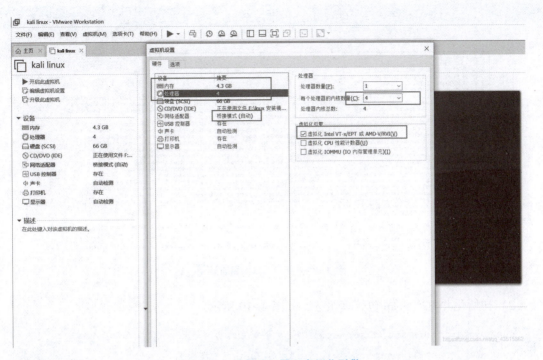

图 4-15　设置处理器和虚拟化引擎

```
flags            : fpu vme de pse tsc msr pae mce cx8 apic sep mtrr pge mca cmov pat pse36 clflush
mmx fxsr sse sse2 ss ht syscall nx pdpe1gb rdtscp lm constant_tsc arch_perfmon nopl xtopology ts
c_reliable nonstop_tsc cpuid pni pclmulqdq vmx ssse3 fma cx16 pcid sse4_1 sse4_2 x2apic movbe pop
cnt tsc_deadline_timer aes xsave avx f16c rdrand hypervisor lahf_lm abm 3dnowprefetch invpcid_sin
gle ssbd ibrs ibpb stibp ibrs_enhanced tpr_shadow vnmi ept vpid ept_ad fsgsbase tsc_adjust bmi1 a
vx2 smep bmi2 invpcid mpx rdseed adx smap clflushopt xsaveopt xsavec xsaves arat md_clear flush_l
1d arch_capabilities
vmx flags        : vnmi invvpid ept_x_only ept_ad tsc_offset vtpr mtf ept vpid unrestricted_guest
ple ept_mode_based_exec
```

图 4-16　查看是否打开虚拟化技术

2）更新软件包，如图 4-17 所示。

```
apt-get update        #更新软件包
```

```
┌──(root㉿kali)-[~]
└─# apt-get update
获取:1 https://mirrors.aliyun.com/kali kali-rolling InRelease [41.5 kB]
获取:2 https://mirrors.aliyun.com/kali kali-rolling/contrib Sources [71.5 kB]
获取:3 https://mirrors.aliyun.com/kali kali-rolling/non-free Sources [120 kB]
获取:4 https://mirrors.aliyun.com/kali kali-rolling/main Sources [15.8 MB]
29% [4 Sources 14.0 MB/15.8 MB 88%]
```

图 4-17　更新软件包

3. Snap 包管理安装 MicroStack

Snap 是一款很强大的包管理器，我们用 Snap 来安装 OpenStack 将会非常方便。MicroStack
（基于 Sunbeam）是专为小型云环境设计的 OpenStack 发行版。虽然它有 Canonical 的全面商业
支持，但也可以自行部署。MicroStack 目前仅包括核心 OpenStack 服务，但预计会快速发展，
以确保与 Canonical 的 Charmed OpenStack 功能完全齐平。

1）安装 Snap 包管理器，如图 4-18 所示。

```
apt install-y snapd          #安装 Snap 包管理器
```

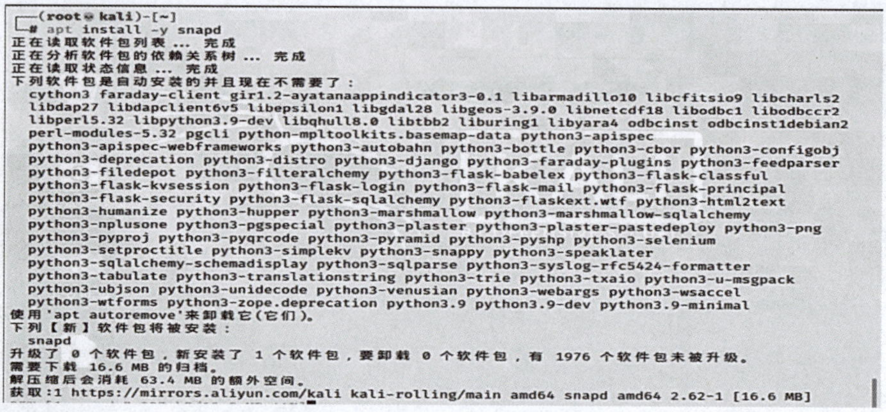

```
┌──(root💀kali)-[~]
└─# apt install -y snapd
正在读取软件包列表... 完成
正在分析软件包的依赖关系树... 完成
正在读取状态信息... 完成
下列软件包是自动安装的并且现在不需要了：
  cython3 faraday-client gir1.2-ayatanaappindicator3-0.1 libarmadillo10 libcfitsio9 libcharls2
  libdap27 libdapclient6v5 libepsilon1 libgdal28 libgeos-3.9.0 libnetcdf18 libodbc1 libodbccr2
  libperl5.32 libpython3.9-dev libqhull8.0 libtbb2 liburing1 libyara4 odbcinst odbcinst1debian2
  perl-modules-5.32 pgcli python-mpltoolkits.basemap-data python3-apispec
  python3-apispec-webframeworks python3-autobahn python3-bottle python3-cbor python3-configobj
  python3-deprecation python3-distro python3-django python3-faraday-plugins python3-feedparser
  python3-filedepot python3-filteralchemy python3-flask-babelex python3-flask-classful
  python3-flask-kvsession python3-flask-login python3-flask-mail python3-flask-principal
  python3-flask-security python3-flask-sqlalchemy python3-flaskext.wtf python3-html2text
  python3-humanize python3-hupper python3-marshmallow python3-marshmallow-sqlalchemy
  python3-nplusone python3-pgspecial python3-plaster python3-plaster-pastedeploy python3-png
  python3-pyproj python3-pyqrcode python3-pyramid python3-pyshp python3-selenium
  python3-setproctitle python3-simplekv python3-snappy python3-speaklater
  python3-sqlalchemy-schemadisplay python3-sqlparse python3-syslog-rfc5424-formatter
  python3-tabulate python3-translationstring python3-trie python3-txaio python3-u-msgpack
  python3-ubjson python3-unidecode python3-venusian python3-webargs python3-wsaccel
  python3-wtforms python3-zope.deprecation python3.9 python3.9-dev python3.9-minimal
使用'apt autoremove'来卸载它(它们)。
下列【新】软件包将被安装：
  snapd
升级了 0 个软件包，新安装了 1 个软件包，要卸载 0 个软件包，有 1976 个软件包未被升级。
需要下载 16.6 MB 的归档。
解压缩后会消耗 63.4 MB 的额外空间。
获取:1 https://mirrors.aliyun.com/kali kali-rolling/main amd64 snapd amd64 2.62-1 [16.6 MB]
```

图 4-18　安装 Snap 包管理器

2）初始化并重启 Snap 包管理服务，如图 4-19 所示。

```
systemctl enable snapd.service     #用于下载完的初次配置
systemctl restart snapd.service    #开启 Snap 包管理服务
```

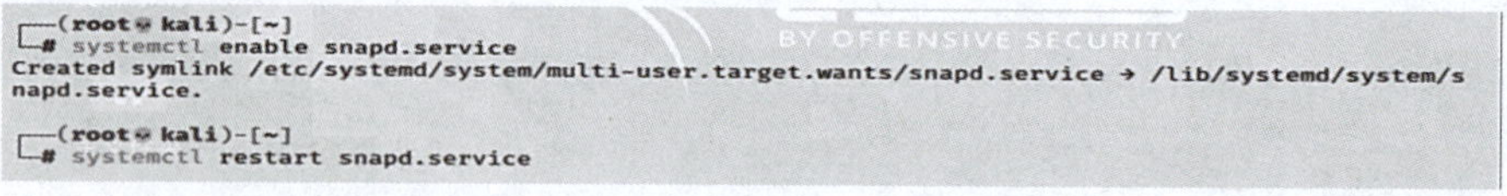

```
┌──(root💀kali)-[~]
└─# systemctl enable snapd.service
Created symlink /etc/systemd/system/multi-user.target.wants/snapd.service → /lib/systemd/system/snapd.service.

┌──(root💀kali)-[~]
└─# systemctl restart snapd.service
```

图 4-19　初始化并重启 Snap 包管理服务

3）利用重定向写入环境变量，如图 4-20 所示。

```
echo "export PATH=$PATH:/snap/bin" >>~/.bashrc
```

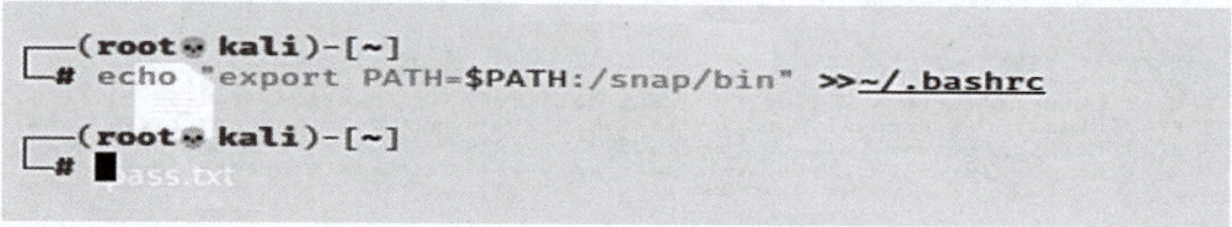

```
┌──(root💀kali)-[~]
└─# echo "export PATH=$PATH:/snap/bin" >>~/.bashrc

┌──(root💀kali)-[~]
└─# 
```

图 4-20　利用重定向写入环境变量

4）安装 MicroStack，如果返回 microstack（beta）ussuri from Canonical√ installed，表明安装成功，如图 4-21 所示。

```
sudo snap install microstack--beta--devmode     #安装了带有-devmode 标志的版本将不会接受更新
```

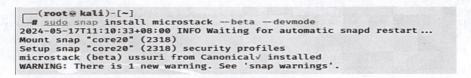

图 4-21　安装 MicroStack

5）再次重启 Snap 包管理器，如图 4-22 所示。

```
systemctl restart snapd.service
```

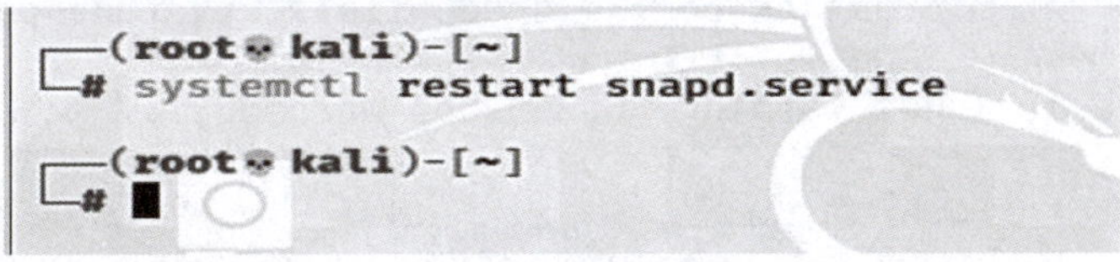

图 4-22　再次重启 Snap 包管理器

6）查看 MicroStack 安装情况，如图 4-23 所示。

```
snap list
```

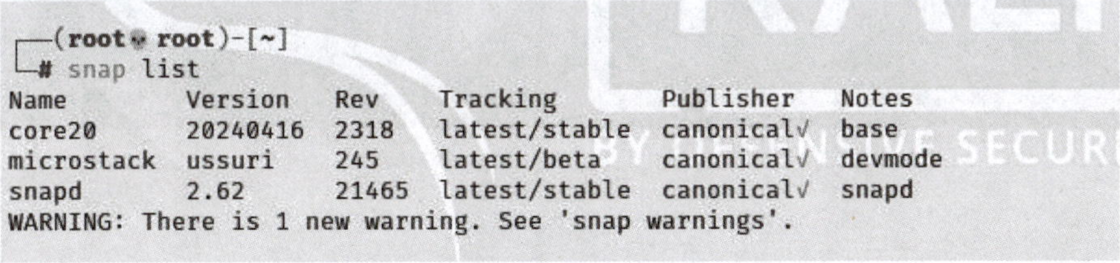

图 4-23　查看 MicroStack 安装情况

7）在使用 OpenStack 安装之前，必须对 MicroStack 进行初始化，以便配置网络和数据库，如图 4-24 所示。

```
sudo snap run microstack init--auto--control
```

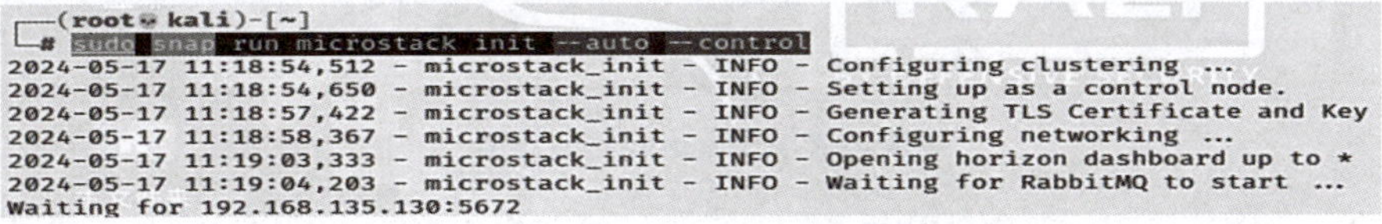

图 4-24　初始化 MicroStack

出现 "Marked microstack as initialized!" 的执行消息，则表明 OpenStack 正在本地运行了，可以使用了，如图 4-25 所示。

```
2024-05-17 11:24:23,500 - microstack_init - INFO - Running Cinder DB migrations ...
2024-05-17 11:24:29,543 - microstack_init - INFO - restarting libvirt and virtlogd ...
2024-05-17 11:24:57,841 - microstack_init - INFO - Complete. Marked microstack as initialized!
```

图 4-25　OpenStack 正在本地运行

8）可通过 WebGUI 或 CLI 与 OpenStack 进行交互，访问 http://10.20.20.1/，admin 是登录用户名，执行下面的命令，获取登录密码，如图 4-26 所示。

```
sudo snap get microstack config.credentials.keystone-password
```

```
┌──(root㉿kali)-[~]
└─# sudo snap get microstack config.credentials.keystone-password
e2wyk38OSyiqfO9sAyGk1QDaVVoYiLEk
WARNING: There is 1 new warning. See 'snap warnings'.
```

图 4-26　OpenStack 交互

4. 体验 OpenStack

1）打开浏览器，在地址栏输入 http://［host IP address］/dashboard，打开 Horizon 认证界面，如图 4-27 所示。

图 4-27　Horizon 认证界面

2）在"User Name"编辑框中输入用户名，如"admin"；在"Password"编辑框中输入密码，如"admin"，然后单击"Sign In"按钮，打开 Horizon 仪表盘界面，如图 4-28 所示。

图 4-28 Horizon 仪表盘界面

工作任务 4.3 了解多租户技术

了解多租户技术

【任务情景】

小蔡学会了云计算管理平台 OpenStack 后，公司要求他学习更多的云计算管理平台技术知识，那学些什么的？需要学习多租户技术及其在云计算环境中的应用，探索多租户技术如何使单一系统架构在多用户环境下共用相同的系统或程序组件，并确保数据隔离性，知道如何在一个共享的环境中维护数据安全和隐私，同时为不同的客户提供服务。

【任务实施】

4.3.1 多租户技术概述

1. 什么是多租户技术

多租户技术（Multi-tenancy Technology）或称多重租赁技术，是一种软件架构技术，它是在探讨与实现如何于多用户的环境下共用相同的系统或程序组件，并且仍可确保各用户间数据的隔离性的技术。

多租户简单来说是指一个单独的实例可以为多个组织服务。多租户技术以单一系统架构与服务为多数客户端提供相同甚至可定制化的服务，并且仍然可以保障客户的数据隔离。一个支持多租户技术的系统需要在设计上对它的数据和配置进行虚拟分区，从而使系统的每个租户或组织都能够使用一个单独的系统实例，并且每个租户都可以根据自身需求对租用的系统实例进行个性化配置。

多租户技术可以实现多个租户之间共享系统实例，同时又可以实现租户的系统实例的个性化定制。通过使用多租户技术可以保证系统共性的部分被共享，个性的部分被单独隔离。

通过在多个租户之间的资源复用、运营管理和维护资源，有效节省开发应用的成本。而且，在租户之间共享应用程序的单个实例，可以实现当应用程序升级时，所有租户同时升级。同时，因为多个租户共享一份系统的核心代码，因此当系统升级时，只需要升级核心代码即可。

在多租户技术中，租户（Tenant）是指使用系统或电脑运算资源的客户。另外，在系统中可识别为指定用户的一切数据，包括账户与统计信息（Accounting Data）、用户在系统中建置的各式数据，以及用户本身的定制化应用程序环境等，都属于租户的范围。租户使用供应商开发或建置的应用系统或运算资源，供应商所设计的应用系统会容纳数个以上的用户在同一个环境下使用，为了让多个用户环境能够在同一个应用程序与运算环境上使用，则应用程序与运算环境必须要特别设计，除了可以让系统平台允许多份相同的应用程序同时运行外，保护租户数据的隐私与安全也是多租户技术的关键之一。

技术上，多租户技术可以通过许多不同的方式来切割用户的应用程序环境或数据，如表4-7所示。

表 4-7　多租户技术不同切割方式

切割方式	具体做法
数据面 （Data Approach）	供应商可以利用切割数据库（Database），切割存储区（Storage），切割结构描述（Schema）或是表格（Table）来隔离租户的数据，必要时需要进行对称或非对称加密以保护敏感数据，但不同的隔离做法有不同的实现复杂度与风险
程序面 （Application Approach）	供应商可以利用应用程序挂载（Hosting）环境，于进程（Process）上切割不同租户的应用程序运行环境，在无法跨越进程通信的情况下，保护各租户的应用程序运行环境，但供应商的运算环境要够强
系统面 （System Approach）	供应商可以利用虚拟化技术，将实体运算单元切割成不同的虚拟机，各租户可以使用其中一至数台虚拟机来作为应用程序与数据的保存环境，但对供应商的运算能力要求更高

2. 多租户模式与单租户模式的比较

在单租户的架构里，每个租户都有自己的一套服务器、基础设施和数据库，租户之间从硬件到软件都是完全隔离的，租户可以根据自己的需要做一些定制化的需求。在多租户的架构里，多个租户共享相同的服务器、基础设施，数据库可以是共享的也可以是隔离的，由于多租户必定在用户规模上比单租户大，所以多租户一般会有多个实例共用一套实例代码。租户之间的数据隔离往往采用逻辑隔离的方式，即在代码和数据库层面隔离，所以安全性远没有单租户的高。多租户模式与单租户模式如图4-29所示。

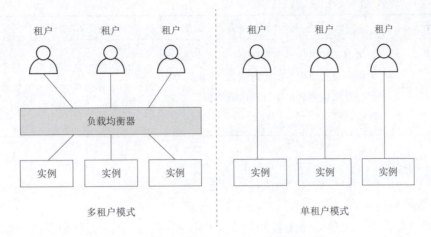

图 4-29 多租户模式与单租户模式

　　单租户适合用在对安全管控、法律合规要求更高的大中型企业，且这些企业的需求相对更加复杂，所以更适合定制化开发；而多租户更适合对安全没有太高要求，但是希望控制成本，应用的需求相对通用简单的小微企业。多租户的架构成本更少，开发和运维的复杂度更低，所以多租户更适合企业向外复制自己的产品，也是目前比较主流的 SaaS 架构。但是这并不代表单租户模式没有用武之地，医院、警务、政法委、银行等对安全隐私要求更高的环境，单租户是必然的选择。多租户模式与单租户模式的差异如表 4-8 所示。

表 4-8 多租户模式与单租户模式的差异

差异	多租户	单租户
资源共享与隔离	资源如服务器、存储和网络设备在所有租户之间共享，需要复杂的数据隔离技术来确保租户间数据的隔绝和安全	每个租户都有自己的资源，无须担心与其他租户的资源共享问题，从而提供了更高的安全保障
成本效率	由于资源共享，多租户架构通常成本较低，尤其适合那些需要快速扩展的企业	每个租户需要独立的资源，导致成本较高，但为客户提供了更多的控制权和定制选项
性能	性能可能受到其他租户活动的影响，因为所有租户共享相同的硬件资源。这可能导致"邻居效应"，即一个租户的高负载影响其他租户的性能	由于不与其他租户共享资源，所以提供了更稳定和可预测的性能
可定制性与控制	虽然提供一定程度的配置灵活性，但定制选项有限，因为太多的自定义可能会影响系统的整体稳定性和安全	提供高度定制的解决方案，租户可以根据自己的具体需求调整和优化系统

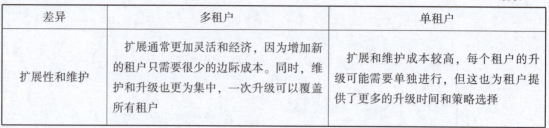

续表

差异	多租户	单租户
扩展性和维护	扩展通常更加灵活和经济，因为增加新的租户只需要很少的边际成本。同时，维护和升级也更为集中，一次升级可以覆盖所有租户	扩展和维护成本较高，每个租户的升级可能需要单独进行，但这也为租户提供了更多的升级时间和策略选择

4.3.2 多租户隔离技术

1. 数据库隔离技术

在多租户架构中，通常会使用各种技术来确保不同用户之间的数据隔离，如数据库分区、数据加密和访问控制等。多租户数据隔离技术的实现方式有许多种，最常见的实现方式是以下3种。

1）独立数据库。一个租户一个数据库，使用的用户数据隔离级别最高，安全性最好，但成本也高。部署一套应用程序，多个数据库 schema，租户共用一套标准的应用程序，租户的数据分别放在不同的数据库 schema 中，实现了真正的数据物理隔离。这种方式不需要为每个数据库表增加所属租户的字段，我们为每个租户创建一个专用的数据库 schema，并初始化系统的数据库表结构。系统必须实现了多数据源架构，我们在系统的数据操作层增加一个数据源切换的逻辑，不同租户操作或查询数据时，系统自动切换到对应的数据源。

2）共享数据库，隔离数据架构。多个或所有租户共享数据库，但一个租户一个数据架构。建立一个中央数据库，这个数据库将存储所有租户的数据。为每个租户创建一个独立的数据库 schema。schema 是数据库中的一个逻辑分区，它可以包含表、视图、存储过程和其他数据库对象。每个租户的 schema 作为其数据的逻辑容器，以保证数据隔离。当新租户加入时，系统自动为其创建一个新的 schema。在每个租户的 schema 中部署标准的数据表和其他结构。这通常包括运行一系列 SQL 脚本来创建表、视图、索引等。系统中需要实现多数据源管理的逻辑。这意味着应用程序能够识别和连接到正确的租户 schema。开发数据访问层时，采用动态数据源路由技术，根据当前用户的租户信息动态切换到相应的数据源（即对应的 schema）。每次用户请求进入系统时，需要有一种机制来识别其租户身份。这可以通过登录信息、API 密钥或其他身份验证数据来实现。一旦识别了租户，其信息应在请求的生命周期内持续传递，确保所有数据库操作都在正确的 schema 上执行。每个 schema 的权限设置需要精确控制，确保租户只能访问自己的 schema。虽然数据逻辑上是隔离的，但物理资源如存储和内存是共享的。需要对数据库进行性能优化，如索引优化、查询优化等，以避免单个租户的行为影响整体性能。实现每个 schema 的独立备份和恢复策略，以减少数据丢失风险并简化数据恢复过程。

3）共享数据库，共享数据架构。租户共享同一个数据库、同一个架构，但在表中通过租户 ID 来区分租户的数据。这是共享程度最高、隔离级别最低的方式。在多租户系统中，我们为每个数据库表增加一个所属租户的字段，例如 tenant_id，来实现租户数据的隔离，这是一种常见的做法。tenant_id 是一个标识符，用于标识每个租户的数据。当用户登录系统时，我们要求用户必须选择一个租户系统之后才能登录，当用户操作写入数据时，同时这条数据里的 tenant_id 字段必须记录用户所属的租户，当用户操作查询数据时，系统自动追加查询条件，确保每个租户只能访问自己的数据。通过使用 tenant_id 字段，多租户系统可以实现数据隔离。这种方式只需要部署一套应用程序、一个数据库 schema，对于部署运维来说，比较方便，数据都在一起，方便做跨租户的统计分析业务。

多租户三种方式的优缺点如表 4-9 所示。

表 4-9 多租户三种方式的优缺点

方案	优点	缺点
独立数据库	为不同的租户提供独立的数据库，有助于简化数据模型的扩展设计，满足不同租户的独特需求；如果出现故障，恢复数据比较简单	增加了数据库的安装数量，随之带来维护成本和购置成本的增加；如果面对的是银行、医院等需要非常高数据隔离级别的租户，可以选择这种模式提高租用的定价。如果定价较低，产品走低价路线，这种方案一般对运营商来说是无法承受的
共享数据库，隔离数据架构	为安全性要求较高的租户提供一定程度的逻辑数据隔离，并不是完全隔离；每个数据库可以支持更多的租户数量	如果出现故障，数据恢复比较困难，因为恢复数据库将牵扯到其他租户的数据，如果需要跨租户统计数据，存在一定困难
共享数据库，共享数据架构	维护和购置成本最低，允许每个数据库支持的租户数量最多	隔离级别最低，安全性最低，需要在设计开发加大对安全的开发量，数据备份和恢复最困难、需要逐表逐条备份和还原

2. 其他数据隔离技术

（1）应用层隔离技术

应用层隔离技术是在软件应用程序中实现租户数据隔离的一种方法，这种隔离方式主要通过软件架构和编程逻辑来实现，而不是通过物理数据库的隔离。应用层隔离需考虑以下因素。

1）租户识别和认证：每个租户的用户在使用应用时必须进行身份验证。这可以通过用户名和密码、令牌、API 密钥等方式实现。在用户认证过程中，系统需要识别出用户属于哪个租户。通常，这是通过绑定用户账户与租户 ID 来实现的。

2）租户上下文管理：用户登录后，系统创建一个会话或上下文，该上下文包含用户的租户 ID 和其他必要信息。确保在用户请求的整个处理过程中，租户上下文被持续传递。这对于后续的数据访问和业务逻辑的执行至关重要。

3）数据访问控制：在应用层实现数据访问函数或方法时，添加逻辑以根据当前的租户上下文自动过滤数据。例如，在查询数据库时，可以自动添加一个条件来限制数据只返回当前租户的记录。确保 API 调用时也考虑租户上下文，仅允许用户访问其租户范围内的数据和功能。

4）业务逻辑隔离：在实现业务逻辑时，根据租户上下文来调整应用行为。这可能包括定制化业务规则、定制化界面、特殊的处理流程等。通过外部配置文件或数据库中的配置项来驱动不同租户的业务逻辑差异，增强灵活性和可维护性。

5）安全性和权限管理：实现基于角色的访问控制（RBAC），其中角色权限可以按租户进行调整。为不同的租户用户提供不同级别的数据访问和操作权限。

（2）网络层隔离技术

网络层隔离技术是一种确保数据传输安全、防止不同网络之间互相干扰的技术方法。在多租户环境中，网络层隔离尤为重要，以确保操作的安全性和数据的隐私性。常见网络层隔离技术有 VLAN、VPN、MPLS、SDN，通过这些技术，可以有效地实现网络层的隔离，保护数据不被未授权用户访问，同时优化网络资源的使用，提高整体网络安全性和性能。

小知识

MPLS（多协议标签交换）

MPLS 是一种数据携带机制，它使用短路径标签（而非网络地址）来转发数据包。这种方法可以用来创建虚拟专用网，实现数据的隔离和优化网络流量的管理。网络设备（如路由器）在数据包进入网络时分配标签，沿着预设的路径（LSPs，标签交换路径）转发数据包。

4.3.3 多租户资源管理技术

在多租户环境中，资源管理是保证服务质量和运营效率的关键。这包括合理的资源分配、有效的监控与管理、确保性能隔离以及资源优化与弹性扩展。

（1）资源分配策略

在多租户环境中，资源分配策略是确保每个租户根据其需求获得适当资源的同时，优化整体资源利用率的关键，这些策略不仅涉及如何分配计算、存储、网络等资源，还包括如何在需求变化时动态调整资源。资源分配策略包括以下 3 种。

1）静态资源分配策略在租户创建时就固定分配一定的资源，如 CPU 核心数、内存大小、存储空间等。静态资源分配简单易管理，资源需求和成本预测较为明确，适合资源需求稳定且可预测的应用，但是缺乏灵活性，无法应对突发的资源需求变化，可能导致资源浪费或不足。

2）动态资源分配策略允许根据租户的实时需求动态调整其资源。这通常通过监控工具实现，根据负载变化自动增加或减少资源分配。动态资源分配高度灵活，能够迅速响应需求变化，优化资源利用率，减少资源浪费，因为资源可根据实际使用情况进行调整，但是管理复杂性增加，需要高效的监控和自动化工具，可能会造成成本预测的不确定性。

3）资源池管理将物理资源集中管理，并根据需求动态分配给各个租户。资源池可以根据功能（如计算资源池、存储资源池）或性能（如高性能计算池、常规计算池）来组织。资源池管理可以提升资源利用率，因为共享的资源池可以减少闲置，支持快速部署和灵活调整，适应多变的业务需求，但是需要复杂的资源监控和管理系统，在资源竞争激烈时可能需要额外的策略来处理资源分配冲突。

（2）资源监控与管理

资源监控与管理是多租户环境中维护高效性能和服务质量的核心组成部分。这一过程涉及对计算、存储、网络等资源的持续监视和管理、预防资源瓶颈，以便及时发现问题并采取适当措施。

实时监控是资源监控的基础，它包括对系统中关键性能指标的持续跟踪。检测处理器资源的使用情况，高 CPU 使用率可能表明处理瓶颈或不足。监控内存使用情况，以避免内存溢出或交换操作，这些操作会显著影响性能。跟踪读写操作，确保存储性能不成为瓶颈。监控网络带宽使用和网络延迟，以避免网络拥堵。监控查询执行时间、锁等待时间等，确保数据库操作不会影响应用性能。

警报和通知系统通过设定阈值和警报，系统能在问题发生前预警，允许管理员及时介入。设定基线和阈值，例如 CPU 或内存使用超过 80%时发送警报。配置通知，当达到阈值时，通过邮件、短信或应用通知等方式警告相关人员。

在某些情况下，自动化的响应措施可以在监控系统检测到问题时立即采取行动，无须人工干预。自动扩展资源，如在 CPU 或内存需求增加时自动启动更多实例。自动迁移工作负载，当检测到硬件故障或性能下降时，将工作负载移至其他服务器。

定期进行资源审计，帮助发现使用趋势，预测未来需求，并确定资源配置是否符合最佳实践。分析资源使用记录，识别高峰和低谷，评估资源分配的效率，确保资源没有被过度或不足配置。

（3）性能隔离技术

性能隔离技术确保一个租户的资源使用不会影响其他租户的性能，帮助保持系统稳定性，并确保每个租户都能获得其服务等级协议（SLA）所规定的资源和性能。

通过限制每个租户能够使用的资源量（如 CPU 时间、内存使用、I/O 带宽等）来实现性能隔离。可以通过 CPU 配额或 CPU 亲和性（affinity）设置来控制，确保租户不会超过分配的 CPU 资源。通过内存配额管理，防止一个租户的过度使用影响系统中的其他租户。限制每个租户的 I/O 操作率，避免磁盘 I/O 成为性能瓶颈。

通过网络技术限制和控制数据流，确保租户之间的网络操作不会相互干扰。为每个租户配置网络带宽上限，防止某个租户的大量数据传输影响其他租户。使用虚拟局域网（VLAN）或软件定义网络（SDN）创建逻辑上分隔的网络环境，实现数据流的隔离。

使用负载均衡器和智能调度算法，合理分配系统负载，确保高负载操作不会集中在某一部分硬件上，自动将请求分发到多个服务器或资源，避免任何单点过载，根据当前资源使用情况动态调整任务分配，优化资源使用效率。

实时监控系统性能并自动调整资源配置，以响应不同租户的性能需求，使用工具如

Prometheus、Zabbix 等持续跟踪资源使用情况，在资源使用接近上限时自动扩展或调整资源分配。

（4）资源优化与弹性扩展

资源优化与弹性扩展旨在根据实际需求自动调整资源，不仅可以提升系统的运行效率和成本效率，还能保证应对不断变化的业务需求和负载波动，涉及自动化资源管理、性能优化和容量规划等，以支持快速、可靠的服务扩展和收缩。

弹性扩展是指系统能够根据实时需求自动增加或减少资源。这包括计算资源、存储资源和网络资源等。首先需要有一个强大的监控系统来实时监控关键性能指标，如 CPU 使用率、内存使用、网络流量等。定义扩展规则和策略，例如当 CPU 使用率超过 80% 持续 5 分钟时，自动启动额外的服务器实例。大多数云服务提供商（如 AWS 的 Auto Scaling、Azure 的 Scale Sets、Google Cloud 的 Auto Scaling）都提供了弹性扩展服务。

资源优化旨在提高现有资源的使用效率，减少浪费，并降低运营成本。通过分析性能数据，识别系统瓶颈，对数据库查询、应用代码、网络配置等进行优化。评估不同资源配置的成本效益，选择最优资源配置。例如，使用预留实例代替按需实例以降低云服务费用。根据历史和预测数据调整资源大小，如适当的虚拟机大小、数据库配置等。

需求预测和容量规划帮助组织理解未来资源需求，以作出更加明智的投资和运营决策。收集历史数据，包括用户访问模式、季节性波动等，利用统计和机器学习模型预测未来的资源需求，根据预测结果调整资源配置和采购计划。

持续集成和持续部署（CI/CD）流程支持快速、频繁地部署新版本的软件，以适应快速变化的市场需求，确保代码变更不会破坏现有功能，在测试通过后，自动在生产环境部署最新代码，减少部署时间和人工干预。

小知识

基于策略的资源分配

基于策略的资源分配依赖于定义好的管理策略，如优先级、配额制或资源池管理。管理员可以设置策略来自动调整资源分配，确保关键应用的性能和高优先级租户的服务质量。其灵活且公平，确保资源按策略优先级分配，有助于实施合规和确保服务水平协议（SLA）的满足。基于策略的资源分配需要细致的策略规划和常规调整以适应业务变化，实现和维护成本相对较高。

【应用拓展】多租户技术应用

假设我们有一个名为"CloudSaaS"的云平台，它提供基于 SaaS 模式的企业资源规划（ERP）软件服务。在这个平台上，每个企业都可以作为一个租户来租用服务，而多租户技术则确保了这些企业能够在共享平台上安全、独立地运行。

（1）用户注册和租户隔离

在 CloudSaaS 平台上，每个企业都需要注册并订阅服务。一旦注册，它们就会被分配到一个独立的租户中。这意味着每个企业都有自己独立的数据存储空间和资源分配，而这些数据是相互隔离的，即使它们使用相同的应用程序和服务。这种隔离是通过在后台管理多个租户的数据，并使用严格的身份验证和访问控制来实现的。例如，公司 A、公司 B 和公司 C 的数据是存储在不同的数据库中的，这样即使它们使用相同的 ERP 软件，它们的数据也是相互隔离的。这确保了数据的隐私性和安全性，每个企业都不会访问或干扰其他企业的数据。

（2）资源共享和利用

CloudSaaS 平台使用多租户技术动态管理资源，以确保最大程度地利用云资源。例如，在高峰时段，可能会有大量的用户同时访问 CloudSaaS 服务，需要更多的计算资源和带宽来支持这些请求。在这种情况下，CloudSaaS 平台会自动分配更多的资源给那些需要它们的租户，如公司 A。相反，在低峰时段，例如公司 B 和公司 C 的用户数量较少时，CloudSaaS 平台会重新分配这些资源给其他租户，以确保资源的有效利用率。这种动态资源管理使平台能够灵活地适应不同租户的需求，同时最大化地利用资源。

（3）自动化和扩展性

CloudSaaS 平台具有自动化和扩展性功能，可以根据需求自动扩展资源。例如，当公司 A 的业务扩张时，他们可能需要更多的用户账户和定制化的功能。在这种情况下，CloudSaaS 平台可以自动扩展资源，并提供所需的用户账户和功能，而不会影响其他租户的正常运行。这种自动化的能力使 CloudSaaS 平台能够快速适应不断变化的业务需求，同时降低了管理和运维的成本。

（4）数据隔离和安全性

在多租户架构中，数据隔离是至关重要的。CloudSaaS 平台使用强大的安全措施来确保每个租户的数据都受到保护。例如，数据在存储和传输过程中进行加密，只有经过授权的用户才能够访问和操作数据。此外，CloudSaaS 平台还使用严格的身份验证和访问控制来限制对数据的访问，并监控和审计用户的操作，以及检测潜在的安全威胁。这确保了每个租户的数据都得到了充分的保护，不会被未经授权的用户访问或泄露。

（5）定制化和灵活性

CloudSaaS 平台提供了灵活的定制化功能，使企业可以根据自己的需求定制特定的功能和报表。例如，公司 C 可能需要定制化的报表来满足他们特定的业务需求，而这些报表对其他租户是不可见的。通过这种定制化功能，企业可以根据自己的需求自由地定制应用程序和服务，而不会受到其他租户的影响。这增强了企业的灵活性和竞争力，使他们能够更好地满足客户的需求。

CloudSaaS 平台通过多租户技术实现了资源共享和利用、自动化和扩展性、数据隔离和安全性，以及定制化和灵活性等方面的优势，为企业提供了高效、安全和灵活的云服务。

工作任务 4.4　揭秘边缘计算技术

揭秘边缘计算技术

【任务情景】

除了多租户技术，还有哪些云计算管理平台技术呢？小蔡将学习边缘计算的基本概念及其如何减少延迟和提高性能，特别是在支持移动计算和物联网应用方面的优势，通过了解边缘计算如何将计算任务从传统的云计算中心移至网络边缘，将能更好地支持公司在处理大量临时数据和减轻数据中心压力方面的需求。

【任务实施】

4.4.1 边缘计算的概念与发展趋势

1. 边缘计算的概念

边缘计算将传统的云计算中心移向了网络边缘，以减少数据传输延迟和网络拥堵，提高系统响应速度和性能，满足行业数字化在敏捷连接、实时业务、数据优化、应用智能、安全与隐私保护等方面的关键需求。通过将计算移动到边缘设备，可以更快速地处理数据，并在本地存储和分析数据，从而减少对云计算数据中心的依赖。同时，边缘计算还可以提高安全性和隐私性，因为数据不需要传输到公共云上进行处理。

相比于传统计算方式，边缘计算可以更好地支持移动计算与物联网应用，具有以下明显的优点：

1）极大缓解网络带宽与数据中心压力：思科在 2015—2020 年的全球云指数中曾指出，随着物联网的发展，2020 年全球的设备会产生 600 ZB 的数据，但其中只有 10% 是关键数据，其余 90% 都是临时数据，无须长期存储。边缘计算可以充分利用这个特点，在网络边缘处理大量临时数据，从而减轻网络带宽与数据中心的压力。

2）增强服务的响应能力：移动设备在计算、存储和电量等资源上的匮乏是其固有的缺陷，云计算可以为移动设备提供服务来弥补这些缺陷，但是网络传输速度受限于通信技术的发展，复杂网络环境中更存在链接和路由不稳定等问题，这些因素造成的延迟过高、抖动过强、数据传输速度过慢等问题严重影响了云服务的响应能力。而边缘计算在用户附近提供服务，近距离服务保证了较低的网络延迟，简单的路由也减少了网络的抖动，千兆无线技术的普及为网络传输速度提供了保证，这些都使边缘服务比云服务有更强的响应能力。

3）保护隐私数据，提升数据安全性：物联网应用中数据的安全性一直是关键问题，调查显示约有 78% 的用户担心他们的物联网数据在未授权的情况下被第三方使用。云计算模式下所有的数据与应用都在数据中心，用户很难对数据的访问与使用进行细粒度的控制。而边缘计算则为关键性隐私数据的存储与使用提供了基础设施，将隐私数据的操作限制在防火墙内，以提升数据的安全性。

2. 边缘计算的发展趋势

物联网技术的快速发展，使越来越多具备独立功能的普通物体实现互联互通，实现万物互联。得益于物联网的特征，各行各业均在利用物联网技术快速实现数字化转型，越来越多的行业终端设备通过网络连接起来。

然而，物联网作为庞大而复杂的系统，不同行业应用场景各异，据第三方分析机构统计，到 2025 年将有超过千亿的终端设备联网，终端数据量将达 300 ZB，如此大规模的数据量，按照传统数据处理方式，获取的所有数据均需送上云计算平台分析，云计算平台将面临网络时延高、海量设备接入、海量数据处理难、带宽不够和功耗过高等高难度挑战。

为了解决传统数据处理方式下时延高、数据实时分析能力匮乏等弊端，边缘计算技术应运而生。边缘计算技术是在靠近物或数据源头的网络边缘侧，通过融合网络、计算、存储、应用核心能力的分布式开放平台，就近提供边缘智能服务。简单点讲，边缘计算是将从终端采集到的数据，直接在靠近数据产生的本地设备或网络中进行分析，无须再将数据传输至云端数据处理中心。

例如：自动驾驶汽车所需的实时操作和安全问题，正将计算核心从云端推向网络边缘。自动驾驶车辆不断感测和发送有关路况、位置和周围车辆的数据。自动驾驶汽车每秒产生大约 1 GB 的数据，由于需要处理带宽和延迟，哪怕是将一小部分字节（TB）数据发送到集中式服务器进行分析也是不切实际的。快速处理数据是一种至关重要的能力，而边缘计算是实现自动驾驶的关键。为了使车辆安全可靠地运行，处理速度的任何滞后都可能是致命的。

想象一下自动驾驶汽车在检测道路上的物体，或操作刹车、方向盘时由于云端而延迟，任何数据处理的减慢都会导致车辆的响应速度变慢。如果响应变慢的车辆不能及时作出反应，就可能导致事故的发生，生命此时会切实受到威胁。

因此，就必须提供足够的计算能力和合理的能耗，即便在高速行驶的情况也可以确保自动驾驶车辆安全。为自动驾驶车辆设计边缘计算生态系统的首要挑战是提供实时处理、足够的计算能力、可靠性、可扩展性、低成本和安全性，以确保自动驾驶车辆用户体验的安全性和质量。

边缘计算当前正步入稳健发展时期，特别是在 5G 时代，边缘计算已成为针对低时延、大带宽、大流量、高可靠等应用场景，特别是万物智联的新型解决方案。同时，边缘计算带动了运营商网络的变革，形成了云边协同的新型分布式网络架构。由于边缘计算系统位于用户到核心网的传输路径上，因此运营商和设备制造商在边缘计算业务中将发挥重要作用，并培育出新型的业务和商业模式。

小知识

边缘计算的由来

边缘计算最早可以追溯至内容分发网络（Content Delivery Network，CDN）中功能缓存的概念，2015 年边缘计算进入快速发展期后，以边缘计算为主题的协会与联盟相继成立，各类定义、标准与规范逐渐形成。旨在推动云操作系统的发展、传播和使用的 OpenStack 基金会以及由华为技术有限公司、中国科学院沈阳自动化研究所等联合成立的边缘计算产业联盟（Edge Computing Consortium，ECC）等组织对边缘计算进行了定义，尽管这些定义的描述不尽相同，但在边缘计算的核心概念上达成了共识：边缘计算是指在网络边缘执行计算的一种新型计算模型，这里的边缘是指从数据源到云计算中心之间的任意资源，其操作对象包括来自云服务的下行数据和万物互联服务的上行数据。

4.4.2 云边端协同架构

边缘计算针对云计算模型的集中式服务所导致的网络传输开销大、用户需求响应速度低等缺点，通过在用户侧的网络边缘就近提供计算、存储、网络等服务，来缩短数据传输路径以减少带宽消耗，并高效地响应用户业务需求。云计算通常会融入边缘计算的能力，实现"云边协同"架构，以对不同用户需求予以灵活的部署。云边协同架构通常表述为"云—边—端"的形态。如图4-30所示，云边协同架构可以通过云计算中心管理多个边缘计算设备，然后通过边缘计算设备来接入终端，具体包括：

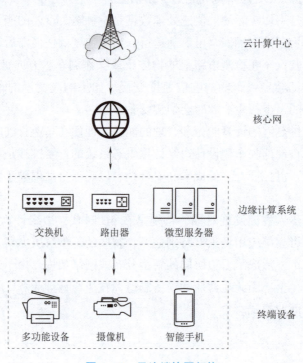

图4-30　云边端协同架构

1）云计算中心。云计算中心会永久性存储边缘计算系统的上报数据，并对边缘计算系统无法处理的任务进行处理，同时还需根据全局信息（如网络资源分布）对边缘计算系统进行动态部署和调配。

2）边缘计算系统。边缘计算系统通过对边缘侧的计算、存储、网络等服务能力进行合理调度，并对计算任务进行优化部署，从而实现对用户侧终端设备的快速响应。例如，网关、路由器、微型数据中心等。

3）终端设备。终端设备识别和收集外部世界的原始数据，并对数据进行初步处理，如加密、传输等多种操作。终端设备包括摄像机、多功能设备、智能终端等。

边缘计算的关键技术包括计算迁移技术、新型存储器技术、网络负载均衡技术等。

1）计算迁移技术是边缘计算的核心技术，它让云计算中心将计算和存储能力等资源部分迁移到边缘计算设备。这使边缘计算设备可以将终端采集的数据进行部分或全部计算的预处理操作，并对无用的数据进行过滤，然后只将需要永久存储的数据和边缘无法处理的任务传输至云数据中心即可，从而大大降低网络传输开销。

2）非易失存储器技术。由于边缘计算要对用户需求进行快速响应，因此要保证对用户数据高效连续的访问和存储。而非易失存储器（Non-Volatile Memory，NVM）作为一类新型存储器技术，其读写性能接近 DRAM，远超传统硬盘，并且拥有存储密度高、低能耗等特点，因此将会大规模部署在边缘计算设备中。

3）边缘计算设备在给用户提供服务的同时也会产生大量数据，因此云计算中心需要根据各个边缘服务器的网络状况，动态地将用户业务调度至合适的边缘服务器，再针对用户的数据和请求，在满足相关负载均衡约束的前提下通过调度降低延迟。

4.4.3　边缘计算在实际应用中的案例

边缘计算在数据源附近提供服务，使其可以在很多移动应用和物联网应用上发挥出巨大优势，应用场景包括智慧园区、云游戏、内容分发网络 CDN、视频监控、工业物联网、Cloud VR 等，其中智慧园区、视频监控、工业物联网属于 2B 业务，云游戏、Cloud VR 属于 2C 业务。

1. 增强现实

增强现实技术将现实世界的场景与虚拟信息高度集成，生成被人类感官所感知的信息，来达到超越现实的感官体验。增强现实技术可以使用在智能手机、平板电脑与智能眼镜等移动设备上，来支持新的应用与服务，如虚拟游戏、3D 观影等。增强现实技术需要对视频、图像数据进行处理，这些任务复杂性高，而需要与用户进行互动的特点又对实时性有很高的要求。

CMU 与 Intel 实验室在 2014 年开发了一个基于增强现实技术的认知辅助系统，通过谷歌眼镜来增强某些病人的认知能力。该系统需要解决的关键问题是如何将处理任务的延迟控制在几十毫秒，让感知缺陷的病人也拥有正常人一样的反应速度。考虑到质量、大小、续航等因素，可穿戴设备的计算能力很差，处理任务的时间是一般服务器的数倍，直接使用设备内部的资源进行计算是不可行的。将应用部署到云中可以加快任务的处理速度，但终端设备到云端的网络延迟很高且极不稳定，很可能成为整个系统的瓶颈。为了解决这个问题，系统使用了边缘计算技术，将延迟敏感的计算任务卸载到附近的 Cloudlet 来降低任务的处理延迟。同时为了保证系统在无法连接网络时依然可以使用，系统也支持通过蓝牙等通信方式将任务卸载到附近的个人设备（如随身携带的笔记本、平板电脑等）。网络的延迟与设备性能、能耗的瓶颈是很多移动应用都会遇到的问题，而边缘计算可以帮助移动应用突破这些瓶颈，让应用具有更快的响应速度，使用更复杂的算法。

2. 智慧城市

智慧城市是一种现代化城市模型，运用信息技术与物联网技术对城市资源作出智能化的管理。智慧城市在近几年得到了快速发展，IBM、Intel 和 Google 等公司都开始将他们的产品与服务整合到智慧城市的框架中。智慧城市系统要随时感测、分析、整合城市的各项关键信息，会产生大量的原始数据，一座一百万人的城市，平均每天会产生 200PB 的数据。同时，这些数据在地理上广泛分布，且大部分数据存储在本地，这为数据的查找与分析带来了极大的困难。如果没有一种高效的解决方案，很容易使城域网被大量的数据堵塞。

有人提出了一种以智慧城市为背景的大数据分析框架，对于处理在地理上广泛分布的数据有很好的效果。该框架分为 4 层，第一层是传感器网络，由分散在城市中的传感器构成，昼夜不停地生成大量原始数据；第二层由边缘节点组成，每个边缘节点都要控制本地的一组传感器，边缘节点可以根据预先设定的模式分析和处理传感器数据，还可以控制执行器处理任务；第三层由中间计算节点组成，每个中间节点要控制一组边缘节点，将边缘节点上传的信息与时空信息相结合来识别一些潜在的突发事件，当突发事件发生时，中间节点还要控制下层设备作出应急反应；第四层是云计算中心，对全市的状态进行监控并进行中心控制，在这一层进行长期的、全市范围的行为分析。

这个分析框架使用了边缘计算技术，第二、三层构成了边缘计算平台。边缘计算平台充分利用了数据传输路径上的计算设备，将众多互不相关的轻量级任务分配到各个节点，使任务可以并行执行。同时，原始数据在这两层加工后，已被精炼化，在核心网络上传输的数据量大大减小。边缘计算技术保证了分析框架的高效运行，减少了需要上传到云中的数据量，是整个框架高效运行的关键。

3. 车联网

车联网将汽车接入开放的网络，车辆可以将自己的状态信息（如油耗、里程等）通过网络传到云端进行分析，车辆间也可以自由交换天气、路况、行人等信息，并进行实时的互动。

韦恩州立大学在 GENI Racks 上构建了一个边缘计算平台，并在上面部署了实时 3D 校园地图、车量状态检测、车联网仿真等 3 个应用。3D 校园地图通过将校园内监控录像与行驶车辆的录像数据融合，通过处理后可以增强为实时 3D 地图，校园安保人员可以无缝地监控校园状态；车量状态检测可以实时记录车辆的引擎转速、里程、油耗等状态，并对数据进行分析，从而检测车辆的性能，发现车辆的故障；车联网仿真将众多的车辆状态信息汇总，利用这些真实的交通信息可以进行车联网应用的仿真实验。这些应用都会产生大量的传感器数据，很多数据都需要进行实时处理，而边缘计算可以在数据源附近对数据进行处理，减少了不必要的网络传输，并提高了应用的响应速度。

4.4.4 函数计算

函数计算是一种基于函数式编程的云计算服务，它可以提供高可用性、高伸缩性和高并发的计算服务。在函数计算中，函数是一切的核心，开发者只需要关注函数的逻辑，而不需要关注服务器的运维和管理。在传统 Serverful 架构下，部署一个应用需要购买服务器，部署操作系统，搭建开发环境，编写代码，构建应用，部署应用，配置负载均衡机制，搭建日志分析与监控系统，应用上线后，继续监控应用的运行情况。而在 Serverless 架构下，开发者只需要关注应用的开发构建和部署，无须关心服务器相关操作与运维，在函数计算架构下，开发者只需要编写业务代码并监控业务运行情况。这将开发者从繁重的运维工作中解放出来，把精力投入到更有意义的业务开发上。

函数计算的使用场景主要有 3 类：

1）Web 应用。支持各种语言，不管是使用 Serverless 框架新编写的程序，还是已有的应用。

2）对计算能力有很强的弹性诉求的应用，比如 AI 推理、音视频处理、图文转换等。

3）事件驱动型的应用，如通过其他阿里云产品驱动的场景，如 Web Hook、定时任务等。

函数计算已经与很多产品进行了打通，比如对象存储、表格存储、定时器、CDN、日志服务、云监控等十几个产品，可以非常快速地组装出一些业务逻辑。随着云计算和物联网技术的进一步发展，边缘计算和函数计算将会得到更加广泛的应用。

【应用拓展】天翼云 ECX

1. 什么是天翼云 ECX

天翼云 ECX（智能边缘云）是位于网络边缘位置的云，兼具云和 CDN 的特性，将计算、存储、网络能力从中心云经由电信网络下沉至城域网甚至区县，时延可降至毫秒级，可为用户提供属地化云服务。通过云网融合，为客户提供安全可靠可信的入云环境，为互联网客户提供一张带计算分发能力的网络。

天翼云 ECX 相对传统的 IDC 服务，时延可降至毫秒级，可为用户提供属地化云服务。通过云—边—端协同，将数据处理下沉至边缘，提高数据处理响应的速度，同时提升数据存储、处理的安全性，敏感数据处理只在边缘进行，更适合对低时延、高效率、高安全性有要求的客户，如工业互联、智慧交通、智慧园区等，如图 4-31 所示。

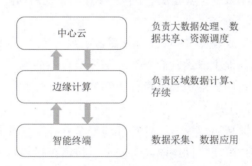

图 4-31　智能边缘云示意图

天翼云 ECX 的核心优势如表 4-10 所示。

表 4-10　天翼云 ECX 的核心优势

类别	优势项	说明
轻量云服务	全新云原生架构	管理损耗低，90% 资源可用于计算，单虚拟机 I/O 可达 50 Gbit/s
	可选计存分离	按需提供计存分离架构，提供高容量、高性能、高可用性的存储服务

续表

类别	优势项	说明
轻量云服务	业务功能丰富	提供虚拟机、云硬盘、VPC 网络等基础 IaaS 能力，同时按需加载天翼云 PaaS 能力
	国产化兼容	支持 X86+Intel 或海光技术架构；支持 ARM+鲲鹏的技术架构
高可用	高冗余能力	高可用多副本存储，云硬盘、整机的快照备份
	丰富的灾备应对方案	虚拟机冷热迁移及反亲和，故障自愈
	强大的监控运维工具	多样化监控指标，图形化展示，帮助快速定位处理问题
安全可信	权威认可	央企品牌，9 项可信云认证
	租户隔离	按需提供安全容器、隔离租户业务
	安全防护	按需提供包括 WAF、抗 DDoS 等网络安全能力
	灾备恢复	提供快照回滚、本地灾备恢复能力

2. 天翼云 ECX 的功能

（1）功能特性

1）丰富——计算形态多样化。

提供与中心云相同的能力，一致的使用体验。提供包括虚拟机、裸金属等计算能力，云硬盘、本地盘、本地裸盘等存储能力。提供弹性公网 IP、虚拟私有云、NAT 网关、负载均衡器、内外网 VIP、NAT64 服务、安全组、网络 ACL 及专线网络连接能力。

2）就近——边缘广泛分布。

目前在全国有 1 000+节点覆盖 31 省，海外覆盖了数十个国家/地区。除提供电信本网的优质资源外，还提供国内其他主流运营商资源。部分节点下面的区县，可按需进行定制，快速覆盖建设，实现真正靠近用户的边缘计算任务卸载。

3）安全——信息安全防护。

提供基础环境安全、区域边界安全、计算环境安全，在平台业务安全方面，提供了虚拟化安全、虚拟机隔离、租户隔离、网络隔离等安全。按需提供租户安全防护能力，包括主机安全、数据安全、网络安全、访问控制、审计安全、业务保障安全等能力。

4）协同——云网边协同。

支持专线、云间高速等形式接入云资源池，按需提供 5G 网络接入能力。

（2）计算能力

提供包括通用计算型、计算增强型、GPU 型等不同类型的虚拟机，每种类型的虚拟机包含多种规格，可满足用户不同的使用场景。

提供虚拟机镜像功能，支持通过公有镜像、自定义镜像、共享镜像、市场镜像创建虚拟机。

提供 WebShell 及 VNC 操作终端进行远程连接登录。

支持虚拟机运行状态的查看及 CPU、内存、存储 I/O、网络 I/O 等指标的监控。

支持通过公有镜像、自定义镜像创建裸金属实例。

支持通过带外访问的方式对裸金属进行管理。

支持裸金属运行状态的查看及电源状态等不同指标的监控。

支持查看虚拟机、裸金属等资源的操作记录。

（3）存储能力

提供伴随计算实例创建本地盘、本地裸盘及云硬盘的功能。

支持多种规格云硬盘：高 I/O、超高 I/O 等。

支持云硬盘卸载和挂载。

支持云硬盘快照，可手动、自动创建快照。

支持基于快照创建新盘、基于备份创建新盘。

支持云硬盘、ZFS 本地硬盘的容量升级。

支持监控本地盘和云硬盘的 I/O 情况。

（4）网络能力

支持 VPC 子网创建。

支持查看 VPC、子网内运行的实例。

支持 EIP 的创建，IP 支持绑定独享带宽且监控网络 I/O，支持带宽大小修改。

支持共享带宽创建和管理，支持网络 I/O 监控，支持带宽大小修改。

支持 NAT 网关的创建和管理，支持设置 DNAT 条目和 SNAT 条目规则。

支持路由表的创建和管理，支持分布式路由，支持设置路由转发条目规则。

支持负载均衡创建和管理，配置监听器和后端服务器组，支持 L4/L7 协议监听转发，支持网络 I/O 监控。

支持查看后台配置好的专线，设置专线网关的路由转发。

支持内网 VIP 的创建和管理，支持内网 VIP 绑定虚拟机和解绑。

支持查看公网 VIP，支持公网 VIP 绑定虚拟机和解绑。

支持网络 ACL 创建和管理，关联子网，支持设置出入规则。

支持 SSL 证书上传和管理。

支持 NAT64 服务创建和管理，配置黑白名单。

【云中漫步】云聚混合多云管理平台

云聚混合多云管理平台的主要作用是将资源、应用、数据、服务和监控等信息综合起来为整个云环境提供一体化的管理能力，帮助管理人员从整体上了解整个云环境的运行情况，并方便地从整体上对云环境进行常见的运维操作。云聚混合多云管理平台向下集成各个云资源管理平台子系统的核心主体功能，将各个子系统的数据汇聚起来构建整体化的云管理业务，向上提供整体云管理的接口和相关界面以支持与整体运维管理的对接和集成，进而实现对数据中心信息化领域的 4 个"统一"。

1. 云管平台总体架构设计

云聚混合多云管理平台在提升 IT 资源利用率的基础上，提供了对资源的统一视图管理的能力，实现了与企业内部流程的融合和交互，最终实现底层资源自服务，整体需求涵盖了对自研的 CTSI vServer、华为 FusionCompute、KVM、华三 CAS 以及裸金属服务器等，包括计算、存储和网络资源的统一管理，面向资源的运维管理，以软件和基础设施资源的统一和自动交付为目标的资源编排管理、面向资源的服务化过程的运营管理，以及基础设施云的租户和用户管理等，并构建统一的访问门户，实现以上需求的功能化，即对资源的使用者提供资源服务门户，也为资源的管理者提供体验一致的管理能力。

混合云云管平台总体架构如图 4-32 所示。

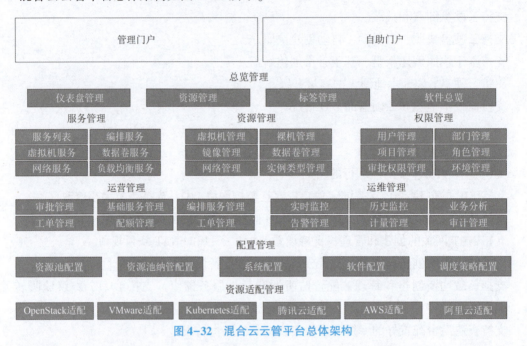

图 4-32 混合云云管平台总体架构

2. 云管平台的核心能力

（1）异构资源池统一管理和调度

云聚混合多云管理平台支持对接华为鲲鹏云、OpenStack、VMware、华三云，进而实现异构资源池的统一管理和调度，包括 arm 架构资源池、x86 架构资源池、mips 架构资源池等。主要包括以下能力：支持对多个云资源池进行统一管理；支持对不同版本的资源池进行统一管理；支持管理国产集群和 x86 集群，支持分集群单独管理，支持国产和 x86 混合管理，单集群规模大于或等于 260 台。

（2）完备的云运营机制

云聚混合多云管理平台支持对用户管理范围内的运营部门、VDC、项目、订单、工单、资源使用和分配情况进行总体概览，以折线图、扇形图、柱状图等多种方式呈现。让用户更加直观地了解云资源的运营情况，以便为后期投资规划作出指引。

云聚混合多云管理平台支持物理资源级别的多租户隔离，确保在用户环境内不同的部门或机构之间资源的完全隔离，保障数据安全、实现分权分域管理。

云聚混合多云管理平台提供服务目录用于定义用户所需的各种类型以及各种规格的云资

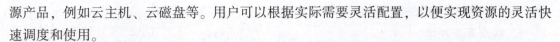

源产品，例如云主机、云磁盘等。用户可以根据实际需要灵活配置，以便实现资源的灵活快速调度和使用。

云聚混合多云管理平台支持用户根据自己的业务模式自定义组织架构层级，以及相应层级的资源、岗位、权限、人员分配，以便实现分权分域管理和层级的流程审批制度。

云聚混合多云管理平台提供灵活的流程审批制度的建立，客户管理员可以灵活定制符合自己实际情况的审批流程，保证用户订单、工单的自动化执行，提高系统运营效率。

云聚混合多云管理平台，支持管理员分别对每个客户所使用的各类资源进行配额设置，用户在配额范围内可自助使用云平台的各种资源。

（3）云服务全生命周期管理

用户可以自助选择所需要的云资源，例如云主机、云磁盘、裸金属服务器、云负载均衡、云防火墙等，通过将所需要的资源加入购物车一键式下单申请，系统会产生相应订单来记录用户申请的资源情况。管理员可对用户发起的资源申请订单进行自定义流程审批，审批通过之后，系统会根据工单编排自动执行工单流程下发资源给用户，此时用户可对已有资源进行全生命周期管理，例如，可对云主机进行开机、关机、编辑、操作、更改配置、备份、快照、释放等。

（4）多维度的云运维机制

云聚混合多云管理平台提供对数据中心内资源池的统一展示。支持对接监控平台、运维平台实现对云资源的全面监测，可对异构云资源的使用和业务运行情况进行准确反馈，并可直观展示告警视图及云资源状态的运行情况，包括资源使用量、增减情况等。

云聚混合多云管理平台支持多维告警统计展示，可按照告警发生时间、资源维度、告警级别维度进行统计展示。

云聚混合多云管理平台支持对各类资源的多维度统计功能，并以适当的方式输出统计报表；报表可以按照 HTML、XML、EXECL 等格式进行导出；统计时延可控制在合理范围之内，支持定制周期报表，定期自动采集，生成所需报表。

（5）标准开放的 API

云聚混合多云管理平台可以提供开放、标准的协议接口，对云内所有资源及功能（如主机、硬盘、网络、负载均衡器、防火墙、弹性 IP、监控等）提供 API 级别的支持，便于云聚混合多云管理平台与第三方管理平台对接，例如 OA、短信网关及邮件系统等，充分与用户现有业务系统相结合，提升办公效率，同时方便用户基于云聚混合多云管理平台进行二次开发。

【练习与实训】

1. 选择题

（1）云计算平台允许用户访问的资源不包括（　　）。

A. 服务器　　　　　B. 存储　　　　　C. 桌面软件　　　　　D. 数据库

（2）OpenStack 是由哪种许可证授权的开源软件？（　　）

A. MIT　　　　　B. Apache　　　　　C. GNU　　　　　D. BSD

（3）多租户技术的主要目的是（　　）。

A. 提高系统性能　　　　　　　　　　B. 数据隔离

C. 提高存储容量　　　　　　　　　　D. 减少硬件需求

（4）边缘计算的主要优势不包括（　　）。

A. 减少数据传输延迟　　　　　　　　B. 增加数据中心的负担

C. 增强服务的响应能力　　　　　　　D. 提升数据安全性

（5）CMP 的全称是（　　）。

A. Cloud Management Platform　　　　B. Computer Management Program

C. Centralized Monitoring Protocol　　D. Cloud Monitoring Platform

（6）以下哪项不是边缘计算的关键特征？（　　）

A. 数据局部性　　　B. 低延迟　　　C. 数据安全　　　D. 高延迟

（7）多租户技术主要解决什么问题？（　　）

A. 数据存储　　　B. 数据安全　　　C. 数据隔离　　　D. 数据分析

（8）云计算平台的按需服务模式通常如何计费？（　　）

A. 固定费用　　　　B. 按时间计费　　　C. 按使用付费　　　D. 预付费模式

（9）OpenStack 中，Neutron 组件负责（　　）资源。

A. 计算资源　　　B. 存储资源　　　C. 网络资源　　　D. 安全资源

（10）边缘计算如何优化物联网（IoT）应用的性能？（　　）

A. 通过集中数据处理　　　　　　　　B. 通过本地数据处理

C. 通过数据传输到云　　　　　　　　D. 通过长期数据存储

2. 简答题

（1）描述云计算平台的主要优势。

（2）说明 OpenStack 云计算平台的基本功能。

（3）解释多租户技术如何实现数据隔离。

（4）讨论边缘计算如何提高数据安全性。

（5）说明 OpenStack 的核心组件及其作用。

【驾驭云平台技术】考评记录表

姓名		班级		学号	
考核点	主要内容		知识热度	标准分值	得分
4.1	认识云计算管理平台		＊＊＊	20	
4.2	了解 OpenStack 云计算管理平台		＊＊＊＊＊	30	
4.3	了解多租户技术		＊＊＊	10	
4.4	揭秘边缘计算技术		＊＊＊＊	20	
职业素养	实训管理：整理、整顿、清扫、清洁、素养、安全等			20	
	团队精神：沟通、协作、互助、主动				
	工单和笔记：清晰、完整、准确、规范				
	学习反思：技能点表达、反思改进等				
学生自评反馈单	（章节总结、自绘导图、学情反馈）				
教师评价					

注：知识热度（＊认知，＊＊了解，＊＊＊熟悉，＊＊＊＊掌握，＊＊＊＊＊熟练掌握）。

第 5 章

决胜云计算安全

本章导读

　　传统数据中心与低成本、高性能的云数据中心相比毫无优势，这使越来越多想要节省成本的企业陆续开启了"上云"的步伐。然而，有些企业却因云计算存在的安全隐患而迟迟不肯将业务和数据迁至云端。毫不夸张地说，安全问题已成为阻碍云计算进一步推广和发展的重要因素。

　　本章将介绍云计算安全的相关概念、所面临的威胁与挑战、云安全的相关法律法规、云安全管理、云安全防护等内容。

学习导航

知识目标

了解云计算安全的概念和相关法律法规

熟悉云计算安全责任模型

掌握云计算安全管理的流程

理解云计算应用防护与云 WAF

理解云计算身份管理与云 IAM

理解云计算安全审计与云 SIEM

技能目标

能够建立云安全管理流程模型

能够选择 WAF 的部署架构

能够理解云计算安全审计与云 SIEM 的关系

素养目标

遵从职业操守和道德原则

提高信息安全意识和法治意识

知识导图

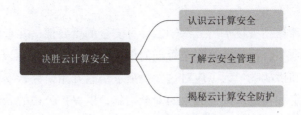

决胜云计算安全
- 认识云计算安全
- 了解云安全管理
- 揭秘云计算安全防护

行业先锋——中国科技女性何庭波

　　何庭波，女，出生于 1969 年，湖南长沙人，是华为公司的一位杰出领导者。她毕业于北京邮电大学，获得通信和半导体物理硕士学位，此后便投身于华为的科研与管理工作。何庭波历任工程师、高级工程师、总工程师等职位，逐步在华为的技术和管理体系中崭露头角。

　　她曾担任海思研发管理部部长、海思常务副总裁、海思总裁等职位，负责华为在芯片设计领域的研究与发展。2018 年 3 月，何庭波成为华为董事会成员，进一步证明了她在华为的重要地位。目前，她担任华为 2012 实验室技术总裁、海思总裁，以及华为科学家委员会主任等职务。

　　在何庭波的领导下，华为在芯片设计领域取得了显著成就，特别是在面对外部技术封锁时，她带领团队成功研发出多款具有竞争力的芯片产品。

　　她曾获得福布斯"中国科技女性榜"等荣誉，体现了她在科技领域的卓越贡献和广泛认可。何庭波以其深厚的专业背景、卓越的领导能力和对华为公司的忠诚，成为华为在科技领域的重要代表之一。

工作任务 5.1 认识云计算安全

【任务情景】

小蔡深入学习云计算相关技术后，深知云计算安全的重要性，并着眼于解决云安全面临的各种挑战和威胁，承担公司云计算安全管理的任务。那么，什么是云计算安全呢？云计算安全面临着哪些威胁和挑战呢？为了应对这些挑战，小蔡开始研究云安全相关的标准和法律法规。他将致力于制定和实施一系列有效的安全措施，以保护公司的云计算环境不受威胁和攻击，确保业务的稳定和可靠运行。

【任务实施】

5.1.1 云安全的概念

1. 云安全的概念

云计算为我们带来方便快捷的服务的同时，也带来了许多安全问题，并且云计算在逻辑上的集中性使这些安全问题变得更加致命。近年来，云安全问题层出不穷，例如 2017 年 2 月，著名的网络服务商 Cloud Flare 就曝出"云出血"（Cloud bleed）漏洞，导致包括优步（Uber）、运动手环公司 FitBi 等多家企业用户隐私信息在网上泄露。总的来说，云安全已经成为云计算进一步发展道路上必须要解决的问题。与此同时，由于云计算充分整合了存储和计算资源，其全新的服务模式也为安全技术的发展提供了机遇，例如，基于云的在线病毒查杀服务。基于 360 云查杀引擎的木马查杀服务如图 5-1 所示。

图 5-1 基于 360 云查杀引擎的木马查杀服务

云计算安全指的是为了保护云环境中的数据、应用程序，以及逻辑和物理层面上的基础设施而制定或实施的策略和技术手段。在云安全中，安全即服务也是一类重要的服务模式。

它指的是云服务提供商为用户提供基于云的安全服务，例如，基于云来保护用户终端或应用系统的安全。在云计算的框架中，不同的角度对云安全理解的侧重点不同。对用户来说，云安全是数据的安全和隐私的保护；对云平台来说，云安全涉及数据的存储和传输安全、数据的合法访问、用户身份认证和防止恶意攻击等；对于云计算的虚拟化来说，云安全关注虚拟化特权提升、虚拟机隔离机制破坏和虚拟环境信息泄露等。

云安全最初是由传统防病毒厂商提出来的，主要思路是将用户和厂商安全中心平台通过互联网紧密相连，组成一个庞大的病毒、木马、恶意软件检测、查杀的"安全云"，每个用户都是"安全云"中的一个节点，用户在为整个"安全云"网络提供服务的同时，也分享其他所有用户的安全成果。

当前主流云计算服务提供商及研究机构更为关注的是云计算应用自身的安全。从完整意义上讲，"云安全"应该包含两个方面的含义：一是"云上的安全"，即云计算应用自身的安全，如云计算应用系统及服务安全、云计算用户信息安全等；二是云计算技术在网络信息安全领域的具体应用，即通过采用云计算技术来提升网络信息安全系统的服务效能，如基于云计算的防病毒技术、木马检测技术等。前者是各类云计算应用健康、可持续发展的基础，简称为"云安全"，后者是当前网络信息安全领域最受关注的技术热点，定义为"安全云"。

许多人对于"云安全"和"安全云"这两个名词的区别不是特别清楚，其实广义的"云安全"同时包含了"云安全"和"安全云"两个概念。"云安全"是指云计算基础架构的安全防护，"安全云"是安全领域利用云计算技术强化对抗新兴威胁的能力。事实上，"安全云"的概念可进一步从软件和服务两个角度进行细化。前者以采用"云杀毒"或"云端信誉评级"技术的防毒软件为代表；后者是将安全产品云化，以服务的形式提供，用户不需要自行采购与维护安全设备，不但可大量降低用户管理负担，还可以通过服务厂商的专业级连续服务（全年无休息的服务），获得更完善的安全防护。

2. 云安全与传统信息安全的区别

从安全原则和需求上来看，云安全与传统安全并没有本质的区别。传统信息安全一般要求保护的对象都是特定的，如企业机密数据、业务运行逻辑等，在云计算时代，与服务商提供的云服务内容虽有不同，但遵循的原则也都由传统信息安全遵循原则进行展开和引申，并使用系统、软件等技术进行落实和保障。可以从 3 个方面对比云安全和传统信息安全的异同点，如表 5-1 所示。

表 5-1 云安全和传统信息安全的异同点

对比点	传统信息安全	云安全
针对对象	针对的是用户可以掌控的"安全区域"（例如个人电脑、网站服务器等），所保护的对象也都处于用户可以掌控的范围内	用户的数据、应用程序等都存储或运行在云平台上，而云平台则是用户无法掌控的区域。因此云安全针对的是云平台中用户无法掌控的区域。如何保证用户信息不被其他用户甚至是云服务提供商恶意访问，是云计算安全中十分重要并亟待解决的关键性问题之一

续表

对比点	传统信息安全	云安全
安全技术	所面临的诸如软件漏洞、网络病毒、黑客攻击及信息泄露等信息系统中普遍存在的共性问题，都会在云安全中有充分的体现	云计算的发展也带来了新安全技术的发展或诞生。例如，云平台中虚拟化技术的广泛使用使虚拟化的安全问题凸显出来，也带来了虚拟化安全技术的大力发展；云计算场景下对加密数据处理的需求，也在一定程度上刺激了密文计算技术的发展
服务模型	传统服务中数据分散，用户享受服务的成本高，性价比低	云计算引入了全新的多租户、数据集中、软硬件资源集中的服务模型。这种服务模型使包括个人和企业在内的用户能够以较低的价格获得十分稳健和优异的存储或计算服务，同时也会带来新的安全需求

5.1.2 云安全面临的威胁与挑战

1. 云安全面临的威胁

随着云计算的高速发展和广泛应用，其安全问题也越来越多地暴露出来。近年来，云计算安全事件频出，使人们越来越重视云计算的安全性。例如，Facebook 公司的数据泄露丑闻中，剑桥分析公司从 Facebook 获取了高达 8 700 万用户的数据。这个案例展示的正是数据泄露问题，也是云安全中最为重要的威胁之一。类似的案例还有携程网用户信息泄露、12306 用户信息泄露等。

云计算作为一种新型的计算模式，同时也带来了新的安全威胁。相比于传统安全问题，云计算的安全威胁具体表现在以下几个方面：由物理计算资源共享带来的虚拟机安全问题；由数据的拥有者与数据之间的物理分离带来的用户隐私保护与云计算可用性之间的矛盾；用户行为隐私问题；云计算服务的安全管理方面的问题。如图 5-2 所示概括了云数据中心可能面临的安全威胁，下面从 6 个方面介绍云计算的安全威胁。

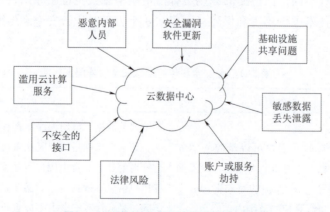

图 5-2 云数据中心可能面临的安全威胁

（1）虚拟化技术安全威胁

虚拟化技术是在云计算中心实现计算与存储资源高效共享的核心技术。该技术使得云计算相对于传统计算方式具有两个关键的特点：多租户和快速弹性，而它们都带来了额外的安全威胁。

多租户表示用户需要与其他租户分享计算资源、存储资源、服务和应用，是具有安全风险的。所有租户同时存在于相同的进程和硬件中，这样的资源共享会严重地影响租户在云中的信息安全性。

快速弹性是说云服务提供商可以根据当前的需求动态调整分给每个服务的资源，这也意味着租户有机会使用之前被分配给其他租户的资源，这样就会导致机密性的问题。

虚拟机存在的相关安全问题主要包括虚拟机自身安全、虚拟机镜像安全、虚拟网络安全和虚拟机监控器安全。

（2）数据管理失控

在云计算中，用户对放置在远程云计算中心的数据和计算失去物理控制，对于自身的数据是否受到保护、计算任务是否被正确执行等都不能确定，由此带来了新的安全问题。数据安全问题包括存储数据安全、剩余数据安全和传输数据安全等。

存储数据安全考虑的是用户存储在云上的数据的安全性。许多用户直接将网络数据存储在云端，很少会有人使用加密的方法与手段对数据进行保护。在发生安全事故时，云服务提供商很难及时告知用户，用户也就无法对数据进行及时的处理；一些云服务提供商可能为了商业利益和名誉而对数据的丢失或者篡改等隐而不报，这会对用户数据隐私和用户数据的完整性造成极大的安全威胁。如果预先用传统密码机制加密，云计算中心基本上就无法对密文做任何有意义的计算。

剩余数据安全问题是指用户在使用完云存储服务后退租或动态释放部分资源时，如果只是对用户磁盘中的文件做简单的删除，而下一次将磁盘空间重新分配给其他租户时，可能会被恶意租户使用数据恢复软件读出磁盘数据，从而导致先前租户的数据泄露。

传输数据安全是指数据在传输过程中可能被窃取或篡改。服务商需要通过有效的手段防止传输数据被窃取或篡改，需要保证数据即使丢失也不易泄露。针对用户未采用加密手段的情况，服务商也应有相应强度的加密措施，保证用户数据在网络传输中的机密性和完整性，同时保证传输的可用性。

（3）恶意内部人员

恶意内部人士是指已获权访问企业网络、系统或数据并且有意越过职责滥用权限的现任或前任企业员工、承包商或其他合作伙伴。这些角色往往可访问企业信息系统中较为机密敏感的文件，并具有一定的系统操作权限，可能对企业云系统的完整性、可用性等造成负面影响。恶意内部人士出于打击竞争对手、窃取商业机密等目的，对企业信息系统采取破坏行动，仅靠云服务提供商很难为企业提供任何安全性保障，因此，企业必须将防范恶意内部人士作为企业云计算安全战略中的重要一环。

（4）滥用云计算服务

当前云服务市场中的产品以 IaaS、PaaS、SaaS 的公有云服务为主，由于市场上激烈的竞争关系，各云服务提供商均推出了免费试用或价格较低的云服务，这给了不法分子可乘之机。一些不法分子会大量注册免费账户或进行账户挟持以获得大量 IT 资源，并通过滥用和恶意使用云服务的计算能力实施违法犯罪行为，如进行密码破解、分布式拒绝服务攻击、广告或虚假信息的大量投放、数字货币的"挖矿"等。

对云服务的滥用和恶意使用不仅会对网络环境造成恶劣影响，还会影响云服务的信誉、可用性和使用体验。为此，云服务提供商应建立事件响应框架以解决此类问题，如提供渠道供用户进行举报和反馈，或提供相关控件，以使用户可以实时监控其云服务使用状况，并设置用量报警服务和上限关阀等措施，以防止黑客在挟持用户的账户后，滥用其账户产生巨额账单。

（5）账户劫持

账户劫持是指黑客通过诱导性电子邮件和网页等实施网络欺诈，或通过软件漏洞窃取用户的账户密码并登录系统实施破坏，如窃听用户活动和交易，操纵、查看和修改数据，伪造信息等。比起上述威胁，账户劫持的方法更加容易且可能造成的破坏更大，这是由于在很多情况下，账户密码是获取系统授权的唯一方式。

一个用户往往拥有若干个网站的账户。由于记忆密码是件麻烦的事，故经常有用户在不同的账户中使用同一密码，这种密码复用无疑增加了账户劫持的风险。例如，黑客在劫持了用户的某个不重要的账户后，通过关联、猜测的方式，继续劫持了该用户的其他账户。在云解决方案中，尽管用户的个人权限都会受到严格的管理，但由于各账户存在较普遍的数据和资源共享，故黑客仍然有机可乘。为此，组织或企业在使用云服务时，应采取相应措施，如建立严格的身份认证制度（多因素认证）、严格监控用户的共享空间、禁止用户间分享较重要的数据（如凭据，密钥）等。

（6）不安全的接口

为方便用户对云服务进行交互与管理，云服务提供商一般会提供用户界面（User Interface，UI）或 API，对云服务的供应、管理、编排和监控等一系列重要操作均通过这些接口完成，这些接口的安全性决定了云服务的安全性和可用性。因此，必须对身份认证接入控制、数据加密和活动监控等操作的接口采取措施，以避免系统因意外或恶意行为发生安全事故。

此外，一些第三方组织机构可能基于这些接口，为其客户提供增值服务，这会使原生 API 转变为复杂程度较高的复杂 API，且第三方服务需要向组织获取凭证作为授权信息为其激活服务，这会增加系统中的风险。API 和 UI 通常是一个系统中最公开的部分，因此也常常成为黑客重点攻击的对象，其安全性是保障云计算安全的第 1 道防线。

2. 云安全面临的挑战

综合网络安全行业的各类分析报告及云计算安全的现实情况，云计算安全面临的挑战主要来源于技术、管理和法律风险等几个方面，具体如下：

①数据集中。聚集的用户、应用和数据资源更方便黑客发动集中的攻击，事故一旦产生，影响范围广、后果严重。

②防护机制。传统基于物理安全边界的防护机制在云计算的环境下难以得到有效的

应用。

③业务模式。基于云的业务模式给数据安全的保护提出了更高的要求。

④系统复杂。云计算的系统非常大，发生故障的时候要进行快速定位的挑战也很大。

⑤开放接口。云计算的开放性对接口安全提出了新的要求。

⑥管理方面。在管理方面，云计算数据的管理权和所有权是分离的，需要不断完善使用企业和云服务提供商之间运营管理、安全管理等方面的措施。

⑦法律方面。法律方面主要是地域性的问题，如云信息安全监管、隐私保护等方面可能存在法律风险。

5.1.3　了解云安全相关标准及法律法规

1. 云安全相关标准

（1）国际标准

1）ISO/IEC JTCI SC27 工作组。

SC27 作为 ISO/IEC JTCI（国际标准化组织/国际电工委员会的第一联合技术委员会）下专门从事信息安全标准化的分技术委员会，其相关工作组启动了关于云计算安全及其隐私保护的标准化研究。该工作组明确了云安全和隐私标准研制的 3 个领域，分别为信息安全管理、安全技术、身份管理和隐私。该工作组于 2014 年颁布了 ISO/EC 17788 与 ISO/IEC 17789 两个标准文档，并于 2017 年补充了 ISO/IEC 19941 和 ISO/IEC 19944 两个标准文档，对于云安全的保护范围和相关技术要求提出了规范性的建议。

上述标准中规定云的安全性包括从物理安全性到应用程序的安全性，诸如认证、授权可用性、机密性、身份管理、完整性、不可否认性、审计、安全监控、事件响应和安全策略管理。标准规定云服务的安全功能包括：访问控制、机密性、完整性和可用性，还包括用于控制云服务底层资源和云服务使用的管理功能，并特别关注用户的访问控制。这是为了能够：①及早发现、诊断和修复云服务和资源相关问题的设施；②安全记录网络上的访问记录、活动报告、会话监控和数据包检测；③为云服务提供商的系统提供防火墙、恶意攻击预防。以上标准为云计算的安全性保障制定了一系列规范，指出了云安全所包含的范围和技术要求，具有一定的指导意义。

2）ITU-T FG Cloud。

ITU-T（国际电信联盟电信标准分局）成立了云计算专项组 Focus Group on Cloud Computing（FGCC，也有人习惯写为 FG Cloud），FG Cloud 致力于从实际的电信角度为云计算提供技术支持，例如电信方面的云安全和云管理，其服务内容主要体现在以下几个方面。

①用户安全威胁的主要来源。

用户安全威胁的主要来源有：安全责任模糊；用户失去了对托付给云的服务和数据的掌控；选择了失信的云服务提供商；访问控制设置不当和数据泄露带来的风险。

②云服务商安全威胁的主要来源。

云服务商安全威胁的主要来源有：数据存储；身份管理；虚拟机隔离；可信级和责任承担问题；非安全可靠的云计算服务；云服务提供商本身的滥用。

③云服务安全建议。

应当对云服务提供商建立安全评估、安全审计或安全认证/认证计划，以便用户根据其安全要求选择合适的云服务提供商。建议用户在使用云服务之前，首先根据标准化的规范，与云服务提供商进行安全标准的协商及信任身份等相关标准认证。

④云计算安全的主要研究方向。

云计算安全的主要研究方向有：云框架下的安全体系结构/模型和框架安全；云服务管理和审计技术；云服务的连续性保障和灾难恢复机制；云存储安全；云数据保护和隐私保护；账户和身份管理机制；网络监控和实践响应；网络安全管理方法；云服务的可移植性问题等。

3）NIST SAJACC 与 USG Cloud Computing。

美国国家标准与技术研究院（NIST）提供云技术的相关指导，制定并且推动云相关的技术标准，促进政府和行业内云的相关技术得以有效安全使用。NIST 的工作有两个方面：加速推动云计算在各政府部门的应用（Standards Acceleration to Jumpstart Adoption of Cloud Computing，SAJACC）；构建美国政府云计算技术的路线图（USG Cloud Computing）。

NIST 制定和发布了标准化路线图和关于云计算的特别出版物，通过这些文件的发布，NIST 帮助美国政府完成了关于云相关的数据可移植性、互操作性和安全技术的规范化标准。关于云安全，美国政府根据 NIST 特别编制出版了《美国政府云计算安全评估和授权建议书》，该云计算文件介绍了美国政府云计算评估和授权方案，分为 3 部分：云计算安全需求基线；云计算的持续监控；潜在评估和授权方法。NIST 提出的网络安全框架（Cyber Security Framework，CSF）已获得全球各个政府和各行各业的支持，将其作为建议组织使用的基准。

4）CSA。

云安全联盟（Cloud Security Alliance，CSA）是 2009 年 RSA 大会上宣布成立的非营利性组织，致力于在云计算环境下提供最佳的安全解决方案。CSA 在全球拥有超过 80 000 个人会员，包含 25 个活跃工作组，其研究的重点领域包括云计算标准的制定、认证、教育和指导。2009 年 4 月，CSA 发布了《云计算关键领域安全指南》第 1 版，并对其不断升级和改造，于 2017 年发布了第 4 版。该指南系统地介绍了云计算领域的相关概念和技术，定义了准确的云计算模型及其逻辑模型，以及云的相关架构及其参考模型。在指南中，CSA 明确了安全责任范围：对于云服务提供商，他们要负责主要的安全性保证，如平台的安全性；而对于云用户，他们需要负责其在云基础设施上建立的相关服务的安全性。

（2）国内标准

1）全国信息安全标准化技术委员会（TC260）。

全国信标委云计算标准工作组全称为"全国信息技术标准化技术委员会云计算标准工作组"，成立于 2012 年 9 月 20 日，负责对云计算领域的基础、技术、产品、测评、服务安全、系统和装备等国家标准的制定和修订工作。从总体上来看，工作主要包含框架制定关键技术、服务的获取和安全管理 4 个部分。从标准规划来看，包括云安全的术语、云安全框架、云计算认证和授权标准、云计算授权保护指南、云计算通信安全标准、基于云计算的个

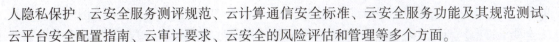

人隐私保护、云安全服务测评规范、云计算通信安全标准、云安全服务功能及其规范测试、云平台安全配置指南、云审计要求、云安全的风险评估和管理等多个方面。

2014 年，该工作组提出了国标 GB/T 31167—2014《信息安全技术云计算服务安全指南》和国标 GB/T 31168—2014《信息安全技术云计算服务安全能力要求》。这些标准描述了云计算服务可能面临的主要安全风险，提出了政府部门采用云计算服务的安全管理基本要求，以及云计算服务生命周期中各阶段的安全管理和技术要求。该标准为政府部门采用云计算服务，特别是采用社会化的云计算服务提供了覆盖整个生命周期的安全指导，适用于政府部门采购和使用云计算服务，也可供重点行业和其他企事业单位参考。

2）中国通信标准化协会（CCSA）。

中国通信标准化协会于 2002 年 12 月 18 日在北京正式成立。该协会是国内企事业单位自愿联合组织起来的，经业务主管部门批准，国家社团登记管理机关登记，开展通信技术领域标准化活动的非营利性法人社会团体。近些年来，CCSA 与我国多个企业合作，开展了多项关于云计算安全的相关研究工作，并且积极地向全球云计算标准化组织中推广。目前 CCSA 已经制定了关于云安全的 4 个行业标准：云运维管理接口技术要求，云计算安全架构，公有云服务安全防护检测要求，互联网资源协作服务信息安全管理系统技术要求和一个 CCSA 标准，同时有 8 个在研究的标准项目。

2. 云安全相关法律法规

（1）国际法律法规

1）欧盟 GDPR 与云安全。

由欧盟理事会和欧盟委员会联合起草的《通用数据保护条例》（General Data Protection Regulation，GDPR）发布于 2016 年 5 月 24 日，于 2018 年 5 月 25 日正式生效，其前身是欧盟在 1995 年颁布的《计算机数据保护法》。GDPR 不仅是欧盟成员国的网络安全相关法律法规，也同样适用于处在欧盟之外但为欧盟成员国提供服务的企业组织。

GDPR 采用同意机制的法律框架，即机构在收集和处理个人（称为数据主体）的隐私数据时，须在获得数据主体依照其意愿自由作出的特定的、知情的指示后方可进行。指示表明数据主体同意处理与其相关的个人数据，且数据主体在指示发出后享有撤回权，一旦数据主体撤回同意指示，则数据收集和处理工作必须停止，且必须保证其之前所收集和处理的数据不会对数据主体造成任何影响。若数据主体为不满 16 周岁的儿童，则"同意"的指示必须由其监护人授权后方才生效。

GDPR 主要针对隐私安全，问责机制，个人敏感数据，数据主体的权利，数据处理者数据泄露和通知，数据保护者等的权利、义务等内容进行了规定、约束、禁止或建议，不遵守数据隐私法规会受到严厉的法律制裁和巨额的罚款。

2）美国国防部云安全要求指南。

2012 年 7 月 11 日，美国国防部对外发布了《国防部云计算战略》（以下简称战略），旨在改善国防部当前重复、累赘、成本高昂的政府网络，并通过使用商用云服务将其转变为更迅捷、更安全、性价比更高的企业云环境，以实现对不断变化的新需求的快速响应。

政府部门的数据和文件尤其需要严格保密，因此国防部使用的商用云服务必须保证极高的安全性，为此，隶属美国国防部的国防信息系统局在 2015 年 1 月发布了《国防部云计算安全要求指南》。该指南从管理的角度将云服务分为国防部云服务、联邦云服务和商业云服务 3 种，这 3 种云服务均可用于国防部及美国政府各部门，但根据可承载的业务和涉及数据的敏感度不同，对这 3 种云服务的安全性要求也不同。

信息敏感度在《国防部云计算安全要求指南》中被定义成 4 个级别，从低等级 2 的公开信息到高等级 6 的机密信息，对安全性的要求依次增高。在具体技术要求上，根据 4 个级别对数据和设备在法律管辖范围、云存储隔离要求、人员安全、数据存储安全以及网络体系结构上分别做了相应的规定，各级的对比如表 5-2 所示。

表 5-2　美国国防部云计算安全要求分级对比

级别	具体内涵	适用的安全控制	物理位置要求	连接要求	隔离要求	人员安全要求
2	公开信息或非关键性的业务信息	FedRAMP 的中级基线	美国境内、美属地区或国防部辖区	互联网连接	与公共社区进行虚拟或逻辑隔离	国家机关检查和询问（NACI）
4	受控非涉密信息或非受控、非涉密但与关键业务相关的信息	第 2 级基础上，增加对受控非涉密信息的特定安全要求	美国境内、美属地区或国防部辖区	通过统一的云访问点连接 NI-PRNet（非安全 IP 路由网）	与公共社区进行虚拟或逻辑隔离，在各个租户的系统之间采用强虚拟隔离方式	单一范围背景调查（SSBI）、国家机关法律检查和信用调查（NACLC）、保密协议（NDA）
5	高度敏感的受控非涉密信息、国家安全系统中非涉密信息	第 4 级基础上增加对国家安全系统和高敏感信息的特定安全要求	国防部辖区	通过统一的云访问点连接 NI-PRNet（非安全 IP 路由网）	与联邦政府公共社区进行虚拟或逻辑隔离，使用专业的多租户基础设施，与非联邦系统进行物理隔离，在各个租户的系统之间采用强虚拟隔离方式	单一范围背景调查（SSBI）、国家机关法律检查和信用调查（NACLC）、保密协议（NDA）

续表

级别	具体内涵	适用的安全控制	物理位置要求	连接要求	隔离要求	人员安全要求
6	秘密信息与机密信息	第 5 级基础上，增加对涉密信息的安全要求	国防部辖区	通过统一的云访问点连接 SIPRNet（机密级 IP 路由网）	与联邦政府公共社区进行虚拟或逻辑隔离，使用专用的多租户基础设施涉密系统进行物理隔离，在各个租户的系统之间采用强虚拟隔离方式	机密级人员许可证、保密协议（NDA）

（2）国内法律法规

1）《中华人民共和国网络安全法》与云安全。

2016 年 11 月 7 日，中华人民共和国第十二届全国人民代表大会常务委员会第二十四次会议通过了《中华人民共和国网络安全法》，该法已于 2017 年 6 月 1 日起正式实施。《中华人民共和国网络安全法》是我国第一部网络安全的专门性综合立法，是为了保障网络安全，维护网络空间主权和国家安全、社会公共利益，保护公民、法人和其他组织的合法权益，促进经济社会信息化健康发展而制定的法律。

《中华人民共和国网络安全法》共 7 个章节，包含 79 项条款，涵盖了网络安全的方方面面，是我国在网络安全领域最具权威性的法律依据。

在《中华人民共和国网络安全法》正式实施后，各部门就相关规定会对各企业进行调查处理，经查实国内某知名云服务提供商为用户提供网络接入服务时未落实真实身份信息登记和网站备案相关要求，导致用户假冒其他机构名义获取网站备案主体资格，依据《中华人民共和国网络安全法》第二十四条第（一）款、第六十一条规定，责令该公司立即整改，切实落实网站备案真实性核验要求。《中华人民共和国网络安全法》的实施初见成效。

2）中国云技术安全政策和法律蓝皮书。

中国云计算安全政策与法律工作组发布了《云安全政策与法律蓝皮书》，此蓝皮书旨在理清中国云计算发展中所面临的安全风险以及相应的政策法律障碍，为规划国家云计算战略、明确相应法律建设和改革的思路，也为企业发展云计算服务梳理出如何遵从这些法规的模式，帮助用户正确认识云计算法律保护困境，进而切实维护好各方的合法权益。云服务管辖权及数据处理机构如表 5-3 所示。

表 5-3　云服务管辖权及数据处理机构

数据处理机构的位置	管辖权
数据处理机构位于国外，云用户位于国内	此种服务下，只要用户传输了受进出口管辖的数据即会构成出口，并受云用户所在国的管辖
数据处理机构位于国内，云用户位于国外	此种情况下，若云服务提供商向国外云用户传输受进出口管辖的数据则构成出口，并受其所在国家的管辖
数据处理机构和云用户都位于国外	这种情况下，一般不受该国的进出口管辖，但是如果在一国的领土上有特别的经营活动，则应该受到该国的管辖
数据处理机构和云用户都在国内或都位于境外的同一国家	这种情况下，发生在云服务提供商与其所属国用户之间的数据传输行为一般需受到该国进出口管辖
数据处理机构和云用户在多个国家	此种情形是目前最大的云服务提供商在世界范围内普遍遇到的问题，依据属地管辖的要求，只要数据处理活动发生在某国就应该受该国法律管辖，或者只要与特定国家相关就应该受其管辖

3）《信息安全技术网络安全等级保护基本要求》与云计算安全。

2019 年 5 月，国家标准《信息安全技术网络安全等级保护基本要求》（"等保 2.0"）正式发布并于 12 月 1 日开始实施。"等保 2.0"增加完善了针对云计算、大数据、物联网等新技术和新应用的等级保护规范，为落实信息系统的安全工作提供了方向和依据。"等保 2.0"分为 5 部分，分别为安全通用要求、云计算安全扩展要求、移动互联安全扩展要求、物联网安全扩展要求和工业控制系统安全扩展要求。其中云计算安全扩展要求部分进一步提出了不同等级云计算平台的安全扩展要求。"等保 2.0"对于云计算的系统边界划分、安全责任划分等云计算中的安全等级保护作出了相应的规范和标准，完善了云计算安全等级的界定。

【应用拓展】云计算安全责任共担白皮书（2020 年）（节选）

云计算作为新型基础设施建设的重要组成，关键作用日益凸显，市场规模呈现持续增长趋势。同时，云计算安全态势日益严峻，安全性成为影响云计算充分发挥其作用的核心要素。与传统 IT 系统架构不同，上云后安全迎来责任共担新时代，建立云计算安全责任共担模型，明确划分云计算相关方的责任成为关键。

白皮书首先介绍了云计算在市场发展、安全等方面的现状及趋势，分析安全责任承担在云计算安全发展中的必要性，以及安全责任共担模式的应用现状与痛点。重点围绕公有云场景，白皮书建立了更加精细落地、普遍适用的云计算安全责任共担模型，确定责任主体，识别安全责任，对责任主体应承担的责任进行划分，以提升云计算相关方责任共担意识与承担水平。最后，白皮书对云计算安全责任共担未来的发展进行了展望，并分享了责任承担优秀案例。

1. 云计算安全责任共担模型框架

为建立更加精细可落地、普遍适用于云计算行业的安全责任共担模型，提升云服务客户责任共担意识与承担水平，自 2019 年起，中国信通院、云计算开源产业联盟牵头，联合数十家云服务商，开展了云计算安全责任共担的相关研究，制定了《云计算安全责任共担模型》行业标准。基于以往研究成果，编写此白皮书，将云计算安全责任共担模型成果进行分享，以供行业相关企业、人员参考。

（1）模型应用场景

云计算分为公有云、私有云、社区云、混合云等部署模式。私有云、社区云和混合云模式具体应用情况与云服务客户需求较为相关，不同客户的云平台差异较大；公有云由云服务商统一交付，通用性强，不同公有云间运营模式差异不大。本白皮书将建立公有云模式下安全责任共担模型，白皮书中对云计算安全责任的分类和识别，也可供其他云计算部署模式参考。

根据服务模式的不同，本白皮书将按照以下 3 种服务模式进行责任划分。

基础设施即服务（IaaS）。云服务商为云服务客户提供计算、存储、网络等基础资源，云服务客户基于这些资源部署需要的中间件、应用软件等。典型的 IaaS 服务包括云服务器、云硬盘等。

平台即服务（PaaS）。云服务商为云服务客户提供封装后的 IT 能力，包括软件开发环境、运行平台等，云服务客户基于此来部署、管理和运营自己的应用。典型的 PaaS 服务包括消息中间件、机器学习平台等。

软件即服务（SaaS）。云服务商为云服务客户直接提供应用服务，云服务客户可通过网络访问和使用这些应用。典型的 SaaS 服务包括邮箱、在线会议、办公软件等。

（2）云计算安全责任主体

本白皮书共担模型以云平台为核心，研究与云服务直接相关的云服务提供者和云服务客户的责任划分。云服务提供者以及云服务客户等基于云服务对外提供应用而获得的用户，不在模型范围内。

云服务提供者。指提供云服务的参与方，本白皮书模型中为公有云云服务商，提供 IaaS、PaaS、SaaS 中的一种或多种云服务。对于仅提供 PaaS 或 SaaS 服务的云服务提供者，其基础资源可以是 IaaS/PaaS 云服务，也可以是物理机等非云服务资源，但后文将统一表述为 IaaS、PaaS。

云服务客户。指为使用云服务而处于一定业务关系中的参与方，业务关系不一定包含经济条款，包括企事业客户和个人客户。

（3）云计算安全责任分类

本白皮书将云计算安全责任分为七大类：1）物理基础设施，指运营云计算服务的数据中心安全和云计算平台基础架构安全。2）资源抽象和管理，指计算、存储、网络、数据库等资源的虚拟化安全以及云主机、云存储、云网络和云数据库等云服务产品的安全管理。3）操作系统，指云主机的操作系统安全。4）网络控制，指云服务间的，或云服务与外部的网络通信的安全控制。5）应用，指云计算环境下的应用系统的安全管理。在 IaaS、PaaS 模式中，应用是云服务客户自行部署在云环境上的软件或服务。在 SaaS 模式中，应用是云服务提供者为云服务客户提供的软件类云服务。6）数据，指云计算相关的云服务客户数据、云服务衍生数据、云服务提供者数据和云服务客户个人隐私信息的安全管理。7）身份识别和访问管理（IAM），指对云计算相关资源和数据的身份识别和访问管理，涉及云控制台云服务和云服务提供者内部系统平台的身份识别和访问管理。内部系统平台指云服务提供者内部与云服务相关的平台系统，如代码托管系统、运维系统等。

2. 云计算安全责任共担未来发展趋势展望

随着云计算作为新型基础设施建设的重要性不断凸显，云计算安全将更加关键，责任共担也将进入成熟发展与应用阶段，具体表现为：行业发展成熟有序，责任主体共担意识得到提升。云服务商、云服务合作商、行业第三方组织等不断加强云计算责任共担模式的宣传相关标准、研究成果日益丰富成熟，在此影响下，云服务客户的责任承担意识将不断提升。

监管政策日益健全，为事件追责提供依据。网络安全已经成为国家安全的重要组成部分，关系国家的稳定与发展。各政府相关部门积极推动网络安全相关法律法规的制定，不断完善面向云计算等新技术的法规政策，促进监管与时俱进，云平台责任的界定将更加清晰明确，有法有规可依。

技术水平持续发展，为云服务商全面巡查提供支持。目前，云服务商在合规巡查方面已经引入人工智能等新技术，但技术与实际场景的融合仍存在局限性，应用效果差强人意。随着技术的发展以及与应用场景的不断磨合，云服务商巡查能力将得到提高。

云计算安全生态不断丰富，云服务客户责任承担能力加强。近些年，我国云安全产品生态不断丰富。一方面，云计算厂商在强化自身安全能力的同时，纷纷将自身安全能力产品化输出；另一方面，安全厂商积极布局云计算安全解决方案，将积累的丰富安全经验适配于云环境。安全产品的发展，极大程度地促进了云服务客户安全防护水平的提升，云服务客户能够更切实地承担相应的安全责任。

工作任务 5.2 了解云安全管理

了解云安全管理

【任务情景】

小林是云安全团队的新成员，他刚接触云计算领域，对于云安全的重要性有着初步的认识。为了确保公司业务在云环境中的稳定运行，小林需要深入理解云安全管理的核心理念和实践方法。云安全管理涉及数据保护、访问控制、安全审计等多个方面，这些都是小林需要掌握的基本知识。接下来，小林的任务就是全面了解云安全管理的各项内容，从而能够在日后的工作中有效地防范和应对云环境中的安全风险。

【任务实施】

5.2.1 云计算安全责任模型

云计算作为一种新兴的信息技术服务模式，已广泛应用于各行各业。然而，随着云计算的普及，其安全问题也日益凸显。为了确保云计算环境的安全性，明确云服务提供商

（CSP）和云用户之间的安全责任划分显得尤为重要。

1. 云服务提供商（CSP）的责任

1）基础设施安全：CSP 需要确保其提供的基础设施（如服务器、存储设备、网络设备等）是安全的，不受外部威胁和内部隐患的影响。

2）物理安全：CSP 应确保数据中心和硬件设备的物理安全，防止未经授权的访问和物理破坏。

3）系统安全：CSP 需要负责云计算平台的系统安全，包括操作系统的安全更新、补丁管理以及防范恶意软件和病毒等。

4）网络安全：CSP 应提供安全的网络环境，包括防火墙配置、入侵检测与防御系统等，以保护数据传输和存储的安全性。

5）数据安全与隐私保护：CSP 需要确保用户数据的安全性，包括数据的加密、备份和恢复等，同时遵守相关的隐私保护法规。

2. 云用户的责任

1）应用安全：云用户需要负责其部署在云平台上的应用系统的安全，包括应用代码的安全性、用户身份验证和访问控制等。

2）数据安全与隐私保护：云用户需要对其存储在云平台上的数据进行适当的安全管理，包括数据的加密、访问控制和备份等。同时，用户也需要确保其自身遵守相关的隐私保护法规。

3）合规性：云用户需要确保其使用云服务的行为符合所在国家和地区的法律法规要求，包括数据保护、知识产权等方面的规定。

3. 共同责任

在云计算环境中，有些安全责任是 CSP 和云用户共同承担的。例如，双方都需要参与制定和执行安全策略，共同应对安全事件和威胁。此外，双方还需要定期进行安全审计和风险评估，以确保云计算环境的安全性。

综上所述，云计算安全责任模型是一个涉及多个方面的复杂框架，如图 5-3 所示。为了确保云计算的安全性，CSP 和云用户需要明确各自的安全责任并密切合作。通过共同努力，我们可以构建一个更加安全、可靠的云计算环境。

> **小知识**
>
> **云服务商和云用户的安全责任**
>
> 云计算安全责任模型是明确云服务提供商和云用户在安全方面的各自职责的重要框架。在这个模型中，云服务提供商主要负责基础设施、物理环境、系统以及网络的安全性，确保数据中心和硬件设备免受外部威胁。同时，他们还需承担保护用户数据安全和隐私的责任。而云用户则需要关注应用系统的安全，包括代码的安全性、用户验证和访问权限设置等。此外，用户也需自行负责保护其存储在云中的数据安全和隐私，并确保自身行为符合相关法律法规。这一模型强调了双方在云计算安全中的共同责任，只有通过云服务提供商和云用户的紧密合作，才能构建一个安全可靠的云计算环境。

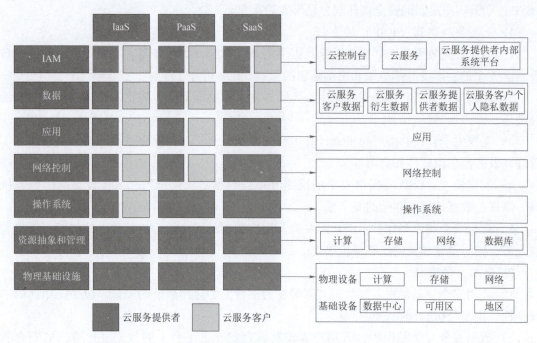

图 5-3　云计算安全责任模型框架图

5.2.2　云计算安全管理流程模型

云计算作为一种基于互联网的新型计算方式，通过虚拟化技术将大量的计算资源整合成一个动态、可扩展的资源池，并通过网络提供给用户。然而，随着云计算的广泛应用，其安全问题也日益凸显。为了确保云计算环境的安全性，必须建立一个完善的安全管理流程模型。

云计算安全管理流程模型是一个系统性的框架，旨在识别、评估、控制和监控云计算环境中的安全风险，如图 5-4 所示。该模型通过一系列流程，确保云计算服务的安全性、可靠性和合规性。其关键流程如下：

1）安全风险评估：首先，需要对云计算环境进行全面的安全风险评估。这包括对云基础设施、数据存储、网络传输、应用程序以及用户访问等各个方面的安全风险进行识别和分析。通过风险评估，可以明确云计算环境中可能存在的安全隐患和漏洞。

2）安全策略制定：根据风险评估的结果，制定相应的安全策略。这些策略应涵盖数据保护、访问控制、加密措施、备份与恢复等方面。安全策略的制定需要综合考虑业务需求、技术可行性以及法律法规的要求。

3）安全配置与实施：在安全策略的指导下，对云计算环境进行安全配置。这包括设置防火墙、入侵检测系统、安全审计等。同时，要确保所有的安全措施都得到了有效实施，以防止潜在的安全威胁。

4）安全监控与日志分析：对云计算环境进行实时的安全监控，包括网络流量、系统性能、用户行为等方面。通过日志分析，可以及时发现异常行为和安全事件，以便及时采取相应的应对措施。

5）应急响应与恢复：建立完善的安全应急响应机制，一旦检测到安全事件，能够迅速作出反应，将损失降到最低。同时，要确保备份数据的完整性和可用性，以便在必要时进行数据恢复。

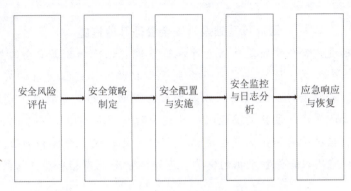

图 5-4 云计算安全管理流程模型

5.2.3 云计算基础设施安全管理

云计算基础设施是云计算服务的基石，其安全性直接关系整个云计算环境的稳定性和可靠性。因此，云计算基础设施的安全管理是云计算安全的重要组成部分。

云计算基础设施主要包括物理设施、虚拟化技术和网络平台。物理设施包括高性能的服务器、大容量存储设备、高速网络设备等，这些硬件资源为云服务提供了强大的计算和存储能力。虚拟化技术则负责将这些物理资源抽象成虚拟资源，以供用户按需使用，实现资源的灵活分配和管理；网络平台则负责数据的传输和通信，提供云计算服务的网络通信能力，确保云服务的高可用性和可扩展性。

云计算基础设施安全管理的目标是确保物理设施、虚拟化技术和网络平台的安全性、可靠性和可用性。这包括保护硬件资源免受物理损坏、防止未经授权的访问和数据泄露、确保虚拟化技术的稳定性和安全性，以及维护网络平台的畅通和稳定。

云计算基础设施安全管理的关键措施包括：

1）物理安全：确保云计算中心的物理设施安全，包括机房安全、设备锁定、监控和报警系统等。同时，应制定严格的机房访问控制制度，防止未经授权的人员进入机房。

2）虚拟化安全管理：对虚拟化技术进行安全管理，包括虚拟机隔离、虚拟机迁移安全、虚拟机镜像安全等。应确保虚拟机之间的隔离性，防止虚拟机之间的攻击和数据泄露。同时，应对虚拟机镜像进行安全加固，防止恶意代码的注入和执行。

3）网络安全管理：加强网络平台的安全管理，包括防火墙配置、入侵检测和防御、数据加密等。应建立完善的网络安全防护体系，防止网络攻击和数据泄露。同时，应对网络通信进行加密处理，确保数据传输的安全性。

4）安全审计和监控：建立安全审计和监控机制，对云计算基础设施进行全面的安全检查和监控。通过日志分析、入侵检测等手段，及时发现和处理安全隐患和攻击行为。

5）备份与灾难恢复：建立完善的备份与灾难恢复机制，确保在发生安全事件或自然灾害时能够快速恢复云计算服务。应定期对重要数据进行备份，并制订详细的灾难恢复计划。

> **小知识**
>
> **云计算基础设施安全管理其他措施**
>
> 云计算基础设施安全管理是确保云计算服务稳定运行和数据安全的关键环节。除了前文提到的五个方面，还需要采取一系列管理措施，如建立完善的安全管理制度、加强安全培训、定期进行安全评估，以及积极应用最新的安全技术。通过这些措施，可以大大提高云计算基础设施的安全性，为用户提供更加可靠、安全的云服务，有效防范数据泄露、非法访问和其他安全威胁。在云计算时代，重视和加强基础设施安全管理至关重要，它不仅是保护数据的需要，也是维护企业声誉和客户信任的关键。

【应用拓展】云安全策略的制定与执行

在云计算环境中，云安全策略的制定与执行是至关重要的环节。一个完善且得到有效执行的安全策略可以显著减少安全风险，并确保业务的连续性和数据的安全性。下面将详细阐述云安全策略的制定与执行过程。

1. 云安全策略的制定

（1）确立安全目标与原则

明确组织的核心安全目标，如保障数据的机密性、完整性和可用性，防止数据泄露和未授权访问，确保业务连续性等。确立安全原则，例如"防御深度"、"最小权限"等，为制定具体策略提供指导。

（2）全面风险评估与需求分析

深入进行云计算环境的风险评估，识别潜在的外部和内部威胁，以及系统的脆弱性。根据组织的业务需求和系统特点，分析所需的安全功能和保护级别，如数据加密、访问控制等。

（3）精细化制定安全策略

身份认证与访问管理策略：确立严格的身份验证机制，如双因素或多因素认证，并明确不同用户或用户组的访问权限。

数据保护策略：规定数据的加密方式、密钥管理方法和数据备份恢复机制，以确保数据的机密性和可用性。

网络安全策略：设定防火墙规则、入侵检测系统的配置等，以防范外部攻击和内部滥用。

系统安全策略：包括操作系统和应用程序的安全加固措施，如补丁管理、安全更新等。

应急响应和灾难恢复策略：明确应对安全事件的流程、恢复业务的方法和时间表，以及备份数据的恢复策略。

2. 云安全策略的执行

通过内部沟通、培训和宣传活动，确保所有相关人员充分理解并遵守安全策略。定期组织安全意识培训和模拟演练，提升员工的安全意识和应急响应能力。

根据制定的安全策略，配置云平台的安全设置，包括网络隔离、访问控制、数据加密等。部署并配置必要的安全工具和解决方案，如防火墙、入侵检测系统、安全信息和事件管理系统等。

利用安全信息和事件管理系统等工具持续监控云环境的安全状态，及时发现并响应安全事件。定期评估安全策略的有效性，并根据业务需求、技术发展和威胁环境的变化进行调整和优化。

对违反安全策略的行为进行严肃处理，包括警告、处罚甚至法律追究，以确保策略的执行力度和威慑力。鼓励员工报告安全问题并提供改进建议，不断完善和优化安全策略，形成持续改进的安全文化。

3. 注意事项与最佳实践

保持策略的灵活性与适应性：由于云计算环境具有动态变化的特性，安全策略需要能够灵活适应这些变化。定期审查和更新策略以确保其与实际环境保持一致。

遵循合规性与法律要求：在制定云安全策略时，务必确保符合相关的法律法规和行业标准要求，如《通用数据保护条例》（GDPR）、《信息安全管理体系》（ISO 27001）等。这有助于避免法律风险和合规性问题。

强化跨部门协作与沟通：云安全策略的制定和执行涉及多个部门和团队的协作。建立有效的沟通机制和协作流程，确保各方对策略的理解和执行保持一致，共同维护云计算环境的安全性。

通过遵循以上步骤和注意事项，组织可以制定并执行一套全面而有效的云安全策略，为云计算环境提供坚实的安全保障。这些内容应作为云安全策略制定与执行部分的核心内容，以帮助学生深入理解和掌握云安全管理的关键要素和实践方法。

工作任务 5.3　揭秘云计算安全防护

【任务情景】

小李作为网络安全团队的新成员，加入了一家以云计算服务为主的公司。在熟悉公司业务和云计算基础架构的过程中，他逐渐意识到云计算安全防护的重要性。云计算虽然提供了弹性、可扩展的 IT 资源服务，但同时也带来了新的安全隐患。为了更全面地保护公司的云环境免受外部威胁，小李需要深入了解云计算的安全防护措施。这次的任务，就是要揭开云计算安全防护的神秘面纱，理解并掌握其核心理念和技术手段。

揭秘云计算
安全防护

【任务实施】

在云计算环境中，网络与系统的安全防护是保障整个云计算平台稳定运行和数据安全的关键环节。云计算网络与系统的安全防护涉及多个层面，包括物理安全、网络安全、系统安全、应用安全等。以下将详细阐述云计算网络与系统的安全防护措施。

（1）物理安全防护

机房安全：云计算平台的机房应具备防火、防水、防雷击等基础设施，确保硬件设备的安全。同时，机房应设有门禁系统，只允许授权人员进入。

设备冗余：为了避免单点故障，云计算平台应采用设备冗余设计，如双机热备、负载均衡等，确保在设备故障时服务不中断。

（2）网络安全防护

云计算网络具有开放性、共享性、动态性和复杂性等特点。这些特点使云计算网络面临更多的安全挑战，如数据泄露、拒绝服务攻击（DoS/DDoS 攻击）、网络钓鱼等。

防火墙与入侵检测系统：部署高性能的防火墙，对进出云计算中心的网络流量进行过滤和监控，有效阻止非法访问和恶意攻击。同时，利用入侵检测系统（IDS/IPS）实时监控网络流量，发现异常行为及时报警。

VPN 与安全通道：为用户提供 VPN 等安全通道技术，实现安全的远程访问服务。VPN 可以对传输的数据进行加密和封装，确保数据在公共网络上的安全传输。

DDoS 防御：针对分布式拒绝服务攻击（DDoS），云计算平台应配备专业的防御设备和服务，以抵御大流量的恶意攻击。

（3）系统安全防护

系统安全旨在保护云计算平台的操作系统免受恶意软件的入侵、未经授权的访问和数据泄露等威胁。它包括对操作系统进行安全加固、及时更新安全补丁、实施最小权限原则等措施。

操作系统安全加固：对云计算平台的操作系统进行定期的安全加固，关闭不必要的服务和端口，减少安全风险。同时，及时更新操作系统的安全补丁，防止已知漏洞被利用。

最小权限原则：为每个应用或服务分配必要的权限，避免权限滥用。通过严格的权限管理，确保只有经过授权的用户才能访问特定的系统资源。

病毒与恶意软件防护：部署防病毒和防恶意软件系统，定期对系统进行全面扫描和检测，及时发现并清除潜在的威胁。

（4）应用安全防护

Web 应用防火墙（WAF）：防止针对 Web 应用的常见攻击，如 SQL 注入、跨站脚本等。WAF 可以实时监控和过滤 HTTP/HTTPS 流量，保护 Web 应用免受恶意攻击。

输入验证与过滤：对所有用户输入进行严格的验证和过滤，防止恶意代码的注入和执行。这包括对用户输入的数据类型、长度、格式等进行检查，并过滤非法字符和潜在的危险内容。

安全编码实践：在开发云计算应用时，采用安全编码实践，如避免使用不安全的函数、对敏感数据进行加密处理等，以减少潜在的安全漏洞。

（5）安全审计与监控

日志审计与分析：启用全面的日志记录功能，追踪潜在的安全事件和异常行为。通过对日志的分析，可以及时发现并响应安全威胁。

实时监控与报警：利用安全信息和事件管理（SIEM）系统或其他监控工具进行实时监控和分析网络及系统的安全状态。一旦发现异常行为或潜在威胁，立即触发报警机制并进行相应处理。

小知识

安全信息和事件管理（SIEM）

安全信息和事件管理（Security Information and Event Management，SIEM），是一种可帮助组织在安全威胁危害到业务运营之前检测、分析和响应安全威胁的解决方案。SIEM技术从广泛来源收集事件日志数据，通过实时分析识别偏离规范的活动，并采取适当措施。简单来说，SIEM使组织能够了解其网络中的活动，从而能够快速响应可能发生的网络攻击，同时满足合规要求。

在过去的十年中，SIEM技术已经发展到可利用人工智能让威胁检测和事件响应更加智能和快速。

5.3.2 云计算应用防护与云WAF

随着云计算的广泛应用，云计算应用的安全性变得越来越重要。本节将重点介绍云计算应用的防护策略，特别是云WAF（Web应用防火墙）在提升云计算应用安全性方面的作用。云计算应用防护是指通过一系列技术手段和管理策略，保护云计算应用免受攻击和威胁的过程。这些攻击可能包括SQL注入、跨站脚本攻击（XSS）、跨站请求伪造（CSRF）等。为了有效应对这些威胁，需要采取多层次、多维度的安全防护措施。

1. 云WAF的作用与原理

云WAF（Web应用防火墙）是云计算应用防护的重要组成部分。它部署在云计算应用的前端，用于检测和防御针对Web应用的攻击。云WAF通过深入分析HTTP/HTTPS流量，识别并拦截恶意请求，从而保护Web应用免受攻击。

云WAF的主要功能包括：

1）攻击检测与防御：云WAF能够识别各种常见的Web攻击模式，如SQL注入、跨站脚本等，并及时拦截这些恶意请求。

2）流量过滤与清洗：云WAF可以对流经的HTTP/HTTPS流量进行过滤和清洗，去除其中的恶意内容，确保只有合法的请求能够到达Web应用。

3）虚拟补丁：针对已知的安全漏洞，云WAF可以提供虚拟补丁功能，及时修补Web

应用的安全漏洞，降低被攻击的风险。

4）日志记录与报告：云 WAF 能够详细记录所有的访问请求和攻击事件，为安全审计和事件响应提供有力支持。

2. 云 WAF 的部署架构

（1）常规部署架构

由于云 WAF 提供的所有服务都位于云端，因此需要在企业侧部署的产品并不多。如图 5-5 所示是一个非常典型的、适用于大多数企业的安全场景，企业选用云 WAF 来保护对外提供服务的 Web 服务器。用户在访问网站服务器时，先被牵引（或引流）到用于防护的云 WAF，经过判定、处理后再转到网站服务器。云 WAF 部署方式是最常见的企业网站业务防护方式，可以满足大多数企业对于安全的需求。但云 WAF 也不是万无一失的，也存在一定的安全隐患，由于网站业务是直接暴露在互联网上的，所以攻击者有可能通过网站业务的公网 IP 地址直接发起对 Web 服务器的攻击。

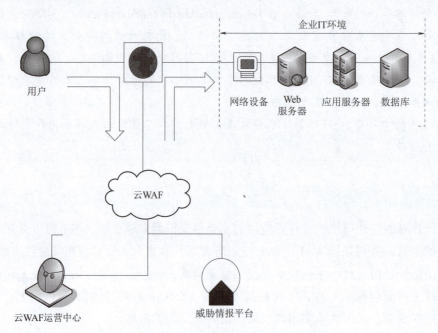

图 5-5 企业使用云 WAF 的典型部署架构

（2）混合部署架构

正是由于存在图 5-5 中所示的安全隐患，一些相对大型的企业，或者对于网站业务比较重视的企业，还会在企业内部再部署一个 WAF，以防范一些漏网之鱼。这种混合部署架构（Hybrid WAF）相对比较完善，基本可以抵御大多数的攻击，如图 5-6 所示。

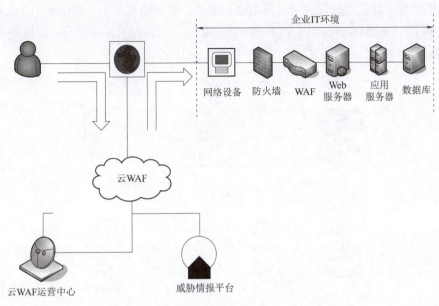

图 5-6　企业使用 Hybrid WAF 的部署架构

小知识

跨站脚本攻击（XSS）

人们经常将跨站脚本攻击（Cross Site Scripting）缩写为 CSS，但这会与层叠样式表（Cascading Style Sheets，CSS）的缩写混淆。因此，有人将跨站脚本攻击缩写为 XSS。

跨站脚本攻击（XSS），是最普遍的 Web 应用安全漏洞。这类漏洞能够使攻击者嵌入恶意脚本代码到正常用户会访问到的页面中，当正常用户访问该页面时，则可导致嵌入的恶意脚本代码的执行，从而达到恶意攻击用户的目的，如劫持用户会话、插入恶意内容、重定向用户、使用恶意软件劫持用户浏览器、繁殖 XSS 蠕虫，甚至破坏网站、修改路由器配置信息等。

5.3.3　云计算身份管理与云 IAM

在云计算环境中，身份管理是确保资源访问安全、有序的关键环节。本节将重点介绍云计算身份管理以及云身份识别与访问管理（Identity and Access Management，IAM）的基本概念、功能及其重要性。

1. 云计算身份管理平台

云计算身份管理是指在云计算环境中，对用户身份进行验证、授权和管理的一系列过程。随着云计算的普及，企业和个人用户越来越多地将数据和应用部署到云端，因此，确保只有合法的用户能够访问特定的云资源变得至关重要。

虽然不同厂商提供的身份管理平台各有差异，但它们通常有着类似的功能架构，如图 5-7

所示是一个非常典型的身份管理平台的功能架构图。该架构包括了一些主要的功能模块,例如权威数据源(Authoritative Data)、用户页面层(Web UILayer)、核心模块层(Core Layer)、连接器层(Connector Layer)、应用层(Application Layer)。

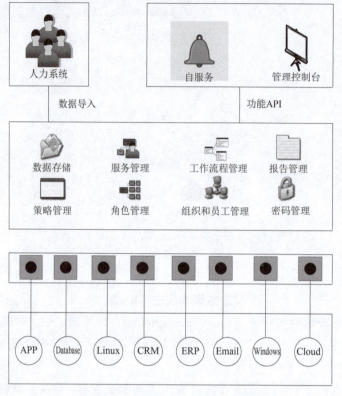

图5-7　身份管理平台功能架构图

2. 云 IAM

云 IAM(Identity and Access Management,身份和访问管理)是云服务提供商提供的一种服务,用于帮助用户安全地控制对云上资源的访问权限。通过云 IAM,您可以创建和管理 AWS 云用户和组,并使用权限来允许和拒绝他们对 AWS 云资源的访问。云 IAM 的主要功能包括用户管理、权限管理和访问控制。

云 IAM 的功能包括:

1)用户与组管理:云 IAM 允许管理员创建、管理和删除用户及用户组。用户组是一种将多个用户集中管理的方式,便于统一设置权限。

2)权限管理:通过云 IAM,管理员可以为每个用户或用户组分配不同的权限。这些权限可以精确控制用户对云资源的访问,如读取、写入、删除等操作。

3)多因素身份验证:为了提高安全性,云 IAM 还支持多因素身份验证,要求用户提供除用户名和密码外的额外验证信息,如手机验证码、生物识别等。

4)访问记录和监控:云 IAM 能够记录用户的访问行为,包括谁访问了哪些资源、何时访问等。这些信息对于安全审计和事件响应至关重要。

5）角色与策略管理：云 IAM 还支持角色和策略的管理。角色是一种特殊的用户，它允许您为 AWS 服务或第三方应用授予权限。策略则是一组权限的集合，可以灵活地定义哪些用户可以执行哪些操作。

小知识

云 IAM 的应用场景和有效实施

云 IAM 广泛应用于各种场景，包括：

1. 多租户环境：在多租户的云环境中，确保每个租户只能访问其授权的资源。

2. 微服务架构：在微服务架构中，每个微服务都有自己的访问控制策略，确保服务间的安全隔离。

3. 混合云部署：在混合云环境中，确保云资源和本地资源的安全隔离和访问控制。

为了确保云 IAM 的有效实施，以下是一些最佳实践：

1. 最小权限原则：为用户分配最小必要的权限，减少潜在的安全风险。

2. 定期审计：定期审查访问权限，确保没有不必要的权限存在。

3. 使用角色和策略管理：通过角色和策略来集中管理权限，简化管理复杂度。

4. 安全培训：对用户进行安全培训，提高安全意识。

5.3.4　云计算安全审计与云 SIEM

随着云计算技术的广泛应用，云计算环境的安全性成为关注的焦点。为了确保云计算环境的安全，安全审计和安全信息与事件管理（SIEM）系统变得尤为重要。本节将深入探讨云计算安全审计和云 SIEM 的相关概念、作用以及实施方法。

1. 云计算安全审计

云计算安全审计是对云计算环境中的安全策略、配置、日志等进行全面检查和评估的过程，以确保云计算环境的安全性、合规性和可靠性。安全审计不仅有助于发现潜在的安全风险，还能为组织提供改进安全策略的依据。在进行云计算安全审计时，需要关注以下几个方面：

身份和访问管理：审计云计算环境中的用户身份认证、授权和访问控制机制，确保只有合法的用户才能访问特定的云资源。

系统和应用安全：检查云计算环境中系统和应用的安全配置，包括防火墙设置、漏洞修补、病毒防护等。

数据安全和隐私保护：评估云计算环境中数据的加密、备份和恢复策略，以及数据访问和共享的安全性。

日志和监控：审查云计算环境的日志记录和监控机制，确保能够及时发现并响应安全事件。

2. 云 SIEM

云 SIEM（安全信息与事件管理）是一种集成的安全解决方案，用于收集、分析和报告云计算环境中的安全事件。云 SIEM 能够实时监控和分析来自不同安全设备和系统的日志数据，帮助组织快速响应威胁。

云 SIEM 的主要功能包括：

日志收集与整合：从云计算环境中的各种安全设备和系统收集日志数据，如防火墙、入侵检测系统（IDS）、反病毒软件等，并将其整合到一个中央存储库中。

事件关联与分析：利用先进的算法关联和分析收集的日志数据，以识别潜在的安全威胁。这有助于检测异常行为、识别恶意活动模式以及发现潜在的入侵行为。

实时报警与响应：一旦发现可疑活动，云 SIEM 能够生成实时报警，通知安全团队进行进一步调查。同时，云 SIEM 还可以提供自动化的响应机制，如封锁恶意 IP 地址或隔离感染的设备。

合规性支持：云 SIEM 还可以帮助组织满足各种合规性要求，通过持续监控和报告安全事件，确保云计算环境符合相关法规和标准。

SIEM 是一套相对复杂的系统，它要解决的问题也是相对复杂的。一个典型的 SIEM 系统如图 5-8 所示，将其分成 4 个大的功能模块：数据源、采集与处理、关联与分析、展现与响应，在每个大的功能模块中，又包含了一个或多个子功能模块。SIEM 还有其他分类方法，见仁见智，各种分类方法都有一定的道理，本质都是要把理论讲清楚。

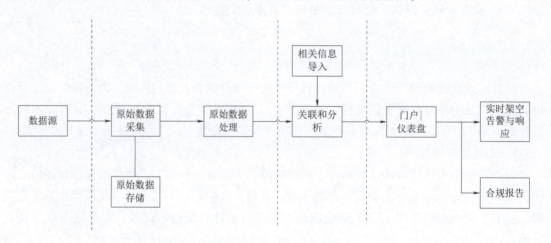

图 5-8　SIEM 的功能模块

云计算安全审计和云 SIEM 可以相互补充，共同提升云计算环境的安全性。通过定期进行云计算安全审计，可以发现并修复潜在的安全风险；而云 SIEM 则可以实时监控和分析云计算环境中的安全事件，及时响应威胁。这种结合方式能够构建一个更加健壮和灵活的安全体系，以应对日益复杂多变的网络环境威胁。

【应用拓展】阿里云 WAF 介绍与配置

1. 认识阿里云 WAF

阿里云 WAF（Web 应用程序防火墙）是一种高效、智能的云安全服务，旨在保护 Web 应用程序免受各种网络攻击的威胁。它可防止诸如 SQL 注入、跨站点脚本（XSS）和跨站点请求伪造（CSRF）等攻击，有效保障了 Web 应用程序的安全性与稳定性。阿里云 WAF 在 Web 应用程序与互联网之间构建一道安全屏障，通过拦截和检测恶意流量，防止攻击者对您的 Web 应用程序进行攻击。它不仅覆盖了常见的网络攻击类型，还针对新兴的攻击手段进行了防护设计，确保您的 Web 应用程序在面对各种威胁时都能得到全方位的保护。

WAF 支持使用 CNAME 接入和透明接入两种方式，默认支持 HTTP 1.0、HTTP 1.1 和 HTTP 2.0，可以根据实际业务场景，选择适当的接入方式，两种接入方式差异如表 5-4 所示。

表 5-4　CNAME 接入和透明接入两种方式差异

差异	CNAME 接入	透明接入
概念	通过将需要防护的网站信息添加到 WAF，并修改网站域名的 DNS 解析设置，将源站的 Web 请求转发到 WAF 进行防护	通过将需要防护的网站信息添加到 WAF，无须修改域名的 DNS 解析设置，即可将源站的 Web 请求转发到 WAF 进行防护
支持的源站	部署在阿里云上或云下的所有源站	部署在 ECS 服务器或阿里云公网 SLB 上
接入域名维度	一次只能接入一个域名	可以按实例维度接入该实例下的所有域名
是否需要设置回源	是	否
是否需要修改 DNS 解析	需要修改 DNS 解析	无须修改 DNS 解析
是否需要设置源站保护	源站存在直接被攻击的风险，需要设置源站保护	无须设置源站保护
使用限制	无	由于网络底层架构限制，仅部分地区支持透明接入
		透明接入不支持私网 SLB 实例
		透明接入不支持 IPv6，引流端口配置的数量也存在一定限制
		透明接入存在默认防护且无法修改，必须要配置域名后才能编辑域名级别的防护规则

做一做

2. CNAME 接入

1）访问 Web 应用防火墙控制台的添加域名页面，选择接入方式为 CNAME 接入，如图 5-9 所示。

2）添加域名。您需要将网站域名等信息添加到 WAF，并设置回源等信息，操作如图 5-10 所示，配置项说明如表 5-5 所示。

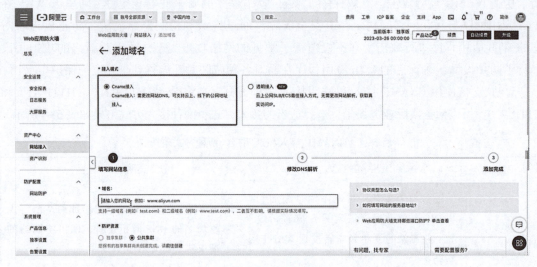

图 5-9　CNAME 接入

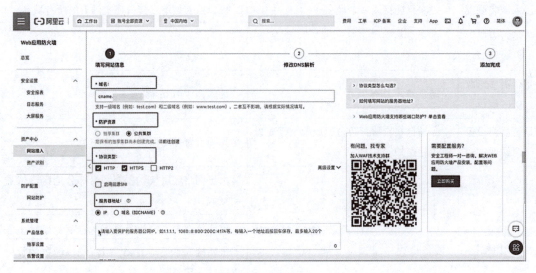

图 5-10　添加域名

表 5-5　CNAME 接入配置项说明

配置项	说明
域名	填写要防护的网站域名
防护资源	按实际情况选择要使用的防护资源类型
协议类型	按实际情况选择网站支持的协议类型。支持设置开启 HTTPS 的强制跳转、开启 HTTP 回源、启用回源 SNI

续表

配置项	说明
服务器端口	根据已选择的协议类型，按实际情况设置源站提供对应服务的端口。如果源站服务器使用 HTTP 80 端口、HTTPS 443 端口以外的端口，您可以在 WAF 支持的端口范围中自定义服务器端口
服务器地址	设置 WAF 回源的源站服务器地址，支持 IP 地址：源站服务器对应的 SLB 公网 IP、ECS 公网 IP 或云外机房服务器的 IP。 域名（如 CNAME）地址：源站服务器回源域名不应与要防护的网站域名相同。仅支持 IPv4 回源
负载均衡算法	当设置了多个源站服务器地址时，请根据实际情况选择多源站服务器间的负载均衡算法
WAF 前是否有七层代理（高防/CDN 等）	选择网站业务在接入 WAF 前是否开启了其他七层代理服务（例如 DDoS 高防、CDN 等）
启用流量标记	设置是否启用 WAF 流量标记功能
资源组	当需要根据业务部门、项目等维度对云资源进行分组管理时，从资源组列表中选择该域名所属资源组

3）验证 WAF 的域名接入设置是否正确。避免转发设置未生效时修改域名的 DNS 解析设置，导致业务访问异常，如图 5-11 所示。

图 5-11 验证域名

4）修改域名 DNS。手动修改域名的 DNS 解析设置，将网站流量解析到 WAF 进行防护。访问云解析 DNS 控制台的域名解析页面，定位到要修改的域名，单击操作列的解析设置，将 CNAME 记录中的记录值修改为 WAF 提供的 CNAME 地址，如图 5-12 所示。

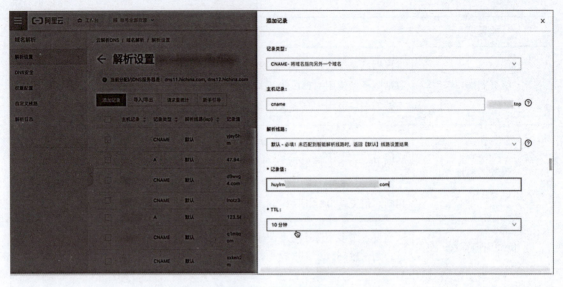

图 5-12   修改域名 DNS

5）验证 WAF 防护是否生效，如图 5-13 所示。

图 5-13   验证 WAF 防护是否生效

3. 透明接入

1）访问 Web 应用防火墙控制台的添加域名页面，选择接入方式为透明接入，如图 5-14 所示。

2）添加域名，如图 5-15 所示，配置项说明如表 5-6 所示。

3）最终验证 WAF 防护是否生效。

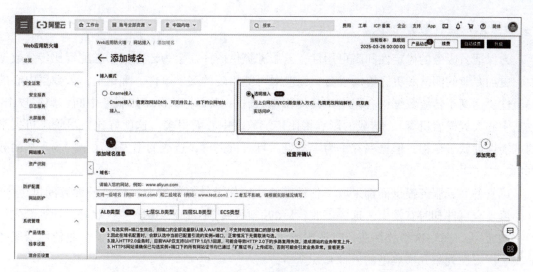

图 5-14　透明接入

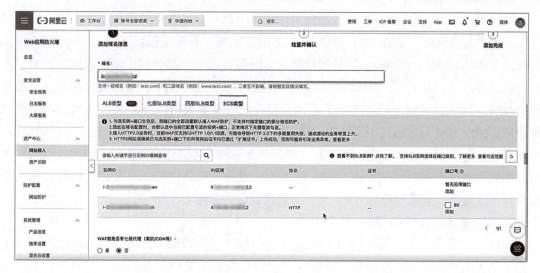

图 5-15　透明接入添加域名

表 5-6　透明接入配置项说明

配置项	说明
域名	填写网站域名
源站服务端口	选择实例类型和端口。WAF 支持 ALB 类型、七层 SLB 类型、四层 SLB 类型、ECS 类型实例的源站服务端口开启透明接入
WAF 前是否有七层代理（高防/CDN 等）	选择网站业务在接入 WAF 前是否开启了其他七层代理服务（例如 DDoS 高防、CDN 等）
启用流量标记	设置是否启用 WAF 流量标记功能
资源组	当需要根据业务部门、项目等维度对云资源进行分组管理时，从资源组列表中选择该域名所属资源组

【云中漫步】 云计算安全事故

为保证云服务的稳定性和高可用性，云服务提供商往往会为云数据中心配置比传统数据中心更加专业的团队和更完善的设备，以应对可能出现的突发事件。理论上，云数据中心的安全性要远高于传统数据中心但由于其规模庞大，一旦发生事故（如服务中断、黑客攻击、数据中心大规模宕机等），造成的影响将比传统数据中心大得多。这就好比，尽管飞机失事的可能性远低于车祸，但概率并不为零，且一旦飞机失事，造成的损失往往是一场车祸的数百倍。

尽管各大云服务提供商都采取了各种措施来确保云计算的安全，但自云计算问世至今，云计算安全事件却时有发生，这些事故背后的厂商不乏亚马逊、微软、谷歌等云计算的先行者和 IT 巨头。每一次事故都在当时造成了十分恶劣的影响，也严重动摇了企业使用云服务的决心。下面列举几项典型的云计算安全事故。

1. Amazon 云数据中心大面积宕机

2011 年 4 月 21 日凌晨，在亚马逊公司位于美国北弗吉尼亚州的云数据中心中，大量服务器出现了宕机现象，导致 AWS 提供的 EC2 服务中断，一些较依赖 EC2 服务的网站（如国外知名的网络问答社区 Quora、新闻社区 Reddit 等）的服务均受到了不同程度的影响。此次宕机事故持续了近 4 天，媒体将其称为亚马逊公司史上最严重的云计算安全事故。经过紧急抢救后，AWS 的云服务最终恢复了正常，但在此期间造成的经济损失和恶劣影响是难以挽回的。2011 年 4 月 30 日，AWS 公司就此次事故发表了道歉信，公开了造成事故的原因，并表示已对漏洞和设计缺陷进行了修复，接下来会不断完善云计算安全相关技术，继续扩大资源部署和供应以改善服务质量，提升 EC2 等云服务的竞争优势，改善用户体验，避免类似事件再度发生，重建用户对 AWS 及其所提供云服务的信心。

2. 2019 年 Capital One 数据泄露事件

2019 年，美国金融巨头 Capital One 遭受了一起严重的数据泄露事件。这次泄露导致了大约 1 亿美国顾客和 600 万加拿大顾客的个人信息被非法访问。泄露的数据包括姓名、地址、邮政编码、电话号码、电子邮件地址、出生日期，以及一些客户的信用评分和交易数据。

这次数据泄露的主要原因是一名前 Amazon Web Services（AWS）员工利用其对云服务环境的了解，通过一个配置不当的 Web 应用程序防火墙（WAF）访问了 Capital One 在 AWS 上的存储桶。攻击者利用了服务器端请求伪造（SSRF）漏洞，这种漏洞允许攻击者发送伪造的内部请求，绕过防火墙访问敏感数据。这次事件对 Capital One 的声誉和财务状况产生了重大影响。公司面临了监管审查，被迫支付数百万美元的罚款和和解费用。此外，这起事件还引发了广泛的关注，增加了对金融机构使用云服务进行数据存储安全性的担忧。

从上述的云计算安全事故可以看出，云服务的用户及其中保存的重要信息和隐私数据数量都相当庞大，一旦发生事故，则会在全球范围内造成极其恶劣的影响和较大的经济损失。因此，可以说，云计算安全是用户使用云服务，尤其是公有云平台的云服务最关心的问题，也是当前云计算领域面临的第一大挑战和亟待解决的重大课题，只有保障了云计算的安全，云服务市场才能迎来质的飞跃，并最终迎来"万物上云"的时代。

【练习与实训】

1. 选择题

(1) 云安全最初由哪些厂商提出？（　　　）

A. 传统防病毒厂商　　　　　　　B. 开源软件社区

C. 大型互联网公司　　　　　　　D. 私人安全顾问

(2) 根据文件，云计算中的多租户环境主要带来哪种安全风险？（　　　）

A. 数据隔离不彻底　　　　　　　B. 系统性能降低

C. 成本显著增加　　　　　　　　D. 用户体验降低

(3) 云安全中的"安全即服务"主要包括哪些类型的服务？（　　　）

A. 数据加密服务　　　　　　　　B. 在线病毒查杀服务

C. 网络加速服务　　　　　　　　D. 应用程序开发服务

(4) 恶意内部人员在云安全中的风险包括（　　　）。

A. 滥用已授权的访问权限　　　　B. 忽视标准操作程序

C. 故意增加资源消耗　　　　　　D. 减少系统备份频率

(5) 文件中指出的账户劫持常见于（　　　）方式。

A. 电子邮件诱导　　　　　　　　B. 物理设备损坏

C. 软件授权过期　　　　　　　　D. 硬件故障

(6) 云安全和传统信息安全的主要区别是（　　　）。

A. 安全技术应用　　　　　　　　B. 保护对象的控制权

C. 安全服务的成本　　　　　　　D. 信息加密方法

(7) 滥用云计算服务可能导致的问题是（　　　）。

A. 系统性能降低　　　　　　　　B. 服务中断

C. 数据丢失　　　　　　　　　　D. 网络负载增加

(8) 在云安全中，非安全接口可能导致（　　　）问题。

A. 数据泄露　　　　　　　　　　B. 服务过度使用

C. 资源分配不公　　　　　　　　D. 系统运行缓慢

(9) 根据文件，云安全责任共担中云服务提供商不负责（　　　）。

A. 应用系统安全　　　　　　　　B. 基础设施安全

C. 物理安全　　　　　　　　　　D. 系统安全

2. 简答题

(1) 解释云安全中"安全云"和"云安全"的区别是什么？

(2) 讨论云安全中数据隔离的重要性及实现方式。

(3) 描述在云环境中处理恶意内部人员威胁的策略。

(4) 描述如何通过云服务提供安全性服务，以及这种模式对企业有哪些好处？

【决胜云计算安全】考评记录表

姓名			班级		学号	
考核点	主要内容			知识热度	标准分值	得分
5.1	认识云计算安全			＊＊＊	20	
5.2	了解云安全管理			＊＊＊＊＊	30	
5.3	揭秘云安全防护			＊＊＊	30	
职业素养	实训管理：整理、整顿、清扫、清洁、素养、安全等				20	
	团队精神：沟通、协作、互助、主动					
	工单和笔记：清晰、完整、准确、规范					
	学习反思：技能点表达、反思改进等					
学生自评反馈单	（章节总结、自绘导图、学情反馈）					
教师评价						

注：知识热度（＊认知，＊＊了解，＊＊＊熟悉，＊＊＊＊掌握，＊＊＊＊＊熟练掌握）。

第 6 章

揭秘云计算行业云应用

本章导读

近年来，随着云计算的快速发展，推动着很多传统行业进行业务变革，云计算技术与行业应用的创新实践、深度融合，正引发国民经济、国计民生和国家安全等多个领域新模式、新手段和新生态系统的重大变革。

行业云是指基于云计算技术构建的专门为某一特定行业提供服务的云平台和服务的统称。它是云计算技术在特定行业领域的应用，为各行各业的企业和组织提供了更加专业化、高效化、定制化的信息化解决方案，推动了行业数字化转型和升级。行业云的应用范围广泛，涵盖了各个行业领域，如政务、医疗、金融、教育、零售、工业、农业等。本章将探秘云计算行业云，其内容涉及政务云、医疗云、金融云、教育云、商贸云、工业云、农业云等。

学习导航

知识目标

了解各行业云的概念

了解各行业云的发展背景和现状

了解各行业云的典型案例

技能目标

能够描述行业云的发展背景和现状

能够举例行业云的典型应用

素养目标

提高独立思考、善于分析的意识

养成细心、严谨的工作习惯

培养开放、自信、创新的爱国情怀

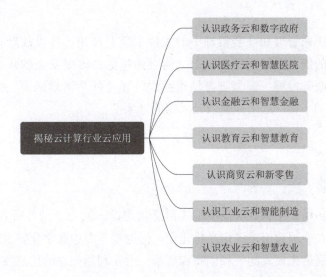

行业先锋——人工智能科学家李飞飞

李飞飞，女，1976 年出生于中国北京，美国国家工程院院士、美国国家医学院院士、美国艺术与科学院院士，美国斯坦福大学首位红杉讲席教授，以人为本人工智能研究院（HAI）院长，AI4ALL 联合创始人及主席，Twitter 公司董事会独立董事，加拿大风险投资机构 Radical Ventures 科学合伙人。

李飞飞的工作内容包括受认知启发的 AI，机器学习，深度学习，计算机视觉和 AI+医疗保健，尤其是用于医疗保健交付的环境智能系统。她还从事认知和计算神经科学方面的工作。她发明了 ImageNet 和 ImageNet Challenge，其中 ImageNet Challenge 是一项重要的大规模数据集和基准测试工作。

工作任务 6.1 认识政务云和数字政府

认识政务云和
数字政府

【任务情景】

云计算技术在国家管理和社会治理中的发挥了重要作用，各级政府和机关单位开始将传统的信息系统迁移到云上，从而构建更高效更安全的政务云系统，以推行电子政务发展、新型智慧城市建设、提升社会治理能力、变更公共服务模式。请和小蔡一起来探秘政务云的前世今生。

【任务实施】

6.1.1 政务云和数字政府发展背景

在过去的几十年里，中国政府高度重视信息化建设，大力推动各行各业的数字化转型，数字政府的概念是在中国政府推进信息化建设、促进政务服务数字化转型的过程中逐步形成的。它是对传统政府运作模式的一种创新和变革，旨在利用先进的信息技术手段，提高政府管理效率、服务水平和治理能力。

传统的信息化建设方式存在诸多问题，阻碍了数字政府的发展。主要体现在以下 4 个方面。

1. 高成本

传统方式下，政府部门采用自建自运的方式进行信息化建设，需要大量的资金投入，包括软硬件购置、人员培训、运维成本等，给财政带来较大压力。据统计，过去几年，政府信息化建设投入约占财政总支出的 5% 以上。

2. 信息孤岛

传统的信息化系统中，各单位和部门建设的自建自用同时也导致了信息系统之间的孤岛化。不同部门间信息无法互通共享，造成了数据冗余和资源浪费、无法协同办公等突出问题。

3. 低效率

传统信息化系统中，由于各单位部门单列预算、独立建设、独享独用，存在信息系统重复建设、基础设施利用率低等问题。此外，电子政务系统部署周期长，影响了电子政务项目的建设效率。

4. 高风险

传统信息化系统中，由于各单位各部门信息化投入、管理人员技术水平良莠不齐、管理不规范，通常存在着安全性、稳定性等方面的隐患，容易受到网络攻击和数据泄露的威胁，给政府信息安全带来较大隐患。

为了解决这些问题，中国政府提出了加快推进政务信息化建设的战略部署，并将云计算作为推动信息化发展的重要手段之一。2014 年，国务院印发了《政府数据开放与共享工作方案（2014—2020 年）》，明确提出要建设国家级政务云平台，加强政府数据的整合共享，提升政府服务水平和治理能力。2021 年 7 月，习总书记在中央政治局第三十六次集体学习时指出，随着互联网特别是移动互联网的发展，社会治理模式正在从单向管理转向双向互动，从线下转向线下线上融合，从单纯的政府监管向更加注重社会协同治理转变。我们提出要深度认识互联网在国家管理和社会治理中的作用，以推行电子政务、建设新型智慧城市为抓手，以数据集中和共享为途径，建设全国一体化的国家大数据中心，推进技术融合、业务融合、数据融合，实现跨层级、跨地域、跨系统、跨部门、跨业务的协同管理和服务。要强化互联网思维，利用互联网扁平化、交互式、快捷性优势，推进政府决策科学化、社会治理精准化、公共服务高效化，用信息化手段更好感知社会态势、畅通沟通渠道、辅助决策施政。

随着政府政策的支持和技术的进步，中国政务云发展迅速。截至目前，全国已建设了一批政务云平台，覆盖了各级各类政府部门。根据国家统计数据显示，截至 2022 年年底，全国政务云平台累计接入部门超过 10 万个，服务对象涵盖了全国 90% 以上的政府机构和事业单位。

政务云的发展带来了显著的改变和优势。首先，政务云实现了政府部门信息资源的整合共享，提高了政府数据的利用效率和服务水平。其次，政务云采用了按需付费的模式，降低了政府信息化建设和运维成本，减轻了财政负担。最后，政务云平台具有较高的安全性和稳定性，能够更好地保障政府信息安全。

中国政务云的发展是数字政府的重要成果，为政府部门提供了更加高效、安全、便捷的信息化服务，有助于推动政府治理能力现代化，提升社会治理水平。

6.1.2　政务云的设计原则

政务云的设计基本原则旨在确保政府信息化建设的安全、高效和可持续发展。以下是几个关键的设计原则：

1. 安全性优先

政务云的设计必须以安全为首要考虑因素。政府部门承载着大量的敏感信息和重要数据，因此政务云平台必须具备高度的安全性，包括数据加密、访问控制、漏洞修复等方面的安全措施，以保障政府信息资产的安全性和完整性。

2. 灵活性和可扩展性

政务云的设计应具备灵活性和可扩展性，能够适应政府部门不断变化的需求和业务场景。政务云平台应该采用模块化设计，支持快速部署和调整，以满足政府部门的不同需求，并能够随着业务的扩展而灵活扩展。

3. 统一标准和规范

政务云的设计应遵循统一的标准和规范，确保不同政府部门间信息交换和共享的一致性和互操作性。这包括数据格式标准、接口规范、安全协议等方面的统一标准，有利于信息资源的共享和整合。

4. 开放性和互联互通

政务云应该具备开放性和互联互通的特性，能够与其他云平台和系统进行无缝集成和交互。政务云平台应提供统一的 API 接口和开放的数据交换标准，以便政府部门与社会各界、企业和公众进行信息交流和合作。

5. 透明度和责任

政务云的设计应具备透明度和责任，政府部门应当对政务云的建设和运营情况进行公开透明，接受社会监督。同时，政府部门和政务云服务提供商应明确各自的责任和义务，确保政务云平台的稳定运行和服务质量。

6. 绿色节能

政务云的设计还应积极促进绿色节能，以降低能源消耗、减少碳排放，实现可持续发展。采用节能型服务器、绿色数据中心等技术，降低数据中心的能耗。通过采用高效的硬件设备、智能化的能源管理系统以及优化的数据中心布局等手段，最大程度地降低能源消耗。

综上所述，政务云的设计基本原则包括安全性优先、灵活性和可扩展性、统一标准和规范、开放性和互联互通、透明度和责任。这些原则的贯彻实施，有助于政务云平台的建设和运营，更好地服务于政府部门的信息化建设和社会发展的需要。

小知识

数据中心的 PUE

从数据中心诞生的那天起，高耗能成为数字中心的一大痛点。PUE 的英文全称是 Power Usage Effectiveness，又叫电源使用效率。PUE 是评价数据中心能源效率的指标，是数据中心消耗的所有能源与 IT 负载使用的能源之比。

PUE = 数据中心总设备能耗/IT 设备能耗

PUE 基准是 2，越接近 1 表明能效水平越好。PUE 的值越小，就说明数据中心的电大部分都被服务器、网络设备、存储设备消耗掉。

6.1.3 政务云常用应用场景

数字政府依托政务云平台，着力在以下几个方面进行数字化转型。

1. 信息化基础设施建设

中国数字政府重点推进信息技术基础设施的建设，包括政务网络、数据中心、云计算平台等，为政府部门提供信息化服务和支撑。

2. 电子政务平台建设

中国数字政府致力于打造统一的电子政务平台，实现政府部门间信息共享和业务协同，提供便捷高效的政务服务。

3. 数字化政务服务

中国数字政府通过数字化手段提供多样化、个性化的政务服务，包括在线办事、电子证照、移动应用等，方便市民和企业办理政务事务。

4．数据驱动决策

中国数字政府重视数据的价值和运用，推动政府决策、管理和服务的数据化、智能化转型，通过大数据分析、人工智能等技术手段提高决策的科学性和准确性。

5．信息安全保障

中国数字政府注重信息安全保障，加强对政府信息系统和数据的安全管理和监控，确保政府信息资源的安全和可靠。

数字政府的应用场景涵盖了政务服务的各个领域，从便民服务到政府管理都有所涉及。以下是数字政府常见的应用场景：

1．在线办事服务

包括各类证照申请、行政审批、税务申报等政务事务的在线办理。市民和企业可以通过政府网站、手机 App 等平台，实现线上提交申请、查询办理进度、在线支付等服务，方便快捷。

2．电子证照

将各类证照（如身份证、驾驶证、营业执照等）的电子版存储在政府数据库中，实现证照的数字化、网络化管理。市民和企业可以通过政府指定的平台随时查阅、下载电子证照，方便实用。

3．政务大厅

在线政务大厅是政府提供的集中式服务平台，提供政府部门和业务信息的统一查询、在线预约、办事指南等功能，为市民和企业提供全方位、多渠道的政务服务。

4．数字化社会保障

包括社会保险、医疗保障、住房公积金等社会福利服务的数字化管理和在线申领。通过电子化手段，实现社会保障信息的集中管理、个人权益的在线查询和申领。

5．数据开放与共享

政府部门通过开放数据平台，将政府数据资源向社会公开，提供数据查询、下载、应用接口等服务，促进政府信息资源的共享和二次利用，推动数据驱动的决策和创新发展。

6．智慧城市监测与管理

运用物联网、大数据、人工智能等技术手段，建设智慧城市管理平台，实现城市交通、环境监测、公共安全等方面的智能化监控和管理，提升城市运行效率和居民生活品质。

7．公共服务

政府通过数字化手段推动教育和健康服务的在线化，包括远程教育、在线医疗咨询、电子病历管理等，为公众提供便捷的教育和健康服务。

以上是数字政府常见的应用场景，这些场景的实现可以提高政府服务效率、优化资源配置、促进经济社会发展。

常见一体化政务云平台解决方案整体架构，如图 6-1 所示。

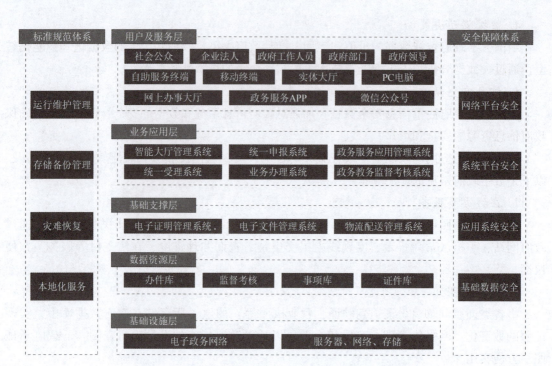

图 6-1　常见一体化政务云平台解决方案整体架构图

【应用拓展】政务云的典型案例——海南省数据产品超市：让买数据产品像逛超市一样方便

在海南省，购买数据产品已经像逛超市一样方便，通过数字技术实现数据的安全有序流动。"绿水青山就是金山银山"的发展理念深入人心。随着大数据时代的到来，数据资源正在成为"数据资产"，数据汇聚和应用正在为企业、社会提供新的经济效益。取之于民的数据被安全使用，进行合理的加工，造福于民，正在成为现实。在海南省，购买数据产品已经像逛超市一样方便，通过数字技术实现数据的安全有序流动。

什么是数据产品超市？

海南省数据产品超市（https://www.datadex.cn/）是集数据"归集共享、开发生产、流通交易、安全保障"为一体的"理念先进、功能齐备、配套完善、管理高效、运营良好"的数据开发利用创新平台，国际性的数据要素流通交易市场，大数据产业孵化平台。

为加快培育数据要素市场，海南省大数据管理局联合中国电信海南公司和中国电信天翼云推出海南省数据产品超市，通过有序开放公共数据资源整合社会数据资源，引进具有技术服务能力和研究分析能力的大数据企业、机构和团队，进行数据产品开发生产、供需对接、流通交易，构建一个统一公平、竞争有序、成熟完备的数据要素市场体系，满足各级政务部门及企事业单位对数据产品日益增长的需求，全面提高数字化政务服务效能，使公共服务更便捷、城市管理更高效、交通出行更畅通、人民生活更智慧，打造智慧共享、和睦共治的新型数字生活。

全国首例的数据产品超市是如何建成的？

2020 年 5 月，海南省被国务院办公厅列为全国公共数据资源开发利用试点省份，全国首例省级数据产品超市正式问世。海南省大数据管理局充分利用我省已建成的"七个一"大数据能力支撑底座,并基于天翼云技术服务能力,搭建全省统一的功能强大的数据产品开发利用平台,有序开放公共数据资源和电子政务平台能力资源。

这是全国首例,也是一个探索性的实施工程。天翼云结合自身多年的数据治理和运营经验,与海南省大数据管理局联合打造了数据业务运营服务平台建设方案。在保障数据安全的前提下,引进多方安全计算、隐私计算、联邦学习等多种前沿技术,实现多路径多元化融合技术创新,提升数据应用价值。双方着手构建数据要素市场化流通机制,基于强大的数据中台和业务中台"双中台"融合共建优势,为平台建设提供数据建模等应用服务,构建了平台底座与应用创新一体化建设方案,打破"数据壁垒"和"业务壁垒"。

如何让数据变身"金山银山"?

在平台建设过程中,也遇到了一些挑战。比如,在开放实践数据过程中,普遍存在"不愿""不敢""不便"三大难题。在数据授权方面,数据权责不清,公共数据使用申请不顺畅,垂直管理单位数据共性问题处理难度大。各方申请使用公共数据时,对企业数据使用的认知不统一,数据权属不明确。如何解决数据安全问题是建立统一标准、流程和体系的基础。

数据安全方面,天翼云资源池已通过中央网信办安全审查,能够全面满足云上等保 2.0 体系建设的云原生安全产品,确保不触碰用户数据,坚决捍卫用户数据安全。数据管理方面,通过构建可视化建模平台,完成建模流程,建立统一的公共数据运营管理体系,实现了数据脱敏接入系统,并通过构建海南省数据产品超市交易服务平台和数据产品开发利用平台,建立数据全生命周期管理体系。数据处理方面,天翼云发挥在数据资源及数据处理方面的能力,有序利用公共及社会数据资源,开展数据产品交易和数据服务,满足各级部门对数据产品的需求。

海南省数据产品超市以有序、安全、开放的机制,让数据真正变成了"金山银山",促进了公共数据资源的场景化应用和发展,将全面提高数字化政务服务效能,成为其他省份推进公共数据资源开发利用的操作依据,也为全球城市数字化转型提供了中国样板。

——转自天翼云官网
https://www.ctyun.cn/cases/596200642071100416

工作任务 6.2　认识医疗云和智慧医院

【任务情景】

"没有全民健康,就没有健康中国",健康中国建设已上升为国家战略。云计算与医疗深度融合发展,推动医疗云的快速发展,促进了智慧医院的建设。和小蔡一起来认识一下医疗云在我国的发展吧。

认识医疗云和智慧医院

【任务实施】

6.2.1　医疗云和智慧医院的应用背景

党的十九大报告在"提高保障和改善民生水平、加强和创新社会治理"部分,明确指出"实施健康中国战略",为人民群众提供全方位全周期健康服务。深化医疗卫生体制改革,全面建立中国特色基本医疗卫生制度、医疗保障制度和优质高效的医疗卫生服务体系。

从 2022 年 4 月 27 日国务院办公厅发布的《"十四五"国民健康规划》可获知,2015 年至 2020 年,我国人均预期寿命从 76.34 岁提高到 77.93 岁,婴儿死亡率从 8.1‰降至 5.4‰,5 岁以下儿童死亡率从 10.7‰降至 7.5‰,孕产妇死亡率从 20.1/10 万降至 16.9/10 万,主要健康指标居于中高收入国家前列,个人卫生支出占卫生总费用的比重下降到 27.7%。这期间,信息化在健康领域的发展扮演着重要角色。

国家卫生健康委联合国家中医药局和国家疾控局根据全民健康信息化工作面临的新形势新任务,以引领支撑卫生健康事业高质量发展为主题,编制印发《"十四五"全民健康信息化规划》。规划明确了"十四五"期间全民健康信息化建设的指导思想,强调要坚持"统筹集约、共建共享,服务导向、业务驱动,开放融合、创新发展,规范有序、安全可控"的基本原则。

明确了 8 个方面主要任务:一是集约建设信息化基础设施支撑体系。二是健全全民健康信息化标准体系。三是深化"互联网+医疗健康"服务体系。四是完善健康医疗大数据资源要素体系。五是推进数字健康融合创新发展体系。六是拓展基层信息化保障服务体系。七是强化卫生健康统计调查分析应用体系。八是夯实网络与数据安全保障体系。

医疗云是指基于云计算技术构建的医疗信息化平台,旨在实现医疗数据的集中存储、共享和管理,以提高医疗服务的效率、质量和安全性。医疗云的发展与云计算、大数据、人工智能等技术的融合,为医疗卫生行业带来了重大变革,是实现《"十四五"全民健康信息化规划》的重要依托。

小知识

智慧医院通过在医疗云上建立电子病历系统(Electronic Medical Record, EMR)、医院信息系统(Hospital Information System, HIS)、临床信息系统(Clinical Information System, CIS)、医学影像归档和通信系统(Picture Archiving and Communication Systems, PACS)、放射科信息系统(Radiology Information System, RIS)、实验室信息系统(Laboratory Information System, LIS)、体检信息系统(Physical Examination Information System, PEIS)、医院资源管理系统(Hospital Resource Planning, HRP)、医院客户关系管理系统(Hospital Customer Relationship Management, HCRM)等先进信息系统,提高医疗服务的效率和质量,实现"健康中国"战略目标。随着信息技术的发展,智慧医院将发挥更重要的作用。

6.2.2 医疗云的应用特点

医疗云的主要特点和发展趋势:

1. 集中存储和共享

医疗云平台能够集中存储医疗机构、医生和患者的医疗数据,实现数据的共享和交换。

这有助于解决传统医疗信息孤岛的问题，提高医疗数据的利用效率。

2. 跨地域协同

医疗云可以实现跨地域医疗资源的协同利用，支持远程医疗诊断、远程会诊等服务。患者可以在家门口就能享受到专家的诊疗服务，提高了医疗服务的可及性和便捷性。

3. 智能辅助诊断

借助大数据和人工智能技术，医疗云可以实现智能辅助诊断、辅助决策等功能，提高医生诊疗水平，减轻医生工作负担，降低医疗错误率。

4. 个性化医疗

医疗云可以根据患者的个体特征和病情数据，提供个性化的医疗服务和健康管理方案。通过对大数据的分析，医疗云可以为患者提供更精准的诊疗方案和预防措施。

5. 安全和隐私保护

医疗云平台采用多重安全技术和措施，确保医疗数据的安全和隐私保护。包括数据加密、权限控制、审计跟踪等功能，保障患者个人信息的安全。

随着医疗信息化的不断深入和云计算技术的不断发展，医疗云将成为医疗卫生行业的重要发展趋势之一，对提升医疗服务水平、改善医疗资源配置、促进健康产业发展等方面发挥着重要作用。

6.2.3　医疗云的常见应用场景

医疗云作为医疗信息化的重要组成部分，在医疗卫生行业有着广泛的应用场景，以下是医疗云的常见应用场景：

1. 电子病历管理

医疗云平台可以实现电子病历的存储、管理和共享，包括患者的基本信息、就诊记录、检查结果、处方药品等，使医疗数据可以随时随地访问和查询。

2. 远程医疗诊断

医疗云支持远程医疗诊断和会诊服务，患者可以通过云平台与远程医生进行视频会诊或图文咨询，获得专业的医疗建议和诊断意见。

3. 医疗影像存储和诊断

医疗云可以存储和管理医疗影像数据，如 CT、MRI、X 光等影像资料，支持医生进行远程影像诊断和辅助诊断，提高诊断效率和准确性。

4. 医疗资源调度和管理

医疗云可以实现医疗资源的动态调度和管理，包括医院床位、手术室、医疗设备等资源的利用情况监控和调配，提高资源利用效率和医疗服务水平。

5. 医疗大数据分析

医疗云平台可以对海量的医疗数据进行分析和挖掘，发现患者的健康趋势、疾病风险因素等，为医疗决策和政策制定提供科学依据。

6. 慢性病管理和健康监测

医疗云支持慢性病患者的健康管理和监测，通过远程监测设备和移动健康应用，实现患者健康数据的实时监测和管理，及时预警和干预。

7. 医疗教育和培训

医疗云平台可以提供医疗教育和培训资源，包括在线课程、学术会议、病例讨论等，促进医护人员的专业知识更新和技能提升。

综上所述，医疗云在电子病历管理、远程医疗诊断、医疗影像存储和诊断、医疗资源调度和管理、医疗大数据分析、慢性病管理和健康监测、医疗教育和培训等方面都有广泛的应用场景，为医疗卫生行业的现代化和信息化发展提供了重要支持。

医疗云常见应用场景如图 6-2 所示。

图 6-2 医疗云常见应用场景

【应用拓展】医疗云的典型案例——某省全民健康信息平台

某省全民健康信息平台是在积极响应国家"互联网+医疗健康"行动计划的时代背景下，由该省卫生健康委员会和 A 信息技术有限责任公司共同建立的。该平台是一个全面、统一、高效的信息平台，旨在通过整合全省的医疗资源，为公众提供一站式的医疗便民服务。

该系统上云以后，已覆盖全省 14 个市州，共接入 1.7 万家医疗机构及 9 大业务系统，实现卫生、计生信息协作共享，平台累计整合业务数据约 40 亿条，健康医疗大数据中心初步形成，新建 13 个业务系统和"互联网+"应用，为全省医疗卫生服务机构提供医疗远程协同、数据共享、医健趋势分析等服务，电子病历调阅次高达 30 万次，健康档案调阅 60 万次，基于平台构建 APP 已累计用户达 200 万。

全民健康信息平台以国家"4631-2"框架为依据，利用中国电信云网优势建设统一的人口健康网络，建设全员人口、健康档案、电子病历、卫生资源、健康扶贫 5 大数据库，支撑 6 大类业务应用（公共卫生、计划生育、医疗服务、医疗保障、药品供应和综合管理），建设全民健康信息标准体系和信息安全防护体系，提供惠民、惠政、惠医三方面服务，实现国家、省、市、县四级平台的互联互通。以该省某大学第二医院为例，全民健康信息平台完成了系统升级改造，为患者提供线上线下一体化服务。患者在该院就诊的时候，医生可以在诊疗界面查看患者在其他医院的历史就诊记录，包括检查检验结果和电子病历，全面了解患者病情。在检查检验结果项目有效的时间内，当医生开立相关检查检验医嘱的时候，系统就会提醒该项目为互认项目，其他医院已经出具检查结果，避免重复开立。同时，即时产生的检查检验结果也会同步上传到省级健康信息平台，完善患者的诊疗信息。

工作任务 6.3 认识金融云和智慧金融

【任务情景】

认识金融云和
智慧金融

金融云的发展服务旨在为银行、基金、保险、证券等金融机构提供 IT 资源和互联网运维服务，同时共享互联网资源，从而解决现有问题并且达到高效、低成本的目标。云计算与金融深度融合发展，推动金融云的快速发展，促进了智慧金融的建设。和小蔡一起来认识一下金融云吧。

【任务实施】

6.3.1 金融云和智慧金融发展背景

随着金融业务的不断扩展和复杂化，传统 IT 架构已无法满足金融机构对数据处理、存储和传输的需求。云计算技术的出现，以其高弹性、高可用性、低成本等特点，为金融行业提供了一种新的解决方案。随着云计算、大数据等新一代信息技术的推广，信息化成为金融服务创新的重要驱动力，全球金融业面临一场史无前例的创新化、全球化大变革，促使发达国家的金融机构更加全能化、规模化，发展中国家的金融机构向市场化、多元化演进。

我国金融行业稳步开展云计算应用，主动实施架构转型；要求制订云计算架构规划，探索私有云与金融行业云的混合云应用。同步开展应用架构规划，构建与云架构相适应的应用架构。稳步实施从传统架构到云架构迁移。围绕开放、协调、共享的发展理念，要求各银行业金融机构积极推进行业内外机构在互联互通、技术标准、技术合作、安全防御、信息共享、资源共享等领域协作。许多金融机构纷纷开启"上云"之路，从主要依赖线下网点和人力资源的服务模式向依托金融科技开展场景化、开放化经营的金融云生态建设转型。

我国金融云主要经历了以下发展历程：

萌芽阶段（2009 年）：在这一阶段，阿里巴巴率先建立了国内首个"电子商务云计算中心"，为金融云的发展奠定了基础。虽然当时金融云的概念并未明确提出，但这一举措已经显示出金融行业对云计算技术的关注和尝试。

起步阶段（2014 年）：2014 年，工商银行率先启动 IT 架构转型工程，推动分布式架构的使用。这标志着金融机构开始尝试利用云计算技术来优化 IT 架构，提高业务处理效率和安全性。

发展阶段（2020年至今）：2020年，受疫情影响，国家颁发多项相关政策支持金融机构"上云"，金融云进入数字化阶段。在这一阶段，金融云体系的建设逐渐从主要依赖线下网点和人力资源的服务模式向依托金融科技开展场景化、开放化经营的金融云生态建设转型。金融云在数据处理、存储、传输等方面的能力得到了大幅提升，为金融机构提供了更加全面、高效、安全的IT服务。2022年银保监办发布《中国银保监会办公厅关于银行业保险业数字化转型的指导意见》，提出加快构建面向大规模设备和网络的自动化运维体系，建立"前端敏态、后端稳态"的运行模式，推进基础设施虚拟化、云化管理。2023年年初招商银行宣称已经全面上云。招商银行的全面"上云"意义重大，带动整个银行业的数字化。

中国金融云市场在2016年时，整体规模为43.4亿元，并且在2017年提升到80多亿元，至2022年达到180.6亿元，国际数据公司（IDC）最新发布的《中国金融云市场（2023上半年）跟踪》报告显示，2023上半年，中国金融云美金市场规模达到41.0亿美元，同比增长19.6%；人民币市场规模达到284.1亿元，同比增长27.8%。

智慧金融是指依托于互联网技术，运用大数据、人工智能、云计算等金融科技手段，使金融行业在业务流程、业务开拓和客户服务等方面得到全面的智慧提升，实现金融产品、风控、获客、服务的智慧化。智慧金融具有透明性、便捷性、灵活性、即时性、高效性和安全性等特点。智慧金融包括银行网点、手机银行APP、微信服务等"一站式、自助化、智能化"的全新服务体验，业务办理模式由"柜员操作为主"转变为"客户自主、自助办理"，也包括第三方平台与业内众多传统的银行、保险、基金、信托等金融机构做嫁接，对用户行为、市场、产品等进行详细的分析，智能化为客户推荐多元化的投资组合，还包括智能风控和监管，通过收集和分析大量交易、信用和其他细节数据，银行和金融机构可以使用机器学习算法来预测风险，减少欺诈和违规行为的发生。

以前金融领域更倚重的生产要素是资金和牌照，未来可能是数据，但是数据如何发挥作用，需要金融的基础架构支撑，而全面"上云"就是一个非常关键的观察节点。

6.3.2　金融行业"上云"的难点

与一般意义的云计算服务不同，金融云严格遵照金融的安全性原则，更加注重隐私保护。同时，金融具有银行、证券、保险等多个细分领域，需要针对性适应不同监管条例开展业务等。

金融行业"上云"面临的难点主要体现在以下几个方面：

1. 数据安全与隐私保护

金融行业是与钱最近的行业，因此绝对不能出现失误，因为每一次安全事故都可能造成直接的经济损失。金融行业的核心业务涉及大量的敏感数据，如客户信息、交易记录等。在将数据迁移到云端时，如何确保数据的安全性和隐私性是一大挑战。需要采取严格的数据加密、访问控制、审计等措施，以防止数据泄露和非法访问。

2. 法规与合规性

金融行业受到严格的监管，需要遵守各种法规和政策。在将数据迁移到云端时，需要确保云服务商能够满足相关的合规性要求，如数据本地化、跨境传输限制等。同时，还需要对云服务商的合规性进行持续监控和评估。

3. 技术与业务整合

金融行业的业务场景复杂多样，需要将云计算技术与现有业务系统进行整合。这涉及技术架构的重新设计、数据迁移、系统测试等多个环节，需要投入大量的人力和物力资源。

4. 基础设施与资源投入

金融行业对云计算基础设施的要求较高，需要投入大量的资金和资源来建设和维护。同时，还需要考虑如何充分利用云计算的弹性伸缩能力，以应对业务高峰期的需求。

总之，金融行业"上云"是一个复杂而漫长的过程，需要克服诸多难点和痛点。需要制订合理的策略和规划，加强人才培养和引进工作，建立完善的风险管理和监管机制，以确保云计算服务的合规性、安全性和有效性。近年来，随着数字化进程加速推进，多数银行已初步实现 IT 系统"上云"。

6.3.3 金融云的常见应用

金融云通过重塑平台、重塑数据、重塑服务，利用云计算开放高效的 IT 基础设施构建高性能、分布式、开放性的平台，在大数据技术平台的助力下，通过泛在便捷的服务渠道为广大的用户提供了丰富多样的服务。银行常见的云应用场景如图 6-3 所示。

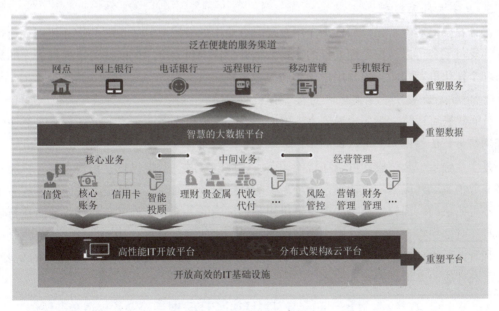

图 6-3　银行常见云应用场景

云计算在金融行业常见的业务类型主要包括但不限于以下几个方面：

1. 数据分析和风险管理

金融云拥有强大的数据处理和分析能力，可以帮助金融机构从海量数据中发现规律，预测风险，提高风险管理水平。通过对交易数据、市场数据、客户数据等的深度挖掘和分析，金融机构能够更准确地评估风险，制定有效的风险管理策略。

2. 金融交易和结算

金融云提供安全、稳定的交易和结算平台，支持各种金融交易产品的交易和结算，包括股票、债券、期货、外汇等。这种平台能够确保交易的快速、准确和安全，提高金融机构的交易效率和客户满意度。

3. 金融产品创新和开发

金融云为金融机构提供灵活的开发环境和丰富的开发工具，帮助金融机构快速开发、测试和部署新的金融产品。这种能力使金融机构能够更快地响应市场变化，推出符合客户需求的新产品，提高市场竞争力。

4. 客户服务和管理

金融云支持客户关系管理和客户服务平台的建设，帮助金融机构更好地管理客户关系，提高客户满意度。通过金融云，金融机构可以为客户提供更加便捷、高效、个性化的服务，增强客户黏性，推动业务增长。

5. 数据存储与安全管理

云计算技术为金融机构提供了强大的数据存储和管理能力。金融机构可以将数据存储在云端，利用云服务提供商的强大存储系统，提高数据的安全性和灵活性。同时，金融云还提供严格的数据加密、访问控制和审计等安全措施，确保数据的安全性和完整性。

6. 电子支付和移动应用

云计算技术对电子支付和移动应用在金融行业中的发展起到了重要的推动作用。通过金融云，支付平台可以轻松处理大量的交易数据并保证支付安全，同时还可以提供强大的数据分析和个性化推荐功能，提升用户体验和服务质量。

7. 分布式云基础设施实现算力按需弹性供给

分布式云可以将云服务延展到本地 IDC、生产现场和边缘区域等下沉场景，降低访问时延和网络带宽传输压力，可以提高用户体验和生产效率。

基于金融云，金融机构可以在智能运营、供应链金融、数据风控、消费金融、智能营销等多业务领域展开应用，设计符合市场需要的金融服务产品。大环境下云服务已经成为企业组织不可或缺的一部分，也将成为金融机构基础设施的一部分。许多云计算服务商在与金融机构合作时已经将金融云的发展作为自己的责任。比如京东数科，基于自身开展金融业务的经验和资源积累，搭建了金融级一站式移动研发平台 PaaS 平台，针对金融业务的高要求，提供了高性能、高可靠的技术保障。

【应用拓展】金融云的典型案例——湖南银行加速上云 携手天翼云打造金融信创云平台

随着信息技术快速发展，金融与数据深度融合成为金融行业持续发展的核心驱动因素，同时金融业数字化转型不仅仅是"大势所趋"，更是"必不可少"。

近年来，国务院、银保监会和网信办等部门陆续颁发了相关政策性文件，鼓励和规范金融机构建设自主可控的信息技术架构和安全体系。尤其是在 2022 年 1 月下旬，银保监会发布《关于银行业保险业数字化转型的指导意见》（以下简称《意见》），反复强调提高金融行业自主可控能力，守住金融数据安全红线，也为金融行业信创建设指明了方向。

在政策支持及自主创新驱动下，2022 年我国进一步扩大金融信创试点范围，继续开展三期试点工作，金融信创进入全面推广阶段。作为我国金融信创三期试点单位，湖南银行以"数字赋能业务"为目标，持续加快金融信创布局，携手天翼云打造一朵"两地三中心"的金融信创云，提高了银行业务的连续性、稳定性以及数据中心灾难的应对能力，从而更好地推动金融业务健康发展。

1. 国产自主研发、打造"两地三中心"金融容灾体系

从需求层面看，湖南银行的目标是打造一个满足国产自主研发、符合信创要求、符合云平台生态兼容要求的信创云平台。这就要求平台在建设后需要兼容不同的国产 CPU 芯片架构，满足多种类型的信创操作系统使用需求，同时还需要具备完善的金融数据防护能力。基于此，天翼云为湖南银行量身定制了信创云解决方案，让自主、安全的金融 IT 架构落地。

面对原有结构的复杂性，天翼云充分发挥 4.0 分布式云架构"一云多芯"的优势，全面纳管各类芯片、操作系统的异构环境，实现了新旧资源池的统一纳管，满足了管理和资源上的需求。

针对金融数据高可用问题，天翼云采用多 AZ 架构，提供云原生级别的高可用能力，能够通过管理、计算、网络实现高可用，并在信创软硬件稳定性有待提升的基础上，减少硬件故障对业务应用系统的影响，保障金融业务连续稳定运行。

在用户最关注的金融安全层面，基于现有的同城（一中心、二中心）数据中心、异地备份中心，天翼云打造了"两地三中心"的容灾备份体系，关键业务同城双中心配置和多级数据备份架构，在极端灾害情况下可做到秒级切换，进一步保障湖南银行用户数据安全性和金融业务的连续性。

2. 金融"上云"、助力湖南银行"内外兼修"

通过天翼云自主可控的信创云平台，湖南银行完成了传统 IT 架构到自主可控 IT 架构的转型突破，满足金融业务的创新需求，实现了架构升级和效益提升的"内外兼修"。

一方面，通过自主可控的分布式云架构建设，湖南银行构建起统一的信息化基座体系及完善的应用服务治理体系，实现对核心系统及外围系统的统一监控、全链路分析、智能告警和即时问题定位。银行技术团队可以将更多精力专注在银行自有业务开发上，无须关注硬件平台运维问题，进一步降低人力物力成本。

另一方面，通过构建一云多芯、多云纳管的自主可控云平台，湖南银行将线上、线下金融服务互融互通，大大提升了产品和服务的触达能力，为银行的服务创新、运营转型和网点变革打开新局面。以金融核实授权业务为例，在满足金融服务合规要求的前提下，贷款用途核实、视频见证、集中授权等业务场景实现了大范围线上化运作，极大提升了办事效率和客户体验。

作为落实国家发展创新战略的重要一环，金融信创正逐渐走向深水区，成为推动金融数字化转型的重要内容。在这一趋势下，天翼云继续坚持自主创新、安全可控的技术理念，加大力度推进数字金融产业创新实践，为我国信创产业高质量发展筑牢数字底座。

——全文转自天翼云官网

https://www.ctyun.cn/cases/696281790507514880

工作任务 6.4　认识教育云和智慧教育

【任务情景】

　　教育云是云计算应用领域的一个重要分支，依托云计算技术，将世界各地的优质教育资源更广泛地链接到全国，使更多的学习者受益。和小蔡一起来认识一下教育云吧。

认识教育云和智慧教育

【任务实施】

6.4.1　教育云的发展背景

　　教育事业是国家多年来持续重点关注、重点扶持和发展的重要事业。围绕加快教育现代化、建设教育强国的战略目标。2018年4月，教育部印发《教育信息化2.0行动计划》，提出到2022年基本实现"三全两高一大"的发展目标，即教学应用覆盖全体教师、学习应用覆盖全体适龄学生、数字校园建设覆盖全体学校；信息化应用水平和师生信息素养普遍提高；建成"互联网+教育"大平台。《中国教育现代化2035》与《加快推进教育现代化实施方案（2018—2022年）》政策文件中谋划部署的重点任务，明确提出要加快信息化时代教育变革，推动教育组织形式和管理模式的变革创新，以信息化推进教育现代化。2022年1月，国务院印发《"十四五"数字经济发展规划》。国家在相关政策上不断推动教育信息化建设，同时在软件和信息技术层面制订相关规划，大力支持并鼓励软件技术领域的发展，为教育信息化行业提供政策保障。随后，围绕教育现代化建设目标，国务院和教育部密集推出指导政策，发布《关于加快推进现代职业教育体系建设改革重点任务的通知》《关于深入推进学术学位与专业学位研究生教育分类发展的意见》等一系列文件，将"加快信息化时代教育变革"列入战略任务，将"大力推进教育信息化"列入重点任务，为教育信息化产业进行规范性指导，提供政策支持，打造了良好的产业氛围。

　　近年来，移动互联、大数据分析、人工智能、物联网、云计算、区块链等新兴技术得到逐步推广和应用，教育信息化产业在积极发展"互联网+教育"的过程中，不断探索综合利用新兴技术实现未来教育教学新模式的道路，为信息技术与教育的融合创新发展增加了驱动力。

　　新冠疫情发生后，国家教育部在评估我国教育信息化发展现状后所作出"停课不停学"的决策，带来超大规模在线教学和管理实践，使数十万所学校、近三亿师生在无法预估的窗口时间内，暂时脱离现实课堂进行前所未有的线上大迁徙。学校通过云开学、云教学、云考试、云答辩、云毕业、云招聘等形式保障学生如期完成学业，通过师生健康申报系统进行疫情防控和师生出行管理。此次新冠疫情的应急响应，既检验了我国推行教育信息化的前期成果，也提升了业务部门的信息化管理意识和治理水平，凸显了教育信息化建设的重要性，也将进一步促进我国教育信息化产业的快速发展。

教育信息化向全链接、全感知、全智能的智慧化校园建设方向不断深化，市场规模也在逐年攀升，2017 至 2023 年我国教育信息化行业市场规模由 3 405 亿元增至 5 431 亿元，年复合增长率达 9.79%，2023 年将达到 5 776 亿元。

6.4.2 教育云和智慧教育

云计算应用在教育领域，就形成了教育云。教育云是教育信息化建设的基础，其中包含了教育向信息化转变所必需的一切硬件计算资源，以及专门为教育、教学、科研所准备的应用软件和网络服务套件。教育云是云计算应用领域的一个重要分支，在教育与产业联动新趋势下，依托云计算技术，将集中于一线城市的高技术企业与重点学校的师资力量，更广泛地投射到全国，使更多学生能够获益，这种情况正在成为人们生活中的日常现象。而其与智慧教育理念的进一步结合，则让教育平台跃升为包含线上线下课堂、书本和多媒体结合的立体化全天候的新形态。其主要应用主要有以下几种：

1. 智慧校园

在科技创新的驱动下，教育领域也进入了数字科技阶段，5G、云计算、大数据、人工智能，MR、VR 以及移动协同的教育服务与管理已成为教育与技术融合的重要引擎，是推动教育机构数字化转型的基础设施，推动着教育产业发展不断升级。我国教育云的发展迅速，各级学校积极推进智慧校园建设，利用教育云平台整合各类教学资源和管理系统，提升教学管理水平和服务质量。例如，通过教育云平台，学校可以实现教学资源的统一存储和管理，师生可以方便地获取教学资料和参与在线学习。据统计，截至 2023 年，中国超过 80% 的中小学校已经启动了智慧校园建设，并且逐步实现了数字化教学环境的全覆盖。

2. 在线教育平台

中国的在线教育平台利用教育云技术迅速崛起，为学生提供丰富多样的在线学习课程和服务。例如，著名的在线教育平台"中国大学 MOOC"（MOOC：Massive Open Online Courses）依托教育云技术，提供了大量免费的高质量在线课程，覆盖了各个学科和领域。截至 2023 年，中国 MOOC 平台的注册用户已超过 1 亿人次，在线课程数量超过 10 万门。

3. 智慧教育管理和服务

中国各级教育部门和学校积极探索利用大数据技术优化教育管理和教学服务。教育云平台可以收集、存储和分析海量的教育数据，为教育决策提供科学依据和精准支持。例如，教育云平台可以通过对学生学习行为和成绩数据的分析，为教师提供个性化的教学建议和学生辅导方案，帮助提升教学效果。据统计，截至 2023 年，中国超过 60% 的学校已经开始利用教育大数据技术进行教学管理和学生评估。

4. 远程教育

在面对突发公共卫生事件等特殊情况时，中国教育系统积极借助教育云平台实现远程教育。例如，在 2020 年新冠肺炎疫情期间，中国各级学校纷纷采取在线教学方式，利用教育云平台为学生提供远程教育服务，确保教育教学工作的连续性和稳定性。根据统计数据，2020 年第一季度，中国教育云平台的日活跃用户数量较去年同期增长了近 200%。

6.4.3 教育云的特点和常见应用

教育云作为一种基于云计算技术的教育信息化解决方案，具有以下特点：

1. 灵活性和可扩展性高

教育云平台需要具备灵活性和可扩展性，能够根据学校或机构规模的变化进行相应的扩展或收缩。这样可以确保平台能够适应不同规模的教育机构的需求，并且随着教育事业的发展而不断完善和扩展。

2. 安全性和隐私保护要求高

教育云平台涉及大量的教学资源和学生信息，因此安全性和隐私保护是至关重要的。平台需要具备严格的安全措施，包括数据加密、访问权限控制等，确保教学资源和学生信息不被未经授权的人员获取或篡改。

3. 多样化的教学资源支持

教育云平台需要支持多种形式的教学资源，包括文档、视频、音频、图片等多媒体资源，以及在线课程、作业、测验等教学活动。这样可以丰富教学内容，提升学习体验。

4. 个性化学习支持

教育云平台需要具备个性化学习支持的能力，能够根据学生的学习情况和需求提供个性化的学习内容和服务。通过数据分析和人工智能技术，平台可以为每个学生量身定制学习计划，帮助他们更有效的学习。

5. 协作和互动功能

教育云平台需要提供协作和互动功能，支持教师和学生之间的交流和合作。例如，提供在线讨论区、协作编辑工具等功能，促进教学过程中的互动和合作。

中国的教育行业，按照教育机构来分，可以分为学前教育（幼儿园、托班等）、K12 教育（中小学、高中）、高等教育（高校、高职、电大等）、科研机构、培训机构等。按照机构类型分，常见的教育云应用如表 6-1 所示。

表 6-1　常见的教育云应用

序号	机构名称	常见云应用
1	学前教育	视频监控 门户网站 幼儿园管理平台（家校互动）
2	K12 教育	视频监控 门户网站 云桌面 教务管理平台 数字图书馆 智慧校园应用系统

续表

序号	机构名称	常见云应用
3	高等教育	视频监控 门户网站 云桌面 教务管理平台 数字图书馆 HPC 高性能计算 在线教育 智慧校园应用系统
4	科研机构	门户网站 HPC 高性能计算
5	培训机构	门户网站 在线教育

常见的智慧校园应用系统通常包括学生成长类智慧应用系统、教师专业发展类智慧应用系统、科学研究类智慧应用系统、教育管理类智慧应用系统、安全监控类智慧应用系统、后勤服务类智慧应用系统、社会服务类智慧应用系统、综合评价类智慧应用系统等。

【应用拓展】教育云的典型案例——国家智慧教育公共服务平台

2022 年 3 月 28 日，国家智慧教育公共服务平台（以下简称"国家平台"）正式上线。两年间，国家平台资源总量迅速增长。中小学平台资源总量达到 8.8 万条，高等教育平台拥有了 2.7 万门优质慕课，职业教育平台遴选国家在线精品课程超 1 万门。

习近平总书记指出，教育数字化是我国开辟教育发展新赛道和塑造教育发展新优势的重要突破口。新一轮科技革命和产业革命深入发展，数字技术愈发成为驱动人类社会思维方式、组织架构和运作模式发生根本性变革、全方位重塑的引领力量。党的二十大对推进教育数字化作出专门战略部署，明确提出："推进教育数字化，建设全民终身学习的学习型社会、学习型大国。"

教育部把教育数字化作为教育现代化的重要内容，纵深推进国家教育数字化战略行动。十四届全国人大二次会议民生主题记者会上，教育部党组书记、部长怀进鹏说："我们推进数字教育，就是期望推动教育均衡和能力提升，通过数字化来改变、改善、提高教育质量，促进教育公平，用一根根网线去消弭数字鸿沟，用一块块屏幕去链接不同的课堂。"

"人人皆学、处处能学、时时可学"。打开国家平台网站，蓝底白字的标语第一时间跃入眼帘。在中西部地区，越来越多的中小学生享受到数字教育的红利。"在家就能看到北京、上海特级教师上的课，真是太棒了！""不花钱的名师课，真是太香了！"中小学生和家长们的"点赞"，成为让远在边疆、身处农村的孩子和大城市的孩子"同上一堂课"的最好注释。成都工业学院计算机专业学生小陈，在大一的时候因为疫情居家学习。"老师在线讲的高等数学课听不懂，也无法随时回放、复习，后来听老师提起高教平台，发现这个'宝库'上有很多讲解非常清楚的名校高数慕课资源。"如今的小陈，早已养成使用平台的习惯，"很多专业基础课都会在平台上观看，结合课堂老师的讲解，对我学习帮助很大"。

借助虚拟仿真实训课程，宁波城市职业技术学院跨境电子商务专业的师生们可以轻松进入虚拟情景，开展跨境电商店铺运营仿真实训。该校教师蔡文芳说："平台的上线在一定程度上破解了职业教育实习实训的难题，而自动记录学生的线上学习、课堂互动、课后复习数据这一功能，也为我不断改进教学提供了依据。"

高质量的国家平台资源，支撑起数以亿计师生的庞大需求，有力推进优质数字教育资源利用，助力优质教育资源均衡，填补数字鸿沟。

数字教育不仅是技术平台和工具平台的变化，更重要的是能够让学生们在实践中受益，能够配合和支持教师们更高质量地备课和成长提高。

工作任务 6.5　认识商贸云和新零售

认识商贸云和新零售

【任务情景】

中国商贸云和新零售是随着互联网和数字化技术的发展而兴起的，它们改变了传统商业模式，推动了商业领域的数字化转型，和小蔡一起来认识一下商贸云吧。

【任务实施】

6.5.1　商贸云和新零售发展背景

随着互联网技术的普及，越来越多的企业意识到通过互联网渠道进行商业活动的潜力。商家开始尝试将传统的线下商业模式转移到线上，开展电子商务业务。2000 年初，中国的电子商务行业开始迅速崛起。一批电子商务平台如淘宝、京东等相继涌现，为商家提供了在线销售和营销的平台。这些平台将买家和卖家连接起来，推动了电子商务的发展。

随着大数据和云计算技术的发展，商家开始意识到利用数据分析和云计算平台可以更好地了解消费者需求、优化商品供应链、提升营销效果等。商家开始利用商贸云平台进行销售管理、供应链管理、客户关系管理等业务。为了满足商家对数字化营销和管理的需求，一批商贸云平台相继涌现。这些平台以云计算、大数据、人工智能等先进技术为支撑，为商家提供了一站式的数字化营销和管理服务。

新零售就是指利用互联网、大数据、物联网等新技术手段，将线上线下融合，重新定义传统零售业态，提供更智能、便捷、个性化的消费体验的零售模式。新零售旨在打破传统零售模式的界限，通过数字化技术和创新的商业模式，让消费者可以随时随地进行购物，并且能够获得更个性化、更高效的购物体验。

新零售的崛起离不开商贸云的发展。2006 年，亚马逊推出 AWS，最初是为了满足亚马逊自身快速扩张的需求而建立的，但随后逐渐向外部客户提供云计算服务。亚马逊的电子商务平台、数字媒体服务、物流配送网络等都依赖于 AWS 的高可用性和稳定性，确保了业务的顺利运行和持续增长。AWS 已经成为全球领先的云计算服务提供商之一，其提供的服务包括计算、存储、数据库、人工智能、机器学习、物联网、区块链等多个领域，为客户提供了全面的云计算解决方案。

2003 年，阿里巴巴集团旗下的电子商务平台淘宝成立，为消费者和商家提供了交易和销售的在线购物平台，包括 B2C（商家向消费者）、C2C（消费者之间）等多种交易模式。淘宝以其庞大的用户群体、丰富的商品种类和便捷的购物体验而闻名。2023 年双十一当天零点，共有 402 个品牌成交破亿，其中有 243 个是国货品牌，3.8 万个品牌成交同比增长超过 100%。全周期累计访问用户数超 8 亿，创下历史峰值。88VIP 用户规模突破 3 200 万，再创历史新高，成交同比双位数增长。双 11 天猫周主动运营商家数同比增长 150%，日均广告付费商家数同比两位数增长。

2009 年，阿里云成立，是阿里巴巴集团旗下中国领先的云计算服务提供商之一，也是全球领先的云计算服务提供商之一。阿里云为淘宝提供了强大的基础设施支持，包括计算、存储、网络等基础服务。淘宝的电子商务平台运行在阿里云的基础设施之上，保障了平台的稳定性和可靠性。阿里云提供了丰富的数据存储和分析服务，为淘宝提供了强大的数据支持。淘宝可以利用阿里云的数据分析服务对用户行为、商品销售等数据进行深度分析，优化平台的运营和用户体验。阿里云不断推出新的云计算技术和服务，为淘宝提供了创新的技术支持，促进了平台的发展和进步。

近年来火爆的视频平台、直播带货等新零售方式，都离不开云计算技术提供的迅速、强大、灵活、可靠的资源服务。

6.5.2 商贸云的特点

商贸云是指基于云计算技术的商业与贸易服务平台，其特点主要包括以下几个方面：

1. 集成多样化的商业服务

商贸云集成了多种商业服务，包括电子商务平台、供应链管理、金融服务、客户关系管理（CRM）、营销推广等，为商家提供一站式的商业服务解决方案。

2. 灵活的云计算架构

商贸云采用云计算架构，具有高度灵活性和可扩展性。商家可以根据自身业务规模和需求灵活选择云计算资源，实现资源的弹性分配和动态调整。

3. 智能化的数据分析和应用

商贸云平台拥有强大的数据分析和应用能力，可以通过大数据分析、人工智能等技术，深度挖掘用户行为数据和市场趋势，为商家提供精准的营销推广和业务决策支持。

4. 个性化的商业解决方案

商贸云可以根据不同行业和企业的特点，为其提供个性化的商业解决方案。无论是传统零售、跨境电商、制造业还是服务行业，商贸云都能够提供适用的解决方案，帮助企业实现数字化转型和业务升级。

5. 安全可靠的运营环境

商贸云平台具备高级的安全防护机制和可靠的运营环境，保障商家的业务数据和交易安全。平台提供多层次的安全防护措施，包括数据加密、身份认证、网络防火墙等，确保商家的业务运营安全稳定。

6. 促进行业生态合作

商贸云平台通常具有开放性，可以与各种行业生态合作伙伴进行深度合作，共同构建商业生态系统。通过与供应商、物流公司、金融机构等合作，商贸云可以为商家提供更丰富的服务和更完善的解决方案。

【应用拓展】商贸云的典型案例——阿里云助力新零售

阿里云作为领先的云计算服务提供商，为新零售行业提供了全方位的云服务支持，主要从以下几个方面体现：

1. 弹性计算和资源调度

阿里云提供了弹性计算服务（Elastic Compute Service，ECS），能够根据新零售平台的流量和负载情况自动调整计算资源，确保平台的稳定性和性能。例如，在双十一狂欢购物季，阿里云 ECS 为新零售平台提供了强大的弹性计算支持，可以根据需求实时分配更多的计算资源，确保在线商店在高峰期的流量激增下仍能稳定运行。

2. 数据分析和智能推荐

阿里云的大数据分析服务可以帮助新零售平台分析海量的用户数据，深度挖掘用户行为和偏好，为商家提供个性化的商品推荐和营销策略。例如，阿里云的 MaxCompute "实时计算" 服务，您可以实时分析亿级别的购物数据，为双十一促销活动提供智能化的推荐策略和商品定价，实现精准营销。

3. 物联网技术应用

阿里云提供的物联网技术可以支持设备管理、数据采集、远程控制等功能，为新零售平台提供更智能、便捷的购物体验。例如，智能零售门店可以通过物联网技术实现商品自动识别和支付，可以实现智能零售门店的设备监控和数据采集，提供个性化的购物体验，让消费者享受更便捷、智能的购物。

4. 区块链技术支持

阿里云提供的区块链技术可以为新零售平台提供更安全、透明的交易环境。区块链技术可以实现商品溯源、防伪认证等功能，帮助消费者了解商品的生产过程和真实性，增强消费信任度。

5. 安全防护和数据隐私保护

阿里云提供了多层次的安全防护机制，包括数据加密、网络防火墙、身份认证等，保障新零售平台的数据安全和交易安全。例如，阿里云的安全服务可以对新零售平台进行实时监控和威胁检测，及时发现并应对安全风险。

工作任务6.6　认识工业云和智能制造

认识工业云和数字工厂

【任务情景】

工业云是云计算在工业领域的应用，它通过将工业数据、软件、应用等资源集中在云端，实现资源的共享和优化配置，推动了智能制造的发展。请跟小蔡一起来了解一下工业云吧。

【任务实施】

6.6.1　工业云和智能制造发展背景

自21世纪初开始，全球制造业正经历着由传统制造向智能制造的深刻变革。这一变革中，工业云和智能制造技术发挥了至关重要的作用。它们通过集成和应用新一代信息技术，推动了制造业的数字化转型和智能化升级。

德国于2013年4月在汉诺威工业博览会上正式提出了工业4.0战略，是工业云在国际上发展的一个重要里程碑。该战略旨在通过集成物联网、大数据、云计算等新一代信息技术，实现制造业的智能化、网络化和柔性化。在工业云方面，德国通过建立工业云平台，实现了工业数据的集中管理和分析，为制造业的数字化转型提供了有力支持。

在美国成立了美国工业互联网联盟（Industrial Internet Consortium，IIC），这是一个由多家企业和研究机构组成的非营利性组织，旨在推动工业互联网技术的发展和应用。该联盟在工业云领域取得了显著成果，通过建立工业互联网平台，实现了工业数据的实时采集、分析和处理，为制造业的智能化转型提供了有力支持。该组织于2021年8月全面转型物联网，其名称改为美国工业物联网联盟。

在我国，随着技术的发展，特别是大数据、云计算等新兴信息技术的智慧化，2009年李伯虎院士团队提出了云制造1.0理念，2012年开始"智慧云制造"（云制造2.0）的研究与探索，它在制造模式、技术手段、支撑技术、应用等方面进一步发展。在2013年，工信部已在16个省启动"工业云创新行动计划"，推动云计算技术在工业领域的应用。2015年，国务院正式发布了"中国制造2025"战略规划和"互联网+"行动计划，明确提出了中国由制造大国向制造强国迈进的战略目标。在这一战略中，工业云和智能制造作为重要的发展方向被提出。近年来，中国工业云行业受到各级政府的高度重视和国家产业政策的重点支持。政府陆续出台了多项政策，如《中国工业软件产业白皮书》《关于加快推动制造服务业高质量发展的意见》《工业互联网创新发展行动计划（2021—2023年）》等，为工业云行业的发展提供了明确、广阔的市场前景，为企业提供了良好的生产经营环境。我国政府明确提出智能制造作为推动工业转型升级、提升产业竞争力的关键力量，将在未来得到重点发展。《"十四五"智能制造发展规划》则提出到2025年，规模以上制造业企业大部分实现数字化、网络化，重点行业骨干企业初步应用智能化。至此，表明我国已进入云制造3.0阶段，云制造3.0是一种智能+时代的云制造系统，它是适应新时代、新态势、新征程，具有新模式、新技术、新业态的先进智能制造系统。

云制造3.0以云计算技术为核心，将"软件即服务"的理念拓展至"服务即制造"，实质上就是一种面向服务的制造新模式。它基于泛在新互联网，在新一代人工智能技术引领下，借助新智能科学技术、新制造科学技术等深度融合的数字化、网络化、云化、智能化的新手段，构建以用户为中心统一经营的新智能制造资源、产品与能力的服务云。用户可以通过新的智能终端和智能制造服务平台随时随地按需获取新的智能制造资源、产品和能力服务，进而优质、高效、绿色地完成制造全生命周期的各类活动。

云制造3.0的模式是以用户为中心，人、机、物环境信息优化融合，互联、服务、个性、柔性、社会、智能的智能新模式。它为中国制造业向"数字化、网络化、云化、智能化"转型升级提供了重要支持，是实施我国制造强国、网络强国战略规划和行动计划里面的一种具有中国特色的新智能制造的模式、手段和业态。

6.6.2 工业行业"上云"的难点

工业行业"上云"的过程中，确实存在一些难点，这些难点主要源于技术、安全、成本和管理等多个方面。以下是一些主要的痛点：

1. 数据安全和隐私保护

工业云平台涉及大量的敏感数据，包括企业的核心资产和机密信息。数据泄露和丢失可能会给企业带来巨大的经济损失和声誉风险。因此，如何确保数据在传输、存储和处理过程中的安全性，防止数据被非法访问、篡改或泄露，是工业行业"上云"面临的首要问题。

2. 兼容性问题

工业行业使用的设备和系统种类繁多，不同设备和系统之间的兼容性问题是工业行业"上云"面临的一大挑战。如果云平台无法与现有设备和系统实现良好的兼容，可能会导致数据无法正常传输和交换，影响企业的正常运营。

3. 运维管理复杂性

云平台的运维管理涉及硬件设备、软件系统以及网络等多个方面，需要专业的技术人员进行维护和管理。然而，工业企业的IT人才储备可能不足，难以满足云平台运维管理的需求。此外，云平台的运维管理还需要投入大量的时间和资金，增加了企业的运营成本。

4. 技术更新和升级

随着技术的不断发展，云平台需要不断更新和升级以保持其竞争力和安全性。然而，技术更新和升级可能会对企业的正常运营产生影响，需要企业投入大量的资源和精力进行准备和实施。

5. 定制化需求

工业企业的业务需求通常具有高度的定制化特点，需要云平台能够提供灵活的配置和定制服务。然而，目前一些云平台可能无法满足企业的定制化需求，导致企业无法充分利用云平台的优势。

为了解决这些痛点，工业企业需要选择合适的云平台提供商，并与其进行深入的沟通和合作。同时，工业企业还需要加强自身的技术和管理能力，提高数据安全和隐私保护水平，降低运维管理复杂性，并合理规划技术更新和升级计划。此外，政府和相关机构也需要加强对工业行业"上云"的支持和引导，推动工业行业的数字化转型和升级。

6.6.3 工业云常见应用场景

工业行业云转型的主要场景，包括但不限于以下几个方面：

1. 数字孪生

数字孪生是工业数字转型的核心环节之一。它贯穿了制造业企业研发、采购、生产、销售、服务等全业务场景，通过打通企业设计仿真平台、订单预测、供应链优化、能耗优化、工艺优化、用户/经销商画像、营销推荐、智能客服、智能运维等系统数据，让企业决策者可以实时掌握工厂各环节的运作精细状况。数字孪生技术可以帮助企业从一个更宏观的层面，用数据构建和虚拟模型来精细化管理企业的生产运营情况，从而快速决策、指导生产。

> **小知识**
>
> 数字孪生是一种旨在精确反映物理对象的虚拟模型。会给研究对象配备与重要功能方面相关的各种传感器，这些传感器产生与物理对象性能各个方面有关的数据，例如能量输出、温度和天气条件等，然后将这些数据转发至处理系统并应用于数字副本。
>
> 一旦获得此类数据，虚拟模型便可用于运行模拟、研究性能问题并生成可能的改进方案；所有这些都是为了获取富有价值的洞察成果，然后将之再应用于原始物理对象。

2. 数字工厂

数字工厂是工业云转型的重要应用场景。通过云计算、物联网、大数据、人工智能等技术的融合应用，数字工厂可以实现生产过程的自动化、智能化和可视化。在数字工厂中，设备可以实时采集数据并通过网络传输到云平台进行处理和分析，从而实现生产过程的优化和调整。同时，数字工厂还可以实现设备的远程监控和维护，提高设备的运行效率和可靠性。

3. 智能制造

智能制造是工业云转型的另一个重要方向。通过云计算、物联网、大数据等技术的支持，智能制造可以实现生产过程的智能化控制和优化。在智能制造中，机器可以自主学习和适应生产环境的变化，从而实现生产过程的自动化和智能化。同时，智能制造还可以实现生产过程的可追溯性和可预测性，提高产品质量和生产效率。丰田汽车是全球知名的汽车制造商，其在智能制造领域也取得了显著成果。该公司通过集成物联网、大数据等技术，实现了生产线的数字化和智能化。丰田汽车的智能制造系统能够实时采集生产数据，通过大数据分析优化生产过程，提高生产效率和产品质量。同时，该系统还能够实现与供应商、客户的协同，实现全产业链的数字化管理和智能化运营。

4. 供应链管理

供应链管理也是工业云转型的重要场景之一。通过云计算技术的应用，企业可以实现供应链的数字化管理和优化。在供应链管理中，企业可以实时掌握供应链各环节的信息和数据，从而实现供应链的协同和优化。同时，企业还可以利用云计算技术进行供应链的风险预测和预警，提高供应链的可靠性和稳定性。

5. 产品创新与研发

云计算还可以为工业企业的产品创新与研发提供强大的支持。通过云计算平台，企业可以集中管理和共享研发资源，提高研发效率。同时，云计算平台还可以提供强大的计算能力和数据存储能力，支持企业进行复杂的产品设计和仿真分析。

【应用拓展】工业云的典型案例——一汽集团：数字技术加码汽车安全 中国一汽让"构想"走进"现实"

中国第一汽车集团有限公司（简称"一汽集团"），前身为中国第一汽车制造厂。经过60多年的发展，一汽集团已成为年产销300万辆级的国有大型汽车企业集团，产销总量始终位列行业第一阵营。对于肩负"共和国长子"责任和"汽车强国"梦想的中国一汽而言，率先启动数字化转型是时代使命，以数字化驱动产业链升级是必由之路。2018年，一汽集团率先采用天翼云公有云高性能计算集群（简称"HPC"），让云技术推动汽车从传统制造向智能制造进行转变。

对于一个汽车企业而言，汽车安全最为关键，是每个车企都非常看重的环节。一辆成熟的汽车，上市前需要60次真车的碰撞测试，为了配合真车的测试还要做300次模拟测试。在传统的计算模式下，模拟的碰撞测试需要耗费至少30小时时间，做300次的模拟测试，需要3~4年才能完成。因此一辆新车从设计—测试—生产—消费者，这个过程将至少有5~6年时间。天翼云为一汽集团构建了专属HPC集群，实现了汽车研发碰撞仿真业务中对HPC资源需求的一站式响应，帮助一汽集团将单次仿真实验时间从8小时减少到2.5小时，研发周期缩短60%，整体计算能力提高30%，大大推动了一汽集团智能制造的发展。

通过数字化研发，中国一汽打造了更加敏捷的汽车开发模式。在研发上，为了适应新红旗的顶级品质标准，一汽集团制定了世界领先的研发体系，不断加快自主研发和技术创新，缩短研发周期。其中，一汽集团本地数据中心已自建数千核左右HPC集群，用于满足汽车研发中的CAE仿真设计业务。当业务到达高峰时段，峰值需求超过平时4~5倍，计算任务往往要延至一周以后，严重影响研发效率，给产品快速迭代带来一定阻力。如果采用传统方式按照峰值建设，则会造成部分时间段资源闲置，并且传统建设方式上线周期过长，无法快速满足突发业务的需求。

一汽集团借助天翼云云平台、云专线的资源能力，建设混合云架构，实现业务高峰期双中心同时负载计算任务，分担业务流量，数千核公有云HPC计算资源可使原作业总用时缩短30%~40%，提升研发效率，加速车型迭代，抢占市场先机。

——全文转自天翼云官网
https://www.ctyun.cn/cases/5994712056657083904

工作任务 6.7　认识农业云和智慧农业

认识农业云和智慧农业

【任务情景】

智慧农业是以信息和知识为核心要素，通过互联网、物联网、大数据、人工智能和智能装备等现代信息技术与农业跨界融合，实现农业生产全过程的信息感知、定量决策、智能控制、精准投入、个性化服务的全新农业生产方式，是农业信息化发展从数字化到网络化再到智能化的高级阶段。和小蔡一起来认识一下农业云吧。

【任务实施】

6.7.1　农业云和智慧农业发展背景

随着全球人口的增长和城市化进程的加快，食品安全、生态安全和农业生产效率等问题日益凸显。云计算、大数据、物联网、人工智能等技术的不断成熟和应用，为农业云提供了强大的数据处理能力、实时监测能力和智能化决策支持，使农业生产更加精准、高效和可持续。这促使农业生产向数字化、智能化和精细化方向发展，为农业云的发展提供了广阔的市场空间。同时，消费者对高品质、安全可追溯的农产品需求不断增长，也推动了农业云在农产品质量追溯、安全管理等方面的应用。

各国政府纷纷出台政策支持农业云的发展。例如，一些国家设立了农业信息化专项资金，用于支持农业云等农业信息化项目的建设；一些国家还制定了农业云发展规划和标准，推动农业云的规范化和标准化发展。这些政策为农业云的发展提供了有力的保障。随着全球化的深入发展，跨国合作成为推动农业云发展的重要力量。各国在农业云技术研发、标准制定、应用推广等方面加强合作，共同推动农业云的发展。这种跨国合作有助于共享资源、降低成本、提高技术水平，推动农业云在全球范围内的普及和应用。

国际上涌现出许多农业云的应用案例。例如，一些国家利用农业云平台对农业生产环境进行实时监测和数据分析，为农民提供精准化的种植方案；一些国家通过农业云平台实现农产品质量追溯和安全管理，提高消费者对农产品的信任度；还有一些国家利用农业云平台为农民提供金融保险、电商销售等服务，促进农业产业的升级和发展。

我国农业资源相对短缺，同时面临环境污染和生态破坏等问题。随着城市化进程的不断加快和人口数量的增长，传统的农业生产方式已经无法满足人们对食品安全、生态安全和农业生产效率的需求。农业云可以通过优化农业生产方式和管理模式，提高资源利用效率，减少环境污染和生态破坏，实现农业可持续发展，也为智慧农业和农业云的发展提供了强大的市场驱动力。

近年来，我国在数字乡村、农业科技发展、智慧农业等领域制定了一系列政策和法规，以推动农业现代化和乡村振兴。2021 年中央一号文件（《中共中央国务院关于全面推进乡村振兴加快农业农村现代化的意见》）正式对外发布。同年发布的《数字乡村发展行动计划

（2022—2025 年）》详细部署了数字基础设施升级、智慧农业创新发展、新业态新模式发展等八大重点行动，旨在加快推动数字乡村建设，促进农业农村现代化发展。《农业科技发展规划（2021—2025 年）》提出了加强农业科技创新体系建设、提升农业科技创新能力、促进农业科技成果转化等目标，以推动农业科技高质量发展。2022 年《智慧农业工程建设技术规范》发布，该规范为智慧农业工程建设提供了技术指导和规范，包括数据采集、传输、处理、应用等方面的技术要求，以确保智慧农业系统的稳定、可靠、高效运行。

6.7.2 智慧农业云服务平台架构

从云应用的角度来介绍智慧农业云服务平台的架构，通常可以将其划分为以下几个主要层级：

1. 感知层

这是整个架构的基础，主要由各种传感器、数据采集器和执行器等组成。这些设备部署在农田环境中，负责实时采集土壤湿度、温度、光照、作物生长状况等农业生产环境数据。感知层通过物联网技术，将采集到的数据传输到云平台，为后续的数据处理和分析提供原始数据支持。

2. 网络层

负责将感知层采集的数据安全、稳定地传输到云平台。网络层通常包括有线网络和无线网络两种形式，以适应不同农业生产场景的需求。网络层需要确保数据传输的实时性、准确性和安全性，以满足智慧农业对数据的严格要求。

3. 平台层

平台层是智慧农业云服务平台的核心，它承载着数据存储、数据处理、数据分析等关键功能。

平台层利用云计算技术，对海量农业数据进行存储和管理，同时运用大数据分析技术，对农业生产环境数据进行深入挖掘和分析，为农业生产提供决策支持。平台层还支持各种农业应用的开发和部署，如农田管理、病虫害防治、农产品营销等，为用户提供丰富的农业服务。

4. 应用层

应用层是智慧农业云服务平台与用户交互的界面，它通过各种终端设备（如手机、电脑等）为用户提供便捷的服务。应用层提供了多种功能模块，如生产管理、种植技术、市场分析等，用户可以根据自己的需求选择相应的功能模块进行操作。

应用层还支持数据的可视化展示，通过图表、地图等形式直观地展示农业生产环境和作物生长状况等信息，帮助用户更好地理解数据和决策。

5. 安全层

安全层是智慧农业云服务平台的重要保障，它负责保护云平台免受各种安全威胁的侵害。安全层采用多种安全技术和措施，如数据加密、访问控制、安全审计等，确保用户数据的安全性和隐私性。

其架构如图 6-4 所示。

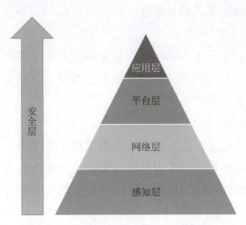

图 6-4　智慧农业云服务平台架构

整个智慧农业云服务平台的架构以云平台为核心，通过感知层、网络层、平台层、应用层和安全层等多个层级的协同工作，实现农业生产环境的实时监测、数据分析、决策支持等功能，为农业生产提供全方位的服务和支持。

6.7.3　智慧农业云的常见应用场景

国际上农业云的一些具体应用案例，这些案例展示了农业云技术在实际农业生产中的应用和成果。

1. 精准农业管理

在美国，许多大型农场利用农业云平台进行精准农业管理。这些平台集成了土壤湿度、温度、养分含量等传感器数据，以及卫星遥感图像，为农民提供详细的农田信息。农民可以根据这些信息制订精确的播种、施肥和灌溉计划，从而提高作物产量和质量。

在以色列，Phytech 公司为种植者提供决策支持服务，通过农业云平台收集和分析作物生长环境数据，帮助种植者优化灌溉策略、提高水资源利用效率，并减少化肥和农药的使用。

2. 智能温室管理

在荷兰，许多温室种植者使用农业云平台来管理他们的温室。这些平台能够实时监控温室内的温度、湿度、光照等环境参数，并根据作物生长需求自动调节温室环境。通过智能温室管理，种植者可以提高作物的生长速度和品质，并减少能源消耗和运营成本。

3. 智慧畜牧业

在澳大利亚，一些牧场利用农业云平台对畜牧业进行智能管理。平台可以监测动物的健康状况、生长速度和产奶量等数据，为牧民提供饲养建议。此外，农业云平台还可以帮助牧民实现自动化饲喂、疾病预警和智能放牧等功能，提高畜牧业的生产效率和经济效益。

4. 农产品质量追溯

在中国，一些农产品企业利用农业云平台建立农产品质量追溯系统。消费者可以通过扫描产品上的二维码或条形码，了解农产品的生产地点、生产日期、生产过程、质量检测等信息。这有助于增强消费者对农产品的信任度，提高农产品的市场竞争力。

5. 农业金融服务

在一些发展中国家，农业云平台还用于提供金融服务。平台可以收集和分析农民的信用记录、生产数据等信息，为农民提供贷款、保险等金融服务。这有助于解决农民融资难、融资贵的问题，促进农业产业的发展。

6. 智能农机与无人驾驶

在一些国家，农业云平台与智能农机和无人驾驶技术相结合，实现了农业生产的自动化和智能化。智能农机可以根据农业云平台提供的数据进行精准作业，如播种、施肥、除草和收割等。无人驾驶技术则可以实现农田的自动巡视和监测，提高农业生产的效率和安全性。

【应用拓展】农业云应用典型案例——四川甘孜色达县政府：云端来养牛，致富有"犇"头

2023 年中央一号文件的出炉再次发出重农强农的强烈信号。保障粮食和重要农产品稳定安全供给是建设农业强国的头等大事，2023 年中央一号文件第一部分就明确提出要抓紧抓好粮食和重要农产品稳产保供，通过深入推进草原畜牧业转型升级等举措，构建多元化食物供给体系。而这些都离不开创新科技的支持。

近年来，天翼云在农业、畜牧业数字化转型领域持续发力，助力重要农产品稳产保供。天翼云深入四川甘孜藏族自治州色达县，携手当地政府打造智慧畜牧平台，推动传统畜牧模式智慧化变革，扎实做好三农工作。

时值初春，随着冰雪消融，万物萌发，在海拔近 4 000 米的色达县草场，草木开始慢慢复苏。每到这时，牧民们便开始清点牛羊，准备春季转场。与以往不同的是，这一次，牧民脸上流露的不再是对即将到来的转场工作的担忧，取而代之的是轻松与惬意。

色达县隶属高原地区，占地面积为 9 338.98 平方千米，海拔 3 980 米，因地理环境特殊，当地居民日常生活及经济来源主要以畜牧业为主。为解决当地畜牧业固有的牛只管理困难、增肥慢等问题，补齐传统畜牧业存在的短板，色达县农牧和科技局携手天翼云打造的智慧畜牧平台，通过数字监控与牛群电子耳标的有机结合，赋能牛群"养、管、销、种"全流程，实现"云放牧云管理"，推动传统牧业的现代化、集约化转型发展。

1. 借助草场管理"千里眼"，牛群也能"分食堂就餐"

转场通常被牧民视为一年之中最重要的工作之一。以往由于缺乏科学研判，牧民转场是否顺利基本看运气，但色达县地域广袤，在草场间流转寻找无疑加剧了牧民与牦牛的负担，牛只在转场时遇到草场草料少等因素会极大减缓牛只的增肥速度，牦牛经常是"冬瘦、春死"，这使牧民们在疲于奔波的同时，不得不面对一定的经济损失。

为了促进草场资源的合理利用，智慧畜牧平台收录了色达县不同季节的草场信息，以及全县 23 万头牦牛的耳标信息。政府可以通过牛只转场调度系统实现科学的草场管理和牛只转场调度，有效避免牦牛过度啃食同一块草场，实现生态环境保护，推动可持续发展。借助牦牛养殖大数据平台、农户管理平台、遗传评估平台、溯源数字化平台、奶量监测平台等数字化管理系统，政府实现了当地牦牛养殖管理方式由"点"向"网"的转变。

牧民也能够借助手机 APP 登录牛只转场调配系统，合理选择草场，让牛群"分食堂就餐"、吃饱长壮，实现"云放牧云管理"。此外，基于生物资产管理系统的实时定位功能，牧民可随时知晓牛只位置、活动步数、体温和健康状况，在避免极端天气、人为偷盗带来经济损失的基础上，更好地饲养牦牛。由此，色达县牧民与政府有效提升了牛只的存活率，达到科学增肥、增产增收的目的。

2. 科技助力乡村振兴，色达县畜牧产业持续升级

依托智慧畜牧平台，色达县的畜牧产业转型发展获得了初步成效。事实上，近年来为了改善牧民生活，色达县政府正全力推进"传统粗放式"畜牧产业向"现代绿色生态"畜牧产业转型，着力打造"福地色达"有机牦牛产品品牌。以甘孜藏族自治州牦牛产业集群建设为契机，色达牦牛现代农业园区成功创建了"州级现代农业园区"，并以新型科技畜牧养殖方式为抓手，赋能新型智能暖棚、智慧牧场、无菌生产间、自动生产间品牌研发推广，实现标准化、规模化、现代化的养殖与加工。

天翼云通过大内存、高宽带的服务器，为智慧畜牧平台提供了强有力的支撑，使平台平稳快速运转，做到毫秒级响应。先进的养殖系统和管理软件助力色达牦牛产业降本增效、做大做强，为色达县"福地色达"有机牦牛产品品牌走出去奠定了坚实的数字化平台基础，更不断加快畜牧养殖与金融、保险、交易、屠宰、安全可追溯的跨界融合创新。

色达智慧畜牧平台为甘孜州牦牛产业数字化、集约化发展树立了典范，为推动数字甘孜建设提供了可借鉴、可复制的智慧畜牧经验，通过建设现代化养殖基地，让甘孜牧区的牦牛走出大山，带动甘孜偏远牧区经济腾飞。未来，天翼云将持续深入田间地头、草原高山，以科技之力推动三农事业高质量发展，全面推进乡村振兴。——转载自新京报客户端《全国智慧农业典型案例发布 北京贡献了两个案例》

——全文转自天翼云官网

https://www.ctyun.cn/cases/696287061258664960

【云中漫步】在"国云筑基"中求取"智算最优解"

2023 年 8 月 18 日至 20 日，2023 中国算力大会在宁夏银川举办。中国电信以"国云筑基 智算引擎"为主题，聚焦算力前沿技术领域，携多项算力融合应用成果精彩亮相。大会同期，中国电信举办"智算引领创新发展分论坛""算力赋能工业经济分论坛"及"AI 赋能城市安全分论坛"，共话智算领域全新机遇、共谋东数西算产业布局、共促算力产业多元化发展。

在本次展会中，天翼云自主研发的新一代云计算体系架构——紫金架构亮相。该架构可通过紫金 DPU 与紫金系列定制硬件、自研云服务器操作系统、云操作系统的深度融合，形成软硬一体的整体解决方案，构成天翼云下一代云计算的算力基础底座。

在数据中心领域，中国电信深入积极落实国家"双碳"战略，积极打造低碳、零碳的数据中心。在宁夏，不断将自然禀赋充分利用起来，将数字产业优势进行放大，已建成全自然风冷云数据中心和天翼云算力节点，为西部数谷提供坚实的算力保障。

在北斗建设领域，自宁夏被确定为国家首批 9 个省级北斗分中心建设试点之一以来，目

前已初步建成北斗数据中心、北斗灾备中心、北斗应用中心、北斗展示中心、北斗双创中心、北斗时空位置服务云平台和水利、交通、农业等八个行业应用示范。本次展台所展示的"北斗+安全帽",正是将北斗能力应用到重点行业的典型案例,施工人员只需戴上配置了北斗能力的安全帽下井作业,就能解决传统定位监控方式令施工人员携带设备不便导致降低工作效率的技术问题,从而提高了施工人员的工作效率。

在本次成果展上,天翼云智能计算平台"云骁"为大模型训练、无人驾驶、生命科学等场景提供了软硬一体解决方案。同时展出基于云原生和跨域大规模调度技术的天翼云算力调度平台"息壤",为云渲染、东数西算等提供支持,目前已全面接入天翼云的多级资源。此外,天翼云实时云渲染技术可应用于云游戏、3D 应用、VR、AR、元宇宙、数字人等场景中,满足各场景对大带宽、低时延、高性能的需求。

随着人工智能等新技术新理念在各行业的兴起,以中国电信智能算力为基础、集成中国电信大模型能力的智算机器人,可感知人物的语音、情绪、动作等,提供人性化的服务。在展台现场,智算机器人展示了精准的视觉抓取,全方位的听、说、看、动等能力,能歌善舞,可进行智能抓取、自主行走等任务,与到场的观众自由互动,根据指令完成搬运物品等动作。

在智能工业领域,中国电信致力于工业互联网最佳实践,持续推进 5G+工业互联网融合创新,以工业云网、智慧园区、工业 5G 定制网、产业大脑、智慧工厂等,助力工业企业实施数字化转型,打造工业强国。成果展上展出的智能机械臂正是被广泛应用于工业领域的自动化成果代表,在展会现场,观众可以看到机械臂根据端茶、倒水等指令进行精细化操作,展现智能机械臂作业全过程。

展会中的"热点"非"AI 数字人"莫属,来往的观众乐于跟 AI 数字人进行互动,"你叫什么名字?""背首诗吧"等问题不绝于耳,AI 数字人的回答不仅令参观者感到满意,有时还会逗得人捧腹,这一切源于 AI 数字人具备拟人化的认知与表达能力,以及丰富的动作和表情,树立的智能化形象具有亲和力,使人乐于接近与互动。一个个"鲜活"的成果,生动展现了中国电信在人工智能、智能化场景、智能工业等领域的最新研究,在展会现场成为"气氛担当"。

本次成果展上,中国电信还展出多项智能化场景的精彩成果。星河·AI 赋能平台以解决真实业务问题、降低预训练通用模型门槛和成本为导向,所使用的数据量从百万扩增到亿级规模,涵盖了千种真实场景数据,模型可融入图像、视频、语义等多元信息,实现多任务预测和协同训练;立足宁夏、辐射黄河流域、面向全国的数字治水产业算力保障基地黄河云暨数字治水信创产业云,体现了数字治水领域算力与算法、数据、应用资源的一体化协同创新,为智慧水利大数据计算提供强大支撑。

"算领新产业潮流,力赋高质量发展"。中国电信正在全力加速智算与千行百业深度融合,积极构建新产业、新业态、新模式,以算力夯实数智化底座,将"愿景"变为可触可摸的"实景",为数字中国建设贡献电信力量。

节选自"中国电信天翼云"公众号文章《中国电信天翼云精彩亮相 2023 年中国算力大会》
https://baijiahao.baidu.com/s? id=17746607135334742134&wfr=spider&for=pc

【练习与实训】

1. 多选题

（1）云计算在（ ）行业中应用广泛。

A. 制造业 B. 金融服务

C. 零售 D. 医疗保健

（2）云计算在医疗行业中的（ ）方面应用最为突出。

A. 医学影像处理 B. 药品研发

C. 病患信息管理 D. 远程医疗服务

（3）云计算在零售行业中的主要应用包括（ ）。

A. 库存管理 B. 客户关系管理

C. 数据分析 D. 实体店面装修

（4）云计算在制造业中的关键应用包括（ ）。

A. 产品设计仿真 B. 生产线自动化

C. 供应链管理 D. 质量控制

（5）工业行业"上云"的过程中，确实存在（ ）难点。

A. 数据安全和隐私保护 B. 人员管理

C. 兼容性问题 D. 定制化需求

2. 判断题

（1）云计算只适用于大型企业，小型企业无法从云计算中获益。（ ）

（2）医疗保健行业使用云计算主要是为了存储和备份大量的患者数据。（ ）

（3）金融行业的云应用要求高安全性和合规性。（ ）

（4）教育行业中的在线学习平台通常不使用云计算而依赖于本地服务器。（ ）

（5）政务云的设计还应积极促进绿色节能，以降低能源消耗、减少碳排放。（ ）

【探密云计算行业云】考评记录表

姓名		班级		学号	
考核点	主要内容		知识热度	标准分值	得分
6.1	认识政务云和数字政府		＊＊＊	10	
6.2	认识医疗云和智慧医院		＊＊＊	10	
6.3	认识金融云和智慧银行		＊＊＊	10	
6.4	认识教育云和智慧校园		＊＊＊	10	
6.5	认识商贸云和新零售		＊＊＊	10	
6.6	认识工业云和智能制造		＊＊＊	10	
6.7	认识农业云和智慧农业		＊＊＊	10	
职业素养	实训管理：整理、整顿、清扫、清洁、素养、安全等			30	
	团队精神：沟通、协作、互助、主动				
	工单和笔记：清晰、完整、准确、规范				
	学习反思：技能点表达、反思改进等				
学生自评反馈单	（章节总结、自绘导图、学情反馈）				
教师评价					
注：知识热度（＊认知，＊＊了解，＊＊＊熟悉，＊＊＊＊掌握，＊＊＊＊＊熟练掌握）。					

附录

常见中英文缩略词对照表

A

AI（Artificial Intelligence）人工智能

ALU（arithmetic and logic unit）算术逻辑部件

AZ（Available Zone）可用分区

B

BIOS（Basic input/Output System）基本输入输出系统

BMC（Baseboard Management Montroller）基板管理控制器

C

CCP（Cloud Computing Platform）云计算平台

CDN（Content Delivery Network）内容分发网络

CIFS（Common Internet File System）网络文件共享系统

CISC（Complexinstruction Set Computing）复杂指令集计算

CIS（Clinical Information System）临床信息系统

CI/CD（Continuous Integration and Continuous Delivery/Deployment）持续集成/持续交付部署

CM（Cache Memory）缓存

CMP（Cloud Management Platform）云计算管理平台

CMOS（Complementary Metal-Oxide-Semiconductor）互补金属氧化物半导体，一种特殊的 RAM 芯片

CPU（Central Processing Unit）中央处理器

C/S（Client/Server）客户机/服务器

CSA（Cloud Security Alliance）云安全联盟

CSF（Cyber Security Framework）网络安全框架

CSP（Cloud Service Provider）云服务提供商

CT-ECS（Elastic Cloud Server）弹性云主机

CT-WS（Workspace）云桌面

CT-DPS（Dedicated Physical Server）物理机服务

CT-EVS（Elastic Volume Service）云硬盘

CT-VPC（Virtual Private Cloud）虚拟私有云

CT-EIP（Elastic IP）弹性 IP

D

DAS（Direct Attached Storage）直连存储

DB（DataBase）数据库

DBMS（DataBase Management System）数据库管理系统

DBS（DataBase System）数据库系统

DCE（Data Communication Equipment.）数据通信设备

DC/EP（Digital Currency Electronic Payment）数字货币电子支付

DHCP（Dynamic Host Configuration Protocol）动态主机配置协议

DoS（Deny of Service）拒绝服务

DDoS（Distributed Denial of Service）分布式拒绝服务攻击

DNS（Domain Name System）域名系统

DTE（Data Terminal Equipment）数据终端设备

DDL（Data Definition Language）数据库模式定义语言

DML（Data Manipulation Language,）数据操纵语言

DCL（Data Control Language）数据控制语言

DAC（Discretionary Access Control）自主访问控制

DBA（Database Administrator）数据库管理员

E

ECC（Edge Computing Consortium）边缘计算产业联盟

EMR（Electronic Medical Record）电子病历系统

ELB（Elastic Load Balance）弹性负载均衡

EPIC（Explicitlyparallel Instruction Computing）显式并行指令计算

F

FC（Fiber Channel）光纤通道

FTP（File Transfer Protocol）文件传输协议

G

GFS（Google File System）谷歌文件系统

H

HCRM（Hospital Customer Relationship Management）医院客户关系管理系统

HDFS（HadoopDistributedFileSystem）分布式文件存储系统

HIS（Hospital Information System）医院信息系统

HRP（Hospital Resource Planning）医院资源管理系统

HTML（Hyper Text Markup Language）超文本标记语言

HTTP（Hyper Text Transfer Protoco）超文本传输协议

K

KVM（kernel-based virtual machine）基于内核的虚拟机

I

IaaS（Infrastructure as a Service）基础设施即服务

ICT（information and communications technology）信息与通信技术

IETF（Internet Engineering Task Force）互联网工程任务组

I/O（Intput/Output）输入设备/输出设备

IP（Internet Protocol）网际协议

IRF（Intelligent Resilient Framework）网络智能弹性技术

ISO（International Standard Organization）国际标准化组织

iSCSI（Internet Small Computer System Interface）Internet 小型计算机系统接口

L

LAN（Local Area Network）局域网

LIS（Laboratory Information Management System）实验室信息系统

LUN（Logic Unit Number）逻辑单元号

LVM（Logical Volume Manager）逻辑卷管理器

M

MAN（Metropolitan Area Network）城域网

MAC（Mandatory Access Control）强制存取控制

MBR（Master Boot Record）主引导记录

MDC（Multitenant Device Context）多租户设备环境

N

NAS（Network Attached Storage）网络附加存储

NB-IoT（Narrow Band Internet of Things）窄带物联网

NFS（Network File System）网络文件系统

NFV（Network Function Virtualization）网络功能虚拟化

NoSQL（Not Only SQL）非关系型数据库

NS（Domain Name Server，简称 Name Server）域名服务器

O

OOS（Object-Oriented Storage）面向对象存储

OS（Operating System）操作系统

OSI/RM（Open System Interconnection Reference Model，OSI/RM）开放式系统互联模型

OSD（Object-based Storage Device）对象存储设备

P

PaaS（Platform as a Service）平台即服务

PACS（Picture Archiving and Communication Systems）医学影像归档和通信系统

PCB（Process Control Block）进程控制块

PEIS（physical examination information system）体检信息系统

PUE（Power Usage Effectiveness）电源使用效率

R

RAM（Random Access Memory）随机存取储存器

RAID（Redundant Array of lndependent Disks）独立磁盘冗余阵列

RDS（Relational Database Service）关系型数据库服务

RISC（ReducedInstruction Set Computing）精简指令集计算

RIS（Radiology Information System）放射科信息系统

RPC FS（Remote Procedure Call File System）远程调用式文件系统

S

SaaS（Software-as-a-Service）软件即服务

SAN（Storage Area Network）存储区域网络

SATA（Serial Advanced Technology Attachment）串行高级技术附件

SAS（Serial Attached SCSI）串行连接小型计算机系统接口

SCSI（Small Computer System Interface）小型计算机系统接口

SQL（Structured Query Language）结构化查询语言

SMP（Symmetrical Multi-Processing）对称多处理技术

SSD（Solid State Disk）固态硬盘

SDN（Software Defined Netwok）软件定义网络

SDS（Software Defined Storage）软件定义存储

SDWAN（Software Defined Wide Area Network）软件定义的广域网

T

TCP（Transmission Control Protocol）传输控制协议

U

UDP（User Datagram Protocol）用户数据报协议

UEFI（Unified Extensible FirmwareInterface）统一的可扩展固定接口

URL（Uniform Resource Locator）统一资源定位符

V

VFS（Virtural File System）虚拟文件系统

VM（Virtual Machine）虚拟机

VMM（Virtual Machine Monitor）虚拟机监控器

VLAN（Virtual LAN）虚拟局域网

VPN（Virtual Private Network）虚拟专用网络

VRF（Virtual Routing Forwarding）虚拟路由转发

VPLS（Virtual Private LAN Service）虚拟专用局域网服务

VT（virtualization Technology）虚拟化技术

VXLAN（Virtual eXtensible Local Area Network）虚拟扩展局域网

W

WAN（Wide Area Network）广域网

WWW（World Wide Web）万维网

参 考 文 献

［1］李伯虎. 云计算导论［M］. 北京：机械工业出版社，2021.

［2］许豪. 云计算导论［M］. 西安：西安电子科技大学出版社，2023.

［3］刘佩贤. 云计算导论［M］. 北京：航空工业出版社，2022.

［4］武志学，赵阳，马超英. 云存储系统——Swift 的原理、架构及实践［M］. 北京：人民邮电出版社，2015.

［5］王鹏，李俊杰，谢志明，等. 云计算和大数据技术：概念·应用与实战（第 2 版）［M］. 北京：人民邮电出版社出版，2022.

［6］李兆延，罗智，易明升. 云计算导论［M］. 北京：航空工业出版社，2020.

［7］青岛英谷教育科技股份有限公司. 云计算与虚拟化技术［M］. 西安：西安电子科技大学出版社，2018.